Maike Maja Nowak

Abenteuer Vertrauen

GOLDMANN

Buch

Ein Hund ist von Natur aus vollkommen – wenn er auch nicht immer perfekt zu unseren Erwartungen passt. Das gilt auch für Menschen: Wir erfüllen oft nicht die Anforderungen unseres modernen Lebens und sind dennoch vollkommene Wesen, solange wir im Einklang mit unserer Natur stehen. Maja Nowaks Erlebnisse mit dem urwüchsigen Hund Raida, der sich jeder Perfektion verweigert, und ihre Beobachtung von Hundegruppen zeigen, wie Hunde uns lehren können, wieder auf eigene Ressourcen zugreifen zu können. Ein wahres Lebensbuch für alle, die zu sich selbst zurückkehren wollen.

Weitere Infos und Videos finden Sie unter:
www.vdu-wegbereiter.de oder www.mosaik-verlag.de

Autorin

Maike Maja Nowak setzt sich seit Jahren erfolgreich für einen authentischen Umgang von Menschen und Tieren ein. In internationalen Seminaren und Vorträgen lehrt sie am Beispiel von Hunden wie sozialer Kontakt und eine stärkende Gemeinschaft aussehen können. Sie leitet das Dog-Institut Berlin.

Weitere Informationen zur Autorin finden Sie unter:
www.maike-maja-nowak.de

Von Maike Maja Nowak sind bei Goldmann und Mosaik folgende Titel erschienen:

Die mit dem Hund tanzt
Wanja und die wilden Hunde
Wie viel Mensch braucht ein Hund
Der Hund als Spiegel des Menschen

Alle Bücher sind auch als E-Book erhältlich.

Maike Maja Nowak

Abenteuer Vertrauen

Vollkommen, aber nicht perfekt

Was Menschen
von Hunden
lernen können

GOLDMANN

FSC www.fsc.org MIX Papier | Fördert gute Waldnutzung FSC® C014496

Penguin Random House Verlagsgruppe FSC® N001967

7. Auflage
Vollständige Taschenbuchausgabe Oktober 2018
Wilhelm Goldmann Verlag, München,
in der Penguin Random House Verlagsgruppe GmbH,
Neumarkter Str. 28, 81673 München

produktsicherheit@penguinrandomhouse.de

Umschlag: Uno Werbeagentur, München,
nach einem Entwurf von *zeichenpool, München
Fotos: Copyright © Kristin Höfer: S. 27, 30-32, 35
Copyright © Noah's Ark: S. 44
Copyright © Ulrike Balhorn: Umschlagfoto, S. 162, 163, 250–253, 321–325
Copyright © Michael Tzschopp: S. 265
Copyright ©Anja Baumert: S. 46/47
Copyright © Maike Maja Nowak: Alle weiteren Fotos
Lektorat: Karen-Susan Fessel
JE · Herstellung: IH
Satz: Uhl + Massopust, Aalen
Druck und Bindung: GGP Media GmbH, Pößneck
Printed in Germany
ISBN 978-3-442-17749-3

www.goldmann-verlag.de

Inhalt

Wie Träumende auf einem schlafenden Löwen

Wir sitzen uns're Seele
wie einem Hokuspokus gegenüber.
Wir fühlen etwas tausendmal
und erkennen es doch nie wieder.

Wir sind aus einem Leib gemacht
und innen ganz zerrissen –
uns fehlt schon so viel Wichtiges
dass wir nur Tand vermissen.

Wie Träumende auf einem schlafenden Löwen ...

Zu feige auch allein zu gehen
halten wir uns zusammen.
Unser Denken hat den Herdentrieb
gedankenlos übernommen.

Uns're Sucht ist übermächtig
in der Sehnsucht uns're Liebe.
Wir steh'n atemlos und meist zu spät
am Schnellimbiss uns'rer Gefühle.

Wie Träumende auf einem schlafenden Löwen
fühlen wir unser Gewissen.

Noch heben wir die Dirigentenhände
vor den letzten Bäumen.
Noch können wir in uns versunken
über das alles weinen.

Noch gilt ein Kinderglaube
den wir selbst in uns vermissen.
Noch gibt es die Todesstrafe nicht
für unser verdrängtes Wissen.

Wie Träumende auf einem schlafenden Löwen
fühlen wir unser Gewissen.
Doch irgendwann wird der Löwe wach
und wir werden ihn hören müssen.

Liedtext von Maike Maja Nowak, 1990

Vorwort

Es gab Marathonstrecken in meinem Leben, die mir heute kaum noch gegenwärtig sind, und rasante Sprints, die in meiner Erinnerung ohne Nachhall verpufften. Immer präsent jedoch sind mir die Kreuzungen, an denen ich eine Richtung wählen musste. Diese Entscheidungen markieren meinen Lebensweg.

Dieses Buch nun habe ich in einer Außenbahn zu schreiben begonnen und wähnte es am Anfang ganz einfach, zu erzählen, was ich von den Hunden auch über uns Menschen erfahren habe. Beim Schreiben aber spürte ich, wie sich das Manuskript wehrte und versperrte, als ich zu allgemein blieb, also ohne mich selbst mit in dieses Abenteuer hineinzunehmen. Als ich mich dann dazu entschloss, begann mich das Buch wie eine Zwiebel Schicht für Schicht abzuschälen. Anders erlaubte es mir nicht, es zum Wachsen zu bringen. Je mehr ich es zuließ, echt zu sein, umso mehr konnte das Buch wachsen.

Ich bin mit dem Gefühl aufgewachsen, mich perfektionieren zu müssen, weil ich nicht in dem willkommen geheißen und ermutigt wurde, was ich tatsächlich bin. Diese Idee, nicht zu genügen, können nur wir Menschen uns gegenseitig vermitteln.

Hunde dagegen verhelfen uns zu dem Gefühl, wertvoll und liebenswert zu sein, denn sie zeigen sogar Freude an dem Ungenügenden, das wir ihnen oft bieten. Jeder, der ehrlich zu sich selbst ist, wird sich schon einmal gefragt haben, warum sein Hund ihm immer zugewandt bleibt, obwohl seine eigene menschliche Verfassung Schwankungen unterworfen ist und der Hund vielen misslichen Situationen nicht aus dem Weg gehen kann.

Vielleicht beziehen sich die Hunde einfach auf unseren inneren Kern, der ja wie bei ihnen selbst stets wertvoll und liebenswert ist.

Von Hunden könnten wir also wieder lernen, an uns selbst zu glauben, so wie sie an uns glauben, und ein Streben nach einer Perfektion aufgeben, die ohnehin nur eine Illusion ist.

Auch die Natur käme niemals auf die Idee, eine Kiefer zu optimieren, weil sie in anderer Form vielleicht hübscher aussähe und mehr Anerkennung fände. Sie würde ihr auch keinen Motor einbauen, damit die Kiefer sich fortbewegen kann. Sie hat die Kiefer so geschaffen, dass sie vollkommen ist.

Wenn wir hinschauen, was uns die Natur und die Tiere zu sagen haben, erwarten auch uns wieder Wunder, die wir nicht selbst erfinden müssen, weil sie da sind. Schon immer. Und jeden Tag aufs Neue.

Wie können wir wieder zu unserer Echtheit zurückfinden und lernen, auf unsere natürlichen Ressourcen zurückzugreifen?

Wie kann aus einer Gesellschaft von Individualisten eine echte Gemeinschaft werden, die zusammensteht? Wo sind die Gaben, die wir nicht mehr genutzt haben, verborgen?

Mein persönliches Lebensgeschenk war ein Hund, der mich mit seiner starken Verwurzelung im Authentischen auf eine Lehrreise mitgenommen hat, bei der ich Verlorenes von mir selbst wiederfinden durfte. Ein Hund, der einen langen Weg zurücklegte, um mich auf meinem Weg zu begleiten.

Ich möchte Sie nun einladen, mir in ein Abenteuer zu folgen, das Vertrauen heißt. Bei allem, was Sie noch tun, wünsche ich Ihnen stets viel Sehnsucht nach sich selbst.

Teil 1 – Anfühlen

Einleitung

Auf den ersten Blick ist an der Nachricht nichts ungewöhnlich.

»Hallo liebe Frau Nowak,

anbei für Sie ein Link zu einer Seite des Tierheims Koblenz mit der sehr aussagekräftigen Beschreibung eines Hundes, der offensichtlich ein geborener Rudelführer ist und entsprechende menschliche Führung sucht. Ich habe an Sie denken müssen, obwohl ich nicht weiß, ob Sie gerade einen Hund suchen, und natürlich möchte ich Sie auch nicht belästigen. Vielleicht möchten Sie es ja einfach mal lesen, ich finde es sehr berührend.

B. R.«

»Nein«, denke ich sofort. »Ich möchte nichts lesen. Ich habe gerade den Tod meines Hundes Viktor verarbeitet, und ein neuer Hund ist eingezogen. Es gibt keinen Grund, mir einen weiteren Hund anzusehen. Nein, in den kommenden Monaten stehen viele Seminare an und ich weiß, wie intensiv sie jedes Mal werden. Da ist weder Zeit für einen neuen Lehrmeister noch zum Lernen«, beende ich die Diskussion mit mir selbst und schalte den Computer aus.

Ein paar Tage später bekomme ich eine weitere Nachricht:

»Entschuldigung, zweiter Versuch, mit dem nun hoffentlich richtigen Link zum richtigen Hund, nämlich Raida, der Coole, und nicht, wie Ihnen wohl versehentlich geschickt – Bob, kein Baumeister.«

Wenn die Frau wüsste, dass ich »Bob, kein Baumeister« nicht einmal angesehen habe, denke ich mit einem fast schlechten Gewissen. Dann stutze ich. Der originelle Titel macht mich neugierig. Ich klicke auf den Link von Bob und will wissen, warum er kein Baumeister ist.

Klick.

Der Link öffnet sich nicht.

Klick, klick.

Nichts.

Überrascht blicke ich auf die unveränderte Browseroberfläche des Bildschirmes. »Nun ist es aber wirklich gut«, denke ich. Ich danke der Frau für ihren Tipp und erkläre ihr, dass der Link sich nicht öffne, aber mein »Hundeboot« sei ohnehin voll.

Am Abend schreibe ich eine Kolumne für eine Zeitung, und nachdem ich sie von meinem Mailaccount abgesendet habe, öffne ich eine Suchmaschine und verfolge, wie die Worte »Raida, der Coole, Tierheim Koblenz« im Suchfenster erscheinen. Meine Finger haben sie mit großer Selbstverständlichkeit in die Tastatur getippt.

Ein Foto erscheint. Darauf sieht man einen Pfleger in

einem Zwinger auf dem Boden sitzen. Quer über seinem Schoß liegt ein großer, blonder Hund, der auf den ersten Blick einem kräftigen Labrador ähnelt. Auf den zweiten Blick fallen seine ungewöhnlich hellen und durchdringenden Augen auf und die beige-weiß gescheckte Färbung seines Fells. Der Mann lacht freundlich, er hält den Hund von hinten liebevoll umschlungen. Trotz dieser Szenerie erweckt der Hund nicht den Eindruck eines Schoßhundes. Im Gegenteil. Seine Pose besitzt weder den Ausdruck der Hingabe noch der Entspanntheit. Er okkupiert den Mann mit einer lässigen Bestimmtheit und hat den Blick gezielt auf den Fotografen gerichtet.

»Klar gucke ich lieb in die Kamera. Da freut ihr euch immer«, würde ich diesen Blick beschreiben. Im selben Moment erscheint es mir absurd, einem Hund so einen Gedanken zu unterstellen.

Aber der Eindruck bleibt.

Ich beginne das Portrait der Tierheimleiterin Kirstin Höfer zu lesen:

»Raida ist ein wirklich ungewöhnlicher, besonderer Hund. Er hat eine außergewöhnliche Begabung: seine überaus hohe soziale Kompetenz mit seinen Artgenossen. Das geht weit über die normale Verträglichkeit mit anderen Hunden hinaus ... Er ist ein Lehrer, ein guter Onkel, ein Tröster, ein Schlichter, ein Kontrolleur, ein echter Hundechef, ein Truppenbeauftragter und für uns ein zuverlässiger Kollege. Raida ist cool, souverän, von echter, wahrer und überaus guter Dominanz. Tolerant, konsequent, gelassen, souverän, mutig, weise, albern, erfahren, unmittelbar, gerade und motiviert. Sämtliche Jungspunde hat er in die Spur gebracht, zurechtgerückt, bespaßt und erzogen. Allen Schnöseln, die bei ihm eingezogen sind, hat er sofort die Regeln erklärt, konsequent umgesetzt und wie ein gutmütiger Onkel die Erfolge belohnt. Raida ist für uns kaum zu ersetzen. Aber auch Raida soll einmal ein schönes Leben mit eigenen Menschen haben.

Jetzt kommt es ... das große A B E R. Raida ist erfahren, er kann Menschen lesen wie kaum ein anderer Hund. Nicht nur lesen, auch manipulieren, er hat sie, die ganz seltene wunderbare Dominanz. Das heißt aber auch, Raida geht seinen Weg, lebt sein Leben nach seinem Kopf. Er ist überaus kooperativ, so wird der normale Hundefreund gar nicht merken, wer hier den Ton angibt. Raida hat eine sehr feine, überaus subtile Körpersprache, mit der er Menschen zu etwas bewegen kann. Gibt es etwas, was gar nicht in seinen Lebensplan passt, z.B. der Besuch vom Tierarzt, dann kann er schon sehr deutlich ruppig werden. Hier braucht es dann einen echten Chef, der ihm klarmacht: ›Das ziehen wir jetzt durch!‹

Obwohl Raida extrem belastbar und tolerant ist, möchten wir ihn nicht zu ganz kleinen Kindern vermitteln. Raida würde sich in die Erziehung einmischen und Ihre Kinder so erziehen wie seine Hundefreunde. Mit Spaß und Toleranz, aber eben auch kernig und grob. Raida ist wachsam ohne Kläfferei, er steht einfach da! Wie ein Fels, wie ein Ausrufezeichen! Raida kann der lustigste, witzigste und albernste Hund des ganzen Tierheims sein. Aber auch einer, der einem einen Blick zuwerfen kann, der sagt: ›N.E.I.N.‹ Da braucht es Menschen, die das NEIN noch konsequenter aussprechen können, noch gerader sind, echte Chefs ... keine Chefchens ... Raida kommt aus Malta, aus unserem Partnertierheim, seine besondere Art hat aber nichts mit seiner Vergangenheit zu tun. Sie ist angeboren, diese wunderbare Art, die diesen Hund zu einem Goldstück macht.

Wer wäre also nun der Richtige für Raida?? Raida sollte seine Fähigkeit, seine Artgenossen erziehen zu können, ausleben können. So wäre er der ideale Zweit-, Dritt- oder Vierthund. Gerne zu jungen Rüden oder Hündinnen, die über die Stränge schlagen und eine Orientierung brauchen. Raida braucht hundeerfahrene besondere Menschen, eigentlich Menschen, die genau so sind wie er. Die eine ganz natürliche Autorität besitzen, cool sind, ein bisschen das Abenteuer lieben, naturverbunden sind, neugierig, offen und robust, aber auch fein und sensibel. Die mit ihrem Hund eine Einheit bilden wollen, die Freiheit lieben und gewähren können. Raida ist kein Hund für eine Etagenwohnung, er braucht Raum für Körper und Seele – ein Hof oder ein Garten, das sollte es schon sein. Raida, der coole Freigeist – Sie sehen, wir geben ihn gar nicht gerne her ... ;-) Wir hoffen dennoch, dass sich bald diese ganz besonderen Menschen melden für diesen ganz besonderen Hund.«

Auf der einen Seite habe ich selten ein so nuanciertes Portrait über einen Hund gelesen und bin tief beeindruckt sowohl vom Text als auch vom Hund. Auf der anderen Seite zieht sich etwas in mir zurück. Ich möchte nicht schon wieder Veränderungen. Ich möchte einfach einmal durchschnaufen dürfen. Ich habe gerade einen Rückzugsort gefunden und bin vom Berliner City-Viertel Prenzlauer Berg weg in ein Haus am Stadtrand gezogen. Ich gewöhne mich daran, als Hundetrainerin mit einer eigenen TV-Staffel eine öffentliche Person zu sein und doch bei mir selbst zu bleiben. Ich möchte keine weiteren neuen Bewegungen um mich herum und auch innerlich gerade nicht neu bewegt werden.

Der Tod meines hündischen Seelengefährten Viktor und das Hinzukommen des jungen Hundes Mitja hat dem Puzzle unserer Gemeinschaft eine neue Form gegeben, deren Teile sich gerade erst wieder harmonisch zu verbinden beginnen.

Ich habe Sehnsucht nach Ankommen und nicht nach Aufbruch.

Am nächsten Morgen bereite ich mich auf die Termine der kommenden Woche vor. »Lesung Köln« steht in meinem Kalender.

»Das ist doch nicht so weit weg von Koblenz, oder?«, höre ich eine Stimme in mir.

»Hm«, verselbständigt sich der Gedanke weiter, »andere fahren sehr weit, um sich einen Popstar anzusehen. Da kann ich mit meinem Berufshintergrund ja auch eine Stunde weit fahren, um mir einen echten Hundekünstler anzusehen.«

Die Entscheidung, ihn einfach nur zu besuchen und zu beobachten, setzt Adrenalin bei mir frei. »Genau. Das ist doch eine gute Lösung«, denke ich nun ganz zufrieden.

Ich rufe im Tierheim an und kündige meinen Besuch an. Ein wenig Verwirrung entsteht um die Aussprache des Namens: Im Portrait steht der Name Raida, den ich zweisilbig, nämlich »Ra-ida«, ausspreche. Aber Raida ist, wie ich erfahre, die lautmalerische Übersetzung des ursprünglich englischen Namens Radar, den die Tierheimleiterin dann auch so ausspricht – nämlich »Raydar«. Dass der Name Radar bei diesem Hund durchaus Sinn macht, werde ich später noch erleben.

Das Duell

Morgens sitze ich im Regionalzug von Köln nach Koblenz. Ich habe das Gefühl, ohne Erwartung und Druck in diese Begegnung zu gehen. Ich bin ja nur angereist, um einen Künstler live zu erleben, dessen Bühne gerade ein Tierheim ist.

Im Zwinger will ich den Hund nicht kennenlernen, eher in einer Situation, in der er sich frei bewegen kann und mehr Raum hat. Deshalb führt mich die Leiterin Kirstin Höfer zu einem eingezäunten Auslauf. Ich wähle den hinteren Bereich des Geländes, um den Hund zu erwarten, während die Tierheimleiterin sich auf der Außenseite des Zaunes mit einem Fotoapparat postiert.

Kurze Zeit später wird der Hund von einer Mitarbeiterin gebracht. Mit erhobenem Kopf und gelassener Gangart läuft er auf das Gelände zu. Bei ein paar weiteren Mitarbeitern des Tierheimes, die sich als Zaungäste versammelt haben, stoppt er und wedelt eine weiche Begrüßung mit seiner imposanten Rute.

Als die Mitarbeiterin erst die Tür zum Gelände und dann den Karabiner der Leine öffnet, geht ein freudiger Ruck durch den Hund. Leichtfüßig springt er herein und macht ein paar Sätze, die eher an einen unternehmungslustigen Riesenwelpen erinnern als an einen souveränen Rudelführer.

Ich trete auf einen Zweig, der unter meinem Fuß zerbricht. Bei diesem Knacken fährt der Kopf des großen blonden Hundes zu mir herum, und unsere Blicke kreuzen sich. Seine gerade noch entspannte Haltung verändert sich abrupt. Er richtet sich zu seiner vollen Größe auf und fixiert mich in starrer, aufgebauter Haltung von oben bis unten. Dann wirft er den Oberkörper herum und setzt in kraftvollen, weiten Sprüngen auf mich zu. Ich spüre, dass er mich, den Eindringling auf diesem Gelände, maßregelnd anspringen will.

Schnell lasse ich mich in die Hocke fallen und gebe vor, eine Grasstelle am Boden zu untersuchen, ohne auf seinen Vorstoß zu achten. Damit will ich ihn ins Leere laufen lassen und überraschen. Der Hund stoppt seinen Lauf mit einer solchen Bestimmtheit, dass es mir schwerfällt, ihn nicht erstaunt anzusehen.

»Was ist passiert?«, denke ich und schiele zu ihm hinüber.

Er hat die Nase gesenkt und atmet geräuschvoll das Aroma dessen ein, was er da vorgeblich gefunden hat. Ich bekomme Gänsehaut.

Ganz offenbar ist ihm meine Inszenierung aufgegangen, stelle ich ernüchtert fest.

Ein paar Minuten lang geben wir beide das Stück »Du interessierst mich überhaupt nicht, aber ich habe hier etwas entdeckt, das dich unbedingt interessieren sollte«. Dann beginnt sich die Sache festzufahren. Ich stehe auf und schlendere wie bei einem Einkaufsbummel über den eingezäunten Platz des Tierheims. Meine gelangweilte Haltung muss überzeugend sein – selbst einige Beobachter hinter dem Zaun gähnen.

Drei Meter neben mir sehe ich jetzt aus den Augenwinkeln den Hund an mir vorbeiziehen. Demonstrativ hebt er das Bein, markiert eine Hundewippe und sieht mich an wie ein Schachspieler, der auf meinen Gegenzug wartet. Was das Markieren betrifft, bin ich nicht konkurrenzfähig, also beginne ich zu pfeifen. Nach einem mehrminütigen Wettkampf aus Markieren und Pfeifen beginnt diese Runde ebenfalls auf ein Unentschieden hinauszulaufen. Auch der Hund scheint das zu spüren, denn er bringt sich plötzlich genau auf meine Höhe, lässt einen wohldosierten Abstand von ungefähr zwei Metern zwischen uns und gleitet dann in gerader Linie seitlich von mir weg. Daraufhin betrachtet er mich mit einem Blick, der sagen könnte: »Ich habe gerade meinen Abstand zu dir vergrößert – und du?«

Ich bin verblüfft und will überprüfen, ob dieser »Zug« tatsächlich so gemeint war. Deshalb entferne ich mich ebenfalls, ohne unsere gemeinsame horizontale Linie zu verlassen. Dabei setze ich meine Schritte betont langsam und gelassen von ihm weg.

Eins ... zwei ... drei ... vier.

Ich bleibe stehen und blicke zum Hund hinüber, der unschlüssig im Gras herumschnüffelt und mich kaum wahrnehmbar aus den Augenwinkeln heraus beobachtet. Dann richtet er sich auf, betrachtet meine zurückgelegte Distanz und entfernt sich seinerseits weiter von mir. Cool wie ein Cowboy, der einen Duellanten beeindrucken will, setzt er dabei seine riesigen Pfoten lässig auf.

»Wer ist denn in diesem Hund zu Hause?«, frage ich mich und spüre einen Schauer. Weil ich nicht glauben kann, was da gerade stattfindet, teste ich abermals seine Reaktion und entferne mich noch einmal von ihm.

Ein Schritt. Zwei Schritte. Drei Schritte. Zaun.

Ich habe mich so auf den Hund konzentriert, dass ich eines nicht bedacht habe: Der Zaun ist mir viel näher als ihm, und so hat er hat deutlich mehr Platz als ich. Ich verarbeite diese Erkenntnis und würde mir am liebsten vor Überraschung die Augen reiben. Wie sollen Hunde im Voraus denken können?

Das Telefongespräch mit der Chefin des Tierheimes fällt mir wieder ein. »Also ich kenne mich wirklich gut mit Hunden aus, aber Raida kann einem jederzeit das Gefühl geben, man sei vollkommen minderbemittelt«, hatte sie gesagt. »Ich bin gespannt, wie Sie damit umgehen.«

Jetzt ist der Blick von Kirstin Höfer durch das Objektiv des Fotoapparats auf uns gerichtet, und ich denke: Ja, ich bin auch gespannt, wie das hier weitergeht.

Ein unerwarteter Fund kommt mir in diesem Moment zu Hilfe. Versehentlich trete ich auf einen Tennisball, der sich im dichten Gras versteckt hält. Blitzschnell bücke ich mich und bringe ihn als Ressource ins Spiel. Wer unter Hunden Ressourcen behaupten kann, führt. Das weiß ich von den Hunden selbst.

Bumm! Ich donnere den Ball an einen Betonsockel, der aus der Wiese ragt. Er prallt von dort ab und landet wieder in meinen Händen.

Wie elektrisiert springt der Hund zu mir herum und setzt in großen Sprüngen herüber. Seine Coolness ist von ihm abgefallen, und Interesse hat sich über sein Gesicht ausgebreitet wie ein Fächer. Mit zum Sprung bereiter Haltung wartet er auf den nächsten Flug des Balls.

Ich werfe ihn erneut an den Kasten, und der Hund setzt ihm nach. Zu meinem Glück fliegt der Ball nach seinem Aufprall knapp am Maul des Hundes vorbei und landet auf dem Boden. Schnell setze ich meinen Fuß davor, wie auch

Hunde ihre Pfote vor etwas setzen, das sie zu ihrem Eigentum erklären.

Der Hund bremst den Sprung ab und blickt auf meinen Fuß. Zum ersten Mal seit unserer Begegnung scheint er überrascht zu sein. Seine Augen wandern wie in Zeitlupe an meinem Bein entlang zu mir hoch, als ob sein Gehirn unterwegs noch etwas verarbeiten müsse.

Dann sieht er mir direkt ins Gesicht. Seine gelben, durchdringenden Augen haben einen Ausdruck, den ich nur schwer deuten kann: »War das jetzt Zufall, oder weißt du wirklich was über uns Hunde?«

Ich antworte ihm mit einem zweifachen Dribbler des Balls über den Boden und setze abschließend wieder meinen Fuß davor.

Er setzt sich hin und kratzt sich mit der Hinterpfote am Kopf. Dann erhebt er sich und setzt eine Marke an den Kasten. Ich bleibe beim Ball stehen und ignoriere den Kasten, an dem ich schließlich kein Interesse habe. Abwartend richtet der Hund seinen Blick auf mich und wirkt unschlüssig. Ich nutze die Gelegenheit, um ihn zu einem Kontakt einzuladen, in dem ich jedoch weiter die Regeln vorgebe. Seine Vermittlung aus dem Tierheim wird davon abhängen, ob er im Alltag führbar ist oder nicht. Mich interessiert, ob es mir gelingt, ihn zum Nachgeben zu bewegen.

»Bitte«, lade ich ihn ein und kicke den Ball zu ihm hin. Der Hund erfasst das Spielzeug im Sprung und kaut darauf herum. Dann spuckt er es aus. Der Ball scheint, von mir freigegeben, seinen Reiz für ihn verloren zu haben. Er wendet die Nase in meine Richtung und öffnet dann das Maul, um sich den Geruch, der von mir ausgeht, besser zu erschließen.

Es wirkt, als sauge er mit dem Maul die Luft an und schmecke darauf herum. Sein Blick landet auf meiner Hosentasche. Mit Vorbedacht habe ich eine weitere Ressource eingesteckt.

Äußere Ressourcen werden von Leithunden oft spielerisch eingesetzt, um ihre eigenen inneren Ressourcen darzustellen. So fordern sie zum Beispiel gern einen anderen Hund auf, genau das haben zu wollen, was sie selbst gerade besitzen, nur um dann sagen zu können: »Du bekommst es aber nicht, und ich zeige dir jetzt, wie gut ich das umsetzen kann.« Der andere Hund kann sich also einen Eindruck davon verschaffen, welche *inneren* Ressourcen der Leithund hat. Muss er viel oder wenig aufwenden, um die äußere Ressource zu behalten? Kommt er schnell in Rage, oder bleibt er souverän, wenn er in Bedrängnis kommt? Was setzt er ein – körperliche Kraft, Intelligenz, Gewitztheit oder Präsenz? Wo liegen seine Stärken und Schwächen?

All diese Informationen sind entscheidend für einen Hund, der sich einem Leitwesen anvertrauen soll oder will. Dabei ist nicht wichtig, ob der Entscheidungsträger ein Hund oder ein Mensch ist. Das Prinzip bleibt dasselbe.

Wie gestalte ich nun aber so ein Beziehungsspiel, wenn ich als Mensch ein Entscheidungsträger bin und mein hündisches Gegenüber ganz augenscheinlich selbst ein Leithund ist?

Ich sehe auf den Hund vor mir und fühle mich von dieser Frage wie von einer Dampfwalze überrollt. Schlagartig wird mir klar: Ich habe keine Ahnung davon, wie das gehen soll. In der Kultur, in der ich lebe, ist es schlichtweg nicht von Interesse, dass es auch unter den Haushunden autonome Führer gibt und nicht nur Hunde, die eine Führung brauchen.

Mein Herz schlägt schneller.

»Wie würden denn zwei Leithunde den Dialog jetzt fortsetzen?«, frage ich mich beunruhigt, während der Hund vor mir weiter meine Hosentasche fixiert. Leere in meinem Kopf. Auch das weiß ich nicht. Ich habe ja nur wenige echte Leithunde kennengelernt wie den wilden Hund Wanja aus Russland.

Erst später werde ich die Erkenntnis gewinnen, dass ich die Leithunde unter den Haushunden gar nicht hinreichend habe erkennen können, weil sie durch eine früh praktizierte Dressur keine authentischen Leithunde mehr waren.

Obwohl ich mich durch diese Gedanken sehr verunsichert fühle, taste ich mich weiter vor und hole ein Stück Futter aus meiner Hosentasche.

»Phhh.« Mit diesem Laut, der wie ein weiches Ausprusten klingt, kommentiere ich den Flug des Hühnerbruststreifens auf den Boden. Der Hund ignoriert sowohl den Warnlaut als auch meine präsente Körperhaltung, stürzt auf das Futterstück zu und landet genau auf meinem Fuß, den ich blitzschnell vor das Futter gestellt habe. »Das ist mein Eigentum. Ich kann es an dich freigeben oder behalten. Dieses Stück hier behalte ich«, ist mein innerer Untertext. Ungerührt sehe ich ihn an und warte ab, wie er sich entscheidet.

Verdutzt schaut der Hund auf und mir direkt in die Augen.

Ich habe in viele Hundeaugen geblickt – liebe, traurige, rührende, flehende, genervte, gestresste, müde, wache, kluge, schläfrige Hundeaugen.

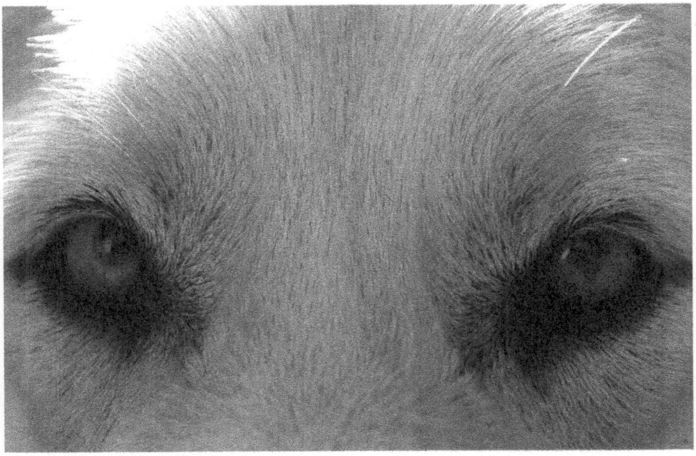

Raidas Augen

Aber noch nie waren Augen wie diese dabei.

Weise. Wissend. Uralt. Erfahren. Kühl berechnend. Klar. Kraftvoll. Während ich in diese Augen hineinschaue, komme ich mir vollkommen lächerlich vor mit meinem Versuch, ihm gegenüber in dieser Weise Position zu beziehen.

Der Hund tritt jedoch einen Schritt zurück und ist damit auch von seinem Anspruch abgerückt.

»Bitte«, lade ich ihn jetzt in freundlichem Tonfall und offener Körperhaltung ein und werfe ein anderes Futterstück, das ich damit freigebe. Er schießt darauf zu und saugt es auf wie ein Staubsauger.

Ich lege nun eine ganze Hand voll Futter auf den Boden und belege es mit einem »Phhh!«, um zu kennzeichnen, dass es weiter mir gehört.

Es scheint unter der Würde des Hundes zu sein, daraufhin überhaupt zum Futter zu sehen. Er sitzt einfach da, wartet ab und blickt mich an.

Ich gehe daraufhin los und werfe Futterstücke von mir weg, die ich immer vorher akustisch mit einem Tabu oder einer Erlaubnis kennzeichne.

Für das Tabu nehme ich Laute wie »Phhh!« oder aber kurze Wortlaute wie »Hooo!« oder »Hey!«. Das Wichtigste dabei ist, dass sie meine Energie transportieren und nicht rein technisch verwendet werden, weil sie dann nichts bewirken. Den Laut »Scht!« habe ich mir abgewöhnt, denn wie die Praxis zeigt, fällt es vielen Hundehaltern schwer, »Scht!« im Klang variabel einzusetzen und ihn weniger scharf zu gestalten.

Der Laut selbst ist jedoch vollkommen egal – entscheidend ist nur, welche Energie man mit ihm transportieren kann. Deshalb ist praktisch jeder Laut verwendbar. Auch ein Laut wie »Nein« kann gut funktionieren, wenn der Mensch darauf achtet, ihn nicht als Beginn einer endlosen Sprachschleife zu gebrauchen, wie zum Beispiel: »Nein! Pfui! Aus! Lass das!«, und sich nicht auf den Wortinhalt verlässt, sondern auf den Ausdruck der eigenen Energie.

Die Erlaubnis eines Futterstückes gestalte ich mit einem Laut, der mich weich werden lässt und meine Freigabe auch ausdrückt. »Okay!« oder »Haaaaa!« sind gute Laute für mich.

Bevor ich ein Futterstück abwerfe, informiere ich den Hund also über meine Absicht mit dem jeweiligen Laut. Verletzt ein Hund einen Tabu-Laut, setze ich meinen Körper ein und stelle den Fuß davor. In Ausnahmefällen, wenn ein Hund meine körperlichen Grenzen verletzt, setze ich einen

Abschnapper mit dem Finger als Konsequenz. Dazu lasse ich die Fingerkuppen kurz an der Breitseite des Hundes zusammenschnappen, wie ein Maul ohne Zähne.

Der große Blonde respektiert jedoch meine Tabus und Einladungen ohne Einschränkung und wirkt jetzt weicher und zugewandter.

Sollte es mit ihm doch so einfach sein?

Aus dem gemeinsamen Laufen heraus drehe ich mich mit einer knappen Bewegung meiner Schulter zu ihm ein und stoppe ihn: »Phhh.«

Seine Ohren gehen zurück. Er setzt sich überrascht. Ich wende den Blick von ihm ab und entferne mich.

Nach einer Distanz von vielleicht vier Metern drehe ich ihm den Kopf zu und lächle ihn an. Er versteht diese Einladung sofort und kommt leichtfüßig herangelaufen.

Es beeindruckt mich sehr, wie fein er jetzt mitzuschwingen beginnt. Mir ist jedoch vollkommen klar, dass dies alles nur Fingerübungen auf einem eingezäunten Gelände sind, auf dem gerade nichts weiter passiert. Das wirkliche Leben ist es nicht.

Der Hund sitzt jetzt vor mir und wartet auf den Fortgang unseres Dialoges. Jede Zweideutigkeit ist aus seinem Blick verschwunden. Seine Augen wirken klar und einladend wie eine unberührte Flusslandschaft. Plötzlich verspüre ich Müdigkeit. Eine Anspannung, die ich vorher gar nicht wahrgenommen habe, fällt von mir ab. Mir wird bewusst, dass ich hier niemandem etwas beweisen muss. Nicht den Zuschauern hinter dem Zaun, nicht dem Hund und auch nicht mir selbst.

Raida und Maja beim Kennenlernen im Tierheim Koblenz

Wie von selbst rutsche ich in die Hocke und möchte dem Hund jetzt einfach nur nahe sein, ohne etwas mit ihm zu leisten.

»Du bist ein beeindruckendes Wesen«, sage ich, und sein Blick wandert über mein Gesicht, als würde er mich gerade zum ersten Mal wahrnehmen.

Sehr nah kommt er heran, bis sich unsere Nasen berühren.

Mit leicht geöffnetem Maul schnüffelt er intensiv an meinem Mund und an meinen Nasenlöchern. Er scheint dort Informationen zu sammeln, die für ihn wichtig sind. Seine Nähe fühlt sich überraschend vertraut und sehr besonders an.

Gedanklich richte ich die Frage an ihn, wegen der ich da bin, auch wenn ich es mir nicht eingestehen wollte:

Raida und Maja beim Kennenlernen im Tierheim Koblenz

Raida und Maja finden zusammen

Raida auf dem Rücken

»Als ich von dir hörte, habe ich gedacht, mit dir könnte ich weiter wachsen. Ich habe mich nicht getäuscht. Möchtest du mich begleiten, so wie ich dich begleiten könnte?« Der Hund tritt einen weiteren Schritt auf mich zu und legt vorsichtig seinen Kopf auf meine Schulter.

Während ich mit meiner aufsteigenden Rührung kämpfe, lässt er sich auf den Boden fallen, legt seinen Kopf zwischen meine Füße, umfasst mit beiden Pfoten meine Beine und streckt mir den Bauch entgegen.

»Wir sehen uns bald wieder, Ra-ida«, sage ich und spreche den Namen des Hundes auf diese Art aus, weil die Magie darin für mich besser zu ihm passt.

»Jetzt fehlt nur noch die Filmmusik«, höre ich in diesem Moment Kirstin Höfer hinter dem Zaun sagen.

Ich sehe zu ihr hinüber, und tatsächlich: Diese große resolute Frau, die wirkt, als könne sie nichts umhauen, hat Tränen in den Augen.

»Möchtest du noch erleben, wie er mit Hunden umgeht?«, fragt sie über den Zaun hinweg.

Tatsächlich hat mich die Begegnung mit ihm so gefangen genommen, dass ich mein eigentliches Anliegen ganz vergessen habe. »Ja, natürlich möchte ich ihn mit einem Hund erleben«, entfährt es mir begeistert.

»Dann bringen wir Amadeus, mit dem lebt er gerade zusammen in einem Zwinger. Amadeus war völlig durch den Wind, als er zu uns kam, und Raida hat ihm schon ordentlich Manieren beigebracht.« Kirstin Höfer winkt einem Helfer, der losgeht, um den Hund zu holen.

Sie selbst und zwei ihrer Mitarbeiter kommen auf das Gelände und werden von Raida mit einem freundlichen Schwanzwedeln empfangen. Als die Menschen sich auf einen Balken gesetzt haben und alle Augen auf ihm ruhen, schnappt er sich einen Stofffetzen vom Boden und hält ihn vorsichtig mit den Schneidezähnen fest. Den Kopf weit zurückgelegt, beginnt er nun trippelnd vor der Menschengruppe auf und ab zu laufen.

Alle klatschen.

Als Antwort schüttelt Raida das Stoffteil so stark, dass es laut knallt in der Luft. Aus den Augenwinkeln heraus überprüft er die Wirkung seiner Zugabe. »Bravo, bravo«, ruft eine junge Mitarbeiterin. Es ist deutlich spürbar: Alle möchten dem Hund mit ihrer Anerkennung etwas Gutes tun.

Raida drückt die Gelenke durch, und sein Blick wirkt nachsichtig. »Okay, wenn das schon reicht, euch zu begeistern…« Er kann breit grinsen, wenn er will, das ist nicht zu übersehen.

Die Tür zum Gelände öffnet sich, und Amadeus schießt herein. Der Malinois rast ungebremst in alle Richtungen und sieht sich hektisch um. Offenbar versucht er, die Situation auf dem Gelände einzuschätzen.

Raida hat sich zu seiner vollen Größe aufgebaut und sieht mit fassungsloser Miene auf den Malinois. Der Stofffetzen hängt ihm dabei aus dem Maul wie ein unpassendes Lätzchen. Jetzt wendet sich Amadeus vom Gelände ab und den Menschen zu. Er beginnt, über die sitzenden Personen zu springen und dort aktiv Aufmerksamkeit einzufordern. Als jemand ihn wegschiebt, scheint ihn das nur zu neuen Distanzlosigkeiten herauszufordern.

Eine Mitarbeiterin steht deshalb auf, als der Hund auf sie klettert, und hebt ihn mit sich nach oben, so dass er den Boden unter den Pfoten verliert.

Ich sehe zu Raida, dessen Gesichtsausdruck sagen könnte: »Der Kerl hat eine viel deutlichere Grenze verdient, damit er runterkommen kann.«

Als Amadeus diesen Blick bemerkt, wird er tatsächlich ruhiger. Wieder auf dem Boden angekommen, stellt sich der Malinois abseits von der Gruppe und beobachtet uns.

Mit unübersehbarem Schelm im Blick klatscht Raida mir daraufhin seinen Stofffetzen auf den Schoß.

»Oh, danke.« Erfreut nehme ich das Teil in die Hand.

Raida tritt zurück und sieht auffordernd auf den Fetzen. »Kein Geschenk, Mensch! Werfen sollst du das«, ist seinem Gesichtsausdruck zu entnehmen.

»Mein Lieber, auch wenn du deine Kommandos sehr

Amadeus und Raida

freundlich verpackst, nimm es einfach wieder zurück.« Ich halte ihm den Stoffrest hin. Der Malinois taucht so plötzlich auf, dass ich meine Hand nicht mehr zurückziehen kann, bevor er mir den Fetzen wegschnappt.

Raida schießt Amadeus entgegen und starrt ihm direkt ins Gesicht.

»Das! Gehört! Mir!«, signalisiert er mit Nachdruck. Diese offensive Form der Grenzsetzung legt bei dem Malinois einen Schalter um. Seine Augen werden hart, die Lefzen wandern nach oben, und er schießt auf seinen Widersacher los. Raida fängt ihn ab, wuchtet ihn auf den Rücken und stellt sich über ihn. Der Malinois beginnt sich wie ein Irrer unter dem großen Hund zu winden und nach dessen Lefzen zu schnappen, bis ein kleines Blutrinnsal an Raidas Schnauze zu sehen ist. Dessen Augen sind weit aufgerissen. Sein Brustkorb hebt und senkt sich. Ein tiefes Knurren entfährt ihm immer wieder. Man sieht ihm das Unverständnis an, das ihm das Verhalten des Malinois bereitet. Ich erwarte, dass er sich zu wehren beginnt, doch er steht weiter nur über ihm.

Die Bisse des Malinois gehen jetzt abgeschwächt in die Luft, aber seine Augen sind dunkel vor Wut.

Raida wartet wie eine Wand.

Eine Minute.

Vier Minuten.

Der Malinois bewegt sich nicht mehr.

Fünf Minuten.

Sechs Minuten.

Raida tritt zur Seite und gibt den Angreifer frei. Der springt auf und entfernt sich eilends auf die andere Seite des

Geländes. Ohne Übergang nimmt Raida den Stoffrest wieder ins Maul und läuft, die Beute präsentierend, hin und her.

Seine Verletzung erweist sich bei einer Begutachtung durch die Mitarbeiter als harmloser Kratzer. Immer wieder staune ich, wie vorsichtig und achtsam Hunde ihre Waffen einsetzen, um Verletzungen zu vermeiden.

Ein paar Wochen später werde ich erfahren, dass Amadeus nun bei einer Polizistin lebt, die von seinen Fähigkeiten als Drogensuchhund und seiner Leichtführigkeit begeistert ist. Raida hat offenbar ganze Arbeit geleistet.

Im Flieger zurück nach Berlin sitze ich zwischen zwei kräftigen Männern auf dem Mittelsitz. Mit angezogenen Ellenbogen fühle ich mich eingeklemmt, während ein Gefühl der Berührung mich überrollt, das Platz bräuchte. Tränen schießen mir immer wieder in die Augen, und ich muss mich sehr beherrschen, um nicht herauszulassen, was mich bewegt. Was für eine Begegnung, denke ich, und eine Tür öffnet sich in mir. Ich weiß nur noch nicht, in welchen Raum sie führt.

Ist ein Anführer ein guter Untergebener?

Ich bin geübt darin, eine Hundegruppe zu führen, Sicherheit zu vermitteln, Harmonie herzustellen und Gruppenregeln zu finden, die allen dienen. Der Weg dazu begann 1991 im russischen Dörfchen Lipowka, in dem ich mit zehn urtümlichen Hunden in ihrem natürlichen Lebensraum zusammenwohnte. Damals noch Liedermacherin, veränderte die Beobachtung ihres Zusammenlebens meine Wahrnehmung von Hunden grundsätzlich. Wie sehr sich das Verhalten von dressierten, angepassten Haushunden in Deutschland von einem natürlichen Lebensausdruck bei freilebenden Hunden unterscheidet, wäre mir ohne diese Vergleichsmöglichkeit nie aufgefallen.

Seit meiner Rückkehr nach Deutschland 1997 und der Gründung meines Dog-Institutes 2007 surfe ich nun innerlich hin und her zwischen der Erfahrung dieses authentischen Lebens in Lipowka und meiner heutigen angepassten Lebensart in Berlin. Während ich in den ersten Jahren damit viel Mühe hatte, macht heute die Reise zwischen diesen beiden Polen nicht nur meine eigene persönliche Entwicklung, sondern auch meine Arbeitsweise aus.

Den Versuch, starre künstliche Hüllen wie Zwiebelschichten abzuschälen, damit der ursprüngliche innere Kern eines Wesens sich wieder zeigen kann, kann ich nur unternehmen, weil ich selbst den Ausgangspunkt und das Ziel dieser Reise kenne. Dabei halte ich an allen Zwischenstationen an, die Fragen aufwerfen.

Eine neue Frage ist für mich gerade: Wie lebt man mit einem autonomen Leithund, der durchaus anderen Vorstellungen und Gesetzmäßigkeiten folgen kann, als ein Mensch sie hat?

Auch in meiner direkten Waldrandlage gibt es Regeln der Anpassung, an die sich Raida halten müsste, selbst wenn sie ihm naturgemäß nicht einleuchten werden:

- Fremdes Futter aufnehmen ist verboten.
- Jagen ist nicht erlaubt und nicht nötig.
- Kontakt zu Menschen mit Hundeangst muss vermieden werden.
- Fremde Hunde an der Leine brauchen Rücksichtnahme und Distanz.
- Sich außer Sicht von der Gruppe zu entfernen ist tabu.

Wenn ich mir Raida als Menschen vorstelle, so sehe ich einen ausländischen Dirigenten vor mir, der durch einen Schicksalsschlag alles verloren hat. Nehme ich ihn bei mir auf, muss ich ihm die Musik in meiner Kultur erklären, weil sie ganz anders klingt als bei seinem Volk. Also müsste er oft mich dirigieren lassen, die mit dieser Musik vertraut ist. Er müsste sich anpassen und »mitspielen«, obwohl er selbst ein Dirigent ist.

Diese Vorstellung weckt alte Erinnerungen in mir.

Ich sehe mich 1965 als Mädchen von vier Jahren an meinem ersten Tag im Kindergarten. Ich habe kurze dunkelbraune Haare und ein vorsichtiges Lächeln im Gesicht. Aus dem Hintergrund beobachte ich, wie die bereits vertrauten Kinder miteinander Kaufmannsladen spielen.

»Ein Groschen und zwei Pfennig«, legt ein Mädchen imaginäre Geldstücke auf die Theke und erhält dafür ein winziges Brot aus Blech. Die Verkäuferin, ein größeres Mädchen mit zwei blonden Zöpfen, greift nach den unsichtbaren Münzen und verstaut sie zufrieden in ihrer Kasse. »Der Nächste bitte«, ruft sie in die wartende Schlange und wirft den Kopf zurück wie eine kleine Königin.

Obwohl auch ich mir die Münzen vorstellen kann, finde ich es unbefriedigend, dass die Kinder zum Bezahlen keinen realen Gegenwert besitzen, wie jeder Erwachsene auch.

Ich bitte die Kindergärtnerin um feste Pappe und eine Schere. »Schön, dass du gleich an deinem ersten Tag aktiv wirst«, sagt sie und bringt mir dunkelblauen Karton und eine stumpfe Papierschere. Es ist nicht einfach, damit Formen aus dem dicken Material herauszuschneiden. Ich bekomme eine Blase am Zeigefinger, ein Pflaster und ein Lob.

»Schön hast du das gemacht«, sagt die Kindergärtnerin.

Stolz verstaue ich meine Schätze in der Hosentasche und frage, ob ich nun mit den anderen spielen kann.

Sie stimmt freudig zu. »Hier kannst du dich anstellen.« Sie schiebt mich an das Ende der Warteschlange vor dem Kaufmannsladen.

»Einmal Mehl und einen Apfel bitte«, sage ich, als ich dran bin.

»Das kostet zwei Groschen«, antwortet das blonde Mädchen und sieht mich, den Neuling, mit zusammengekniffenen Augen erwartungsvoll an.

Ich hole zwei dunkelblaue Sterne aus meiner Hosentasche und lege sie vor sie hin.

»Bitte«, sage ich strahlend, weil ich denke, sie würde sich freuen über diese neue Währung. Danach greife ich in meine Hosentasche, um die restlichen Sterne den Kindern in der Warteschlange zu geben.

Die blonde Verkäuferin stemmt die Arme in die Hüften und ruft: »He, lass das! Hier gibt es nur Geld! Was soll ich denn mit so blöden Sternen?!«

Überrascht sage ich: »Na, Sterne haben wir, Geld nicht.«

Sie kommt wütend hinter dem Kaufmannsladen hervor und zieht mich an den Haaren. »Du bist blöd! Du musst es machen wie alle!«

Hilfe suchend sehe ich mich nach der Kindergärtnerin um, die aber gerade nicht im Raum ist.

»Aber warum denn? Man kann es doch auch so machen?«, frage ich verdattert.

»Nö. Kann man nicht. Hier wird gemacht, was ich sage. Ich bin die Verkäuferin!« Das Mädchen stampft mit dem Fuß auf, und ihre Zöpfe wackeln.

»Dann will ich jetzt Verkäuferin sein«, beschließe ich.

»Kann ich dann auch solche Sterne haben?«, fragt ein kleiner Junge, der hinter mir in der Schlange steht.

Die Verkäuferin stürzt sich auf mich und haut mir auf den Kopf. Ich wehre mich und haue zurück.

Die Kindergärtnerin reißt uns auseinander. »Also das geht ja gar nicht. Den ersten Tag da und schon Ärger machen, kaum lasse ich dich aus den Augen!« Sie funkelt mich mit zornigen Augen an.

»Aber ich wollte doch nur mit Sternen bezahlen. Ich möchte jetzt die Verkäuferin sein«, erwidere ich verzweifelt.

»Sie hat gemogelt«, sagt das Mädchen.

»Du musst lernen, dich anzupassen«, sagt die Kindergärtnerin. »Du musst jetzt so lange in der Schlange stehen, bis du alles so machst wie die anderen. Erst dann kannst du Verkäuferin werden.«

Meine Mutter berichtet, ich hätte an diesem Abend gesagt: »Mutti, ich mag nicht mehr da hin. Ich kann mich nicht anfassen.«

Wie sehr dieser Versprecher einer Wahrheit entspricht, wusste ich damals noch nicht. Tatsächlich verliert man sich selbst, wenn man sich Dingen anpassen muss, die der eigenen Natur widersprechen. Und wenn man sich verliert, kann man sich innerlich auch nicht mehr fassen. Dennoch fällt mir auf, wie normal es in unserem Kulturkreis ist, sich erst einmal »in der jeweiligen Schlange« anstellen zu müssen.

Weil man noch neu ist.
Weil man zu jung ist.
Weil man zu alt ist.
Weil man Ausländer ist.
Weil man eine Frau ist.
Weil man ein Tier ist.

Wie aber soll aus einem geborenen guten Anführer ein guter Untergebener werden? Und noch viel schlimmer: Wie wird – in einer Hierarchieordnung wie der unseren – aus diesem guten Untergebenen später wieder ein guter Anführer?

Je länger ich darüber nachdenke, umso mehr habe ich das Empfinden, durch Raida wieder mit einem Thema in Berührung zu kommen, das seit Langem tief in mir wartet.

Erste Berührungen

»Er war damals noch ein ganz anderer Hund, sehr verstört. Das Trauma, aus dem Auto geworfen worden zu sein, steckte ihm wohl noch in den Knochen. Wir haben keine Idee, wem er einmal gehörte. Es war schon ein glücklicher Zufall, dass eine Verkäuferin von Scotts Supermarkt in Burmarrad (Malta) im dortigen Tierheim anrief und den Vorfall meldete. Pat fuhr sofort los, denn Burmarrad ist ein Industriegebiet mit viel Autoverkehr. Sie wollte den Hund retten, bevor jemand den Hund überfuhr. Zunächst ging es ihm gar nicht gut, er ließ sich kaum streicheln und schon gar nicht am Rücken anfassen. Eine weitere Mitarbeiterin, Christina, hat all ihre Liebe diesem Hund geschenkt und stundenlang bei ihm gesessen, um ihn aus seiner Verzweiflung herauszuholen. Es hat sich gelohnt. Er konnte endlich geimpft werden, wobei das ein kleines Drama war … Nach und nach wurde er an Hündinnen gewöhnt und kam schon bald in eine Gruppe. Da erst entwickelte er sein volles Potential.«

Ich lese die Mail von Jutta Spang, der zweiten Vorsitzenden des Tierschutzvereins Koblenz, zum wiederholten Mal und studiere Raidas Gesicht auf dem angehängten Foto. Es zeigt ihn 2011 im Tierheim von Noah's Ark auf Malta.

Mir fällt auch in dieser Situation eine Zweideutigkeit in seinem Gesichtsausdruck auf. Er drückt tiefe Entmutigung aus, aber auch eine kühle Beurteilung der Lage. In seiner Resig-

Raida im Tierheim Noah's Ark auf Malta

nation ist keinerlei Bedürftigkeit zu finden. Eher schwingt ein Ansatz von Verachtung mit, den ich so erst wenige Male bei einem Hund wahrnahm.

Diese Doppelbödigkeit berührt und beunruhigt mich.

Ich kenne diesen Ausdruck von meinem Vater, und durch meine kindlichen Versuche weiß ich, dass Liebe allein nicht die tiefe innerliche Frustration aufzulösen vermag, die hinter diesem Blick verborgen sein kann.

Mein Gefühl sagt mir: Auch Raida trägt noch Wunden in sich, die ich zu spüren bekommen werde.

Wird es mir dieses Mal gelingen, ihnen so zu begegnen,

dass Veränderung möglich ist? Eine Frage, die ich nur im Zusammenleben mit Raida beantworten kann.

Es beginnt am 28. Mai 2012 um 1.00 Uhr in der Nacht, als Raida aus dem Kofferraum des Autos in meinen Berliner Garten springt. Die Nase am Boden, rennt er an der Außenkante des Geländes entlang und setzt eilig ein paar Marken. Er erinnert dabei an einen Menschen, der im Sommerschlussverkauf von jedem Wühltisch etwas greift, ohne zu wissen, was er da gerade zu seinem Eigentum erklärt. Hauptsache, er hat es, bevor es ein anderer bekommt.

Die letzte Marke setzt Raida in mein Kräuterbeet und kommt daraufhin mit zufriedenem Gesichtsausdruck zu mir auf die Terrasse. »So, da bin ich«, scheint er ganz selbstverständlich zu sagen.

»Guten Tag, mein Lieber, herzlich willkommen«, antworte ich und massiere ihm sanft die Schulterblätter. Er steht still, und ein leises Schnaufen wird hörbar.

Dann hebt er interessiert die Nase in Richtung Haustür, hinter der die anderen Hunde warten. Obwohl er ganz sicher mit allen Hunden zugleich klarkäme, werde ich ihm jeden Hund einzeln vorstellen. Zu viele neue Eindrücke auf einmal könnten jetzt eher für Verwirrung als für Orientierung sorgen.

Hinter der Haustür sehen mich Mitja, Frieda und Tinka erwartungsvoll an. Sie sind vollkommen still und scheinen die Bedeutung des Moments ebenfalls zu spüren.

»Mitja, ich stelle zuerst dir den neuen Rudelchef vor«, wende ich mich an den sieben Monate alten Border-Collie-Mix.

Begrüßung in Berlin

Vorsichtig streckt er den schwarzweißen Kopf nach vorn und lugt um mich herum nach draußen.

»Na komm, schau ihn dir an, ich bleibe bei dir«, ermutige ich ihn und gehe in Richtung Terrasse.

Abgeduckt und die Ohren nach hinten gelegt, schießt Mitja hinter mir her und nutzt mich als Schutzschild, um den fremden Hund zu begutachten.

Raida baut sich zu seiner vollen Größe auf und wedelt mit der Schwanzspitze eine vorsichtige Einladung. Mitja weicht dennoch vor der Präsenz des Hundes zurück.

»Hilfe, wer ist das?«, drücken seine aufgerissenen Augen aus. Raida dreht sich zur Seite und parkt sein Hinterteil zwischen meine Beine. Er scheint die Unsicherheit des jungen Hundes zu spüren und ist offenbar bemüht, die eigene Präsenz abzuschwächen, indem er seine Duftdrüse mit meinem Oberschenkel abdeckt und den direkten Blick abwen-

Nachtbegegnung Mitja und Raida

det. Aus den Augenwinkeln heraus verfolgt er die Reaktion des jungen Hundes.

Mitja hat die rechte Oberlippe zwischen die Zähne geklemmt und bewegt vorsichtig die Nase in Raidas Richtung. Dabei versucht er, den Kopf so weit wie möglich nach vorn zu strecken, während er den Rest des Körpers nach hinten zieht. Erschrocken zuckt er zusammen, als Raida sich plötzlich aus meiner »Beinhöhle« löst und gemächlich in das Dunkel des Gartens abwandert.

Ein heller Halbmond am klaren Himmel beleuchtet die Szenerie gerade so, dass man den blonden Hund noch als Schemen erkennen kann. Zielgerichtet beginnt er auf etwas zuzulaufen, das meinem Blick verborgen bleibt. In der Mitte des Gartens hält er an, senkt den Kopf und kommt mit gutgelaunten Sprüngen zurück.

Wieck! Wiiiiiiieck! Wieck! Ganz offensichtlich hat er das

Quietschtier nicht zufällig entdeckt, sondern ist bewusst darauf zugelaufen, um es für die Situation zu nutzen. Ist es tatsächlich möglich, dass er während seiner schnellen Ankunftsrunde bereits solche Details registriert hat?

Mitja stürzt, von dem Quietschen erregt, nach vorn und erschrickt vor seiner eigenen Courage, als ihn nur noch zwei Meter von dem Fremden trennen. Er hebt eine Vorderpfote und leckt sich beschwichtigend über das Maul.

Raida knietscht auf dem Spielzeug herum wie ein Jugendlicher auf einem Kaugummi. Dann blickt er kurz zu dem jungen Hund und rennt mit lustigen Bocksprüngen in Richtung Terrasse, um sich dort wieder nach Mitja umzuschauen. Obwohl deutlich spürbar ist, wie sehr sich der jüngere Hund von dieser Einladung verlockt fühlt, steht er da wie angewurzelt und starrt auf den unbekannten Spielmeister.

Der wirft den Kopf schwungvoll zurück, und das gelbe Gummihuhn fliegt durch die Luft. Es landet zwei Meter entfernt vor Mitjas Maul auf dem Boden. Wie ein tiefgelegter Ferrari saust Mitja heran, schnappt sich das Huhn und jagt davon. Während er hinter dem Haus verschwindet, setzt sich Raida gemächlich hin und spitzt die Ohren.

Tram-da-ramm-da-ramm. Obwohl Mitja noch wächst und aktuell erst neunzehn Kilo wiegt, klingt sein Spurt ums Haus bereits wie der Lauf eines jungen Nilpferds. Übermütig schießt er auf der gegenüberliegenden Hausseite hervor und bremst ab, als er Raida sieht. Dann stakst er auf spitzen Pfoten weg vom Haus in den Schutz des dunklen Gartens. Der große Blonde blickt ihm interessiert hinterher, regt sich aber nicht.

Meine Augen durchforsten das Dunkel. Neben einem

Busch leuchtet schwach der breite weiße Fellstreifen, der mitten über Mitjas Gesicht verläuft. Ein Augenpaar glitzert.

Raida sitzt mit ungerührtem Ausdruck vor mir. Nur seine Ohrbewegungen verraten, dass er den jungen Hund geortet hat.

Beide scheinen auf die Reaktion des anderen zu warten.

Plötzlich schießt Raida alarmiert herum und richtet seinen Blick starr in den Wald zu unserer Rechten. Ich sehe Mitja durch den Garten huschen. Kurz darauf taucht er neben Raida auf, und nun schauen beide Schulter an Schulter wie gebannt in den Wald.

Häufig legen sich Wildschweine in das Unterholz an meinem Gartenzaun nieder, weil er ihnen offenbar die Rückfront sichert, wenn sie im Wald schlafen. Jetzt aber scheint es vollkommen ruhig für meine Ohren. Ich gehe ins Haus, um eine Taschenlampe zu holen.

Bei meiner Rückkehr steht Raida auf einem großen Gartentisch und späht von dieser erhöhten Position aus wie ein Feldherr in die Nacht. Ich klettere auf einen Stuhl neben dem Tisch und leuchte über den hohen Zaun in den Wald hinein.

Kein Zweig regt sich.

Mitjas Blick wandert beunruhigt zwischen Raida, mir und dem Wald hin und her. Raida scheint, zur Statue erstarrt, immer noch auf etwas zu warten.

Nicht zum ersten Mal bedauere ich die schlechte Ausrüstung meiner menschlichen Sinne. Ich nehme offenbar als Einzige nicht wahr, was da ist. Ich höre nichts, sehe nichts, rieche nichts.

Toll, denke ich. Das macht sich gut als Gruppenchefin.

Während ich weiter in den Wald leuchte, stelle ich mir das Ganze in einer menschlichen Situation vor. In meiner Fantasie bin ich die Direktorin einer Sparkasse. Ich sitze an meinem Schreibtisch, als plötzlich die gesamte Belegschaft von den Plätzen aufspringt, die Arme hebt und in ein und dieselbe Richtung starrt. Ich schaue mich um, sehe oder höre aber nichts, was diesen Umstand erklären könnte. Es ist nicht sehr vertrauensbildend, wenn ich als Chefin offenbar stark kurzsichtig und fast schwerhörig bin und die Mitarbeiter in so einer Gefahrensituation allein bleiben. Wäre ich fähig, dort einen Bankräuber wahrzunehmen, könnte ich versuchen, die Situation zu deeskalieren oder durch meine eigene Ruhe die anderen zu beruhigen.

Mit den Hunden komme ich ständig in Situationen, in denen ich etwas verpasse, weil meine Sinne nicht ausreichen. Dass es so ist, bemerke ich nur an der Haltung der Hunde, mit der sie, wie auch jetzt, in das Unterholz starren.

Minuten vergehen. Eine Minute. Zwei Minuten. Drei Minuten.

»Wooooooooooooaaau!«

Ich falle vor Schreck fast vom Stuhl. Noch nie zuvor habe ich Mitja bellen hören. Hektisch springt er vor und zurück, sein Fell ist gesträubt.

Raida hebt beide Vorderpfoten in die Höhe, nur um sie beim Zurückfallen energisch auf den Tisch zu rammen.

Er schnauft erregt.

Rascheln. In weiter Ferne. Stampfen. Es kommt näher. Krachende Zweige. Knackendes Unterholz. Tiefes Grunzen.

Wildschweine.

Raida hat sie offenbar bereits vor vielen Minuten aus-

Raidas Aussichtsplatz

gemacht und in einer Form, die ich nicht wahrnehmen konnte, Mitja mit eingebunden. Im Haus ertönt das Gebell von Frieda und Tinka. Auch sie wissen Bescheid.

Raida springt vom Tisch und rennt, im Schulterschluss mit Mitja, den Gartenzaun entlang. Seine Körpersprache ist eindeutig: Nur der Zaun hindert ihn daran, die Besucher noch vehementer zu vertreiben.

»WUHH!!!« Ein sehr energischer Ton, der tief aus dem Brustkorb des Hundes kommt. »WUHH!!!«

Das Grunzen hört auf. Schritte, plötzlich viel leichtfüßiger als zuvor, entfernen sich leise. Die Bewegung im Unterholz verebbt. Die Wildschweine haben ihre anvisierten Schlafplätze aufgegeben.

Raida springt noch einmal auf den Tisch, lauscht in den Wald hinein und dreht sich zufrieden zu mir um.

»Na, siehste mal. Ohne mich hätten wir hier Eindringlinge gehabt«, könnte sein Gesichtsausdruck sagen. Als er vom Tisch springt, ist Mitja sofort an seiner Seite und leckt ihm flink über die Lefze, bevor er wieder einen respektvollen Abstand einnimmt. Ich bin beeindruckt. Die Aktion hat ihr Kennenlernen turbomäßig beschleunigt. Raida knüpft an das vorherige Spiel an und schnappt sich erneut das Gummihuhn. Sein gesamter Ausdruck erinnert an einen Puppenspieler, der sein Theater wieder eröffnet hat.

»Tri-tra-trullala, Kasperle ist wieder da!«

Er schlenkert das Huhn mit dem Einsatz seines ganzen Kopfes hin und her und stakst mit einem gutmütigen Gesichtsausdruck über die hellbeschienene Terrasse, seine Bühne. Mitja kommt in geduckter Haltung näher und schnüffelt ganz vorsichtig an Raidas Schnauze. Raida lässt das Gummihuhn fallen und dreht sich zu Mitjas Hinterteil ein, um an dessen Duftdrüse das Stimmungsbarometer des jungen Hundes abzulesen. Offenbar zufrieden mit dem Ergebnis, legt er sich entspannt auf die Wiese.

»Mein Lieber, wir haben auch ein Haus, in das wir hineingehen können«, sage ich an Raida gewandt. Er springt erfreut auf und wartet. »Ich muss dir vorher nur noch die ›Damen‹ vorstellen«, füge ich hinzu, woraufhin er den Kopf hängen lässt. »Mach hin, ich will pennen«, könnte sein Blick sagen.

Frieda und Tinka erwarten mich gleich hinter der Haustür und begrüßen mich aufgeregt. Besonders Frieda, seit jeher eine Hüterin der Beständigkeit, hegt ein tiefes Misstrauen gegen alles Neue. Sie hat diesen gewissen Ausdruck im Gesicht – ich nenne ihn ihren abgeneigten Blick.

Missgünstig späht sie um meine Beine herum nach

Frieda

draußen und sieht mich daraufhin mit gerümpften Lefzen an: »Nimm den da weg, wer auch immer er ist! Du weißt doch, neue Personen und Umstände will ich nicht.«

»Frieda, du wirst ihn lieben«, antworte ich ihr. »Er ist wirklich cool, also genau das, was du magst.« Ich kenne Friedas Faible für souveräne, entspannte Hunde. »Frieda, jetzt komm«, werde ich bestimmter, weil sie sich nicht von allein gegen ihre Befürchtungen entscheiden kann. In einem Tippelgang aus winzigen, flinken, kaum wahrnehmbaren Schrittchen unter einem ansonsten vollkommen reglosen Leib »rutscht« sie wie eine Schachfigur zu mir herüber und folgt mir steifbeinig auf die Terrasse.

Mit prophylaktisch hochgezogenen Lefzen bleibt sie dabei hinter mir und starrt Raida an, der sich in der Zwischenzeit auf die Wiese gesetzt hat. Ganz im Widerspruch zu ihrer Drohgebärde hält sie den Körper leicht abgeduckt und erinnert in solchen Momenten an eine Dame, die mit eingezogenem Kopf mahnend den Finger hebt.

Auch Raida scheint von ihrer zwiespältigen Körpersprache überrascht und betrachtet das schwarz-weiße »Steiftier« mit verdutztem Gesichtsausdruck.

»Das ist Frieda«, zeige ich auf die Hündin und sehe sie dazu an, damit Raida weiß, wen ich meine. »Sie hat immer erst einmal Angst. Das ändert sich mit der Zeit.«

Raida erhebt sich und bietet aus drei Metern Entfernung einen freundlichen Schwanzwedler an. Frieda schiebt die Lefzen noch eine Etage höher. Raidas Schwanzspitze verharrt in der Luft, und sein Gesichtsausdruck wirkt ratlos. Gemächlich setzt er sich in Bewegung, und nun genau auf die Hündin zu.

Friedas ganzer Körper neigt sich in einer Biegung von Raida weg – nur der Kopf und ihr Hintern bleiben präsent. Offenbar ist diese Körperhaltung ein Resultat ihrer Unschlüssigkeit, ob sie ausweichen oder weiter drohen soll.

Kurz bevor der große Blonde sie erreicht hat, entscheidet sie sich für eine Drohgebärde, die bisher noch jeden nachhaltig beeindruckt hat.

»Krahhh!« Der nach vorn gesprungene Scheinangriff stoppt kurz vor Raidas Gesicht. Weil der Neue nicht einmal seinen Kopf zurücknimmt und sie ihr letztes Pulver verschossen hat, sieht sie der Begegnung jetzt mit weit geöffneten Augen starr entgegen. Ohne die Hündin auch nur eines einzigen Blickes zu würdigen, zieht Raida an ihr vorbei. Die »hysterische Chefsekretärin im Vorzimmer« interessiert ihn nicht.

Frieda schließt kurz die Augen und öffnet sie dann mit einem Blick, der sagen könnte: »Ist das jetzt wirklich passiert, oder träume ich?« Als ihr aufgeht, dass sie gar nicht das Ziel der Aufmerksamkeit war und Raida nur vor der Haustür um Einlass bittet, wendet sie sich zu ihm herum und wedelt mit dem Schwanz wie mit einem Propeller. Interessiert schnüffelt sie nun an seinem Hinterteil, während Raida ungerührt die Tür ansieht: »Sesam, öffne dich!«, sagt sein Blick.

Ich erfülle ihm den Wunsch, schiebe die Tür aber nur so weit auf, dass Tinka zu uns herausschlüpfen kann. Die Irritation über die ungewohnte Abschirmung von der restlichen Gruppe ist ihr anzumerken. Ohne Raida anzusehen, geht sie vor mir auf die Hinterbeine und pfötelt wie ein Erdmännchen mit beiden Vorderläufen durch die Luft.

Sie verwendet dieses Relikt vom Betteln auf griechischen Straßen auch als Beschwichtigung oder, wie jetzt, um eine Aufregung abzubauen. Obwohl sie nur noch äußerst selten darauf zurückgreift, gehört es noch immer zu ihrem ureigenen Repertoire für bestimmte Momente.

Raida blickt irritiert von der Erdmännchen-Hündin zu mir. »Ein Kuriositätenkabinett hast du hier«, würde ich seinen Blick übersetzen.

Tinka

Mit fortschreitender Beruhigung scheint sich auch Tinkas Wahrnehmung zu schärfen. Ihr Blick bleibt plötzlich an dem fremden Hund hängen. Abrupt fällt sie mit den Vorderpfoten auf den Boden zurück und stiefelt vollkommen sachlich auf den Neuen zu, als würde ihr ein geschäftlicher Abschluss einfallen, den sie noch tätigen muss. Sie reckt die Nase hinauf zu der fremden Schnauze, und Raida zieht überrascht den Kopf zurück.

»Wie, ist die jetzt doch normal?«, kommentiert sein Blick.

»Ja, hier sind alle speziell und deshalb ganz normal«, rufe ich lachend und öffne die Haustür.

Der Mauerweg

Um in die Tiefen des Waldes zu gelangen, müssen wir den Frohnauer Mauerweg überqueren, den die DDR-Grenztruppen einst für ihre Kontrollfahrten anlegten. Auf dieser Höhe befindet sich ein langgestreckter Berg, der den hinauffahrenden Radfahrern eine sportliche Herausforderung bereitet und den Herabsausenden oft Freudenschreie entlockt. »Jippi!«, »Ha-haaaaaaaa!!!« oder »Juchu-u-u-u-uuu, ist das geeeeeil!« sind Ausrufe, die häufig in meinen Garten dringen und mir das Gefühl geben, in einem Freudental zu wohnen.

Sollten wir jedoch einem solcherart beschleunigten und euphorisierten Radfahrer in den Weg kommen, hätte er wohl kaum die Möglichkeit, für uns abzubremsen. Deshalb prüfe ich immer zuerst die Lage, bevor ich den Weg mit den Hunden überquere. So auch diesmal bei Raidas erstem Spaziergang mit seiner neuen Gruppe.

»Phhh!« Im Laufen breite ich die Arme aus, und die Hunde bleiben stehen. Dann trete ich auf den Weg, blicke nach rechts, sehe nach links. Die Luft ist rein. Interessiert wendet Raida die Nase hin und her und prüft, was der Grund für den Halt sein könnte.

»Weiter geht's«, winke ich und gehe in den Wald hinein. Die Hunde folgen – bis auf Raida, der mitten auf dem Mauerweg stehen geblieben ist.

Sein Gesichtsausdruck spricht Bände: »Häää? Und warum mussten wir jetzt alle warten?«

»Hier donnern sonst Radfahrer lang«, versichere ich ihm.

»Häääa?«

»Das wirst du noch erleben«, lache ich. »Nun komm.«

Langsam trollt er sich, ich sehe ihm aber an, dass er meinen Aufwand unnötig fand. Dieselbe Sache wiederholt sich nun täglich: Raida muss warten, bis ich den schlecht einsehbaren Weg gesichert habe. Es wird nur immer schwieriger, ihn davon zu überzeugen.

Zwei Wochen nach Raidas Ankunft gehen wir am frühen Morgen mitten auf dem Mauerweg spazieren, weil um diese Uhrzeit nie Radfahrer unterwegs sind. Am Wegesrand liegen viele Reisighaufen, die sich gut dazu eignen, Futterstücke darin zu versenken und die Hunde danach suchen zu lassen. So werfe ich im Laufen ihr Frühstück zwischen die dünnen Zweige, und die Hunde schwärmen aus.

Raida nimmt bereits aus einer Entfernung von zehn Metern wahr, ob in einem Haufen ein Futterstück liegt oder nicht. Mitja verpasst viele Futterstückchen, weil er versucht, mit Schnelligkeit zu punkten, und dabei die Nase zu wenig nutzt. Frieda untersucht jeden Haufen mit der ihr eigenen Gründlichkeit, und Tinka sammelt zielsicher ein, was die anderen übersehen haben.

Mitten in diesem Suchspiel bleibt Raida plötzlich stehen und richtet seine Ohren alarmiert nach hinten. Ohne sich umzusehen, weicht er zur Seite aus. Einen Augenblick später rast ein Fahrradfahrer so dicht an mir vorbei, dass er mich streift. Ich schrecke heftig zusammen und sehe, wie auch Mitja überrascht beinahe in die Fahrbahn des Radlers springt.

Nur Raida hatte das Gefährt rechtzeitig wahrgenommen und intuitiv richtig reagiert.

Innerlich greife ich mir an den Kopf. Seit zwei Wochen

stoppte ich ihn immer wieder am Übergang vor dem Berg, weil ich dachte, er könne die gefährliche Situation nicht abschätzen. Wie absurd muss es Raida vorgekommen sein, jedes Mal auf mich warten zu müssen, während ich mich aufwendig nach Radfahrern umsah, die er offenbar viel eher wahrnehmen konnte als ich.

In diesem Moment komme ich mir vor wie eine Kurzsichtige, die einen Menschen mit ausgezeichneten Augen jeden Tag von einem Busfahrplan weggeschoben hat, um ihm mühsam die Abfahrtzeiten vorzulesen.

Als am nächsten Morgen wieder Fahrradbetrieb ist, lasse ich Raida probeweise vor mir den Übergang zum Wald passieren. Er läuft, ohne nach rechts oder links zu sehen, einfach hinüber. Und tatsächlich: Kein Radler ist in Sicht.

Auf dem Rückweg hält Raida vor dem Übergang an und beginnt, im Unterholz zu schnüffeln. Kurz darauf rast ein Radfahrer mit Karacho an uns vorbei. Kaum ist er weg, springt Raida leichtfüßig aus dem Unterholz und passiert den Mauerweg.

»Wow, Raida«, sage ich beeindruckt. »Hast du den echt kommen hören?«

Er wendet sich um, kommt mit hoch erhobenem Schwanz zurück und hat einem Ausdruck im Gesicht, der sagen könnte: »Aber klar. Das war eine meiner leichtesten Übungen.«

Ich hocke mich hin und sage zu ihm: »Tut mir leid, ich habe es jetzt verstanden.«

Er sieht mich mit einem überraschten Ausdruck an, kommt näher, drückt seine Stirn an meinen Hals und schnauft tief aus. Eine Geste, die ich immer dann erleben werde, wenn er mir sein Vertrauen oder seine Freude ausdrücken will.

Von nun an überlasse ich ihm die Führung über die gefährliche Passage.

Präsenz braucht keine Hände

»Auuuuuuuu!«

Meine Nachbarn könnten einen Wolf in meinem Haus vermuten, wenn sie Mitja nicht kennen würden. Jeden Morgen wirft er den Kopf nach hinten und stößt einen langen, weithin hörbaren Heuler aus, wenn wir wieder zusammenkommen. Wölfe jaulen unter anderem, um entfernte Familienmitglieder heranzurufen. So tönt auch Mitjas Sammelruf am Morgen nach Raidas Ankunft durch das Haus, als ich die Schlafzimmertür öffne. Zwölf Pfoten kommen eilig herangetapert.

Mitja, Frieda, Tinka – aber wo ist der Neuzugang?

Das Hundebett, in dem er gestern eingeschlafen ist, steht leer da.

Ich laufe durch alle Zimmer, meine Augen suchen den Boden ab. Es gibt nichts, worunter ein Hund sich hier verkriechen könnte. Die Haustür und alle Fenster sind geschlossen.

Ist er Houdini? Kann er durch Wände gehen?

Ein Rascheln.

Ich lausche, folge dem Geräusch in die Küche und finde Raida an einem Ort, den ich nicht mit meinem Blick bedacht hatte, weil ich dort niemals einen Hund vermutet hätte. Er steht auf dem Herd und hat den Kopf unter der Dunstabzugshaube. Beim Näherkommen sehe ich, wie er das innere Gitter des Abzugs ableckt, welches wohl noch von Essensdämpfen aromatisiert ist. Dies scheint sein Nachtisch zu sein, denn auch der Brotkasten auf der Küchenplatte ist bereits geöffnet und leer.

Über die Schulter wirft er mir einen kurzen Blick zu und wedelt mit der Schwanzspitze ein flüchtiges »Hallo«. Dann inspiziert er den Rest der Küchenzeile.

»Hey, aber nun runter!«

Raida blickt nicht einmal auf.

Ich greife mit dem Arm um ihn herum und will ihn von der Platte herunterschieben. Sein ganzer Körper friert ein, und ein tiefer Warnlaut entfährt ihm: »Haaaaaaaa.«

Alle Hunde rennen fluchtartig aus der Küche. Reflexartig ziehe ich meinen Arm zurück und sehe Raida überrascht an.

Aha ... da ist aber ... ordentlich ... jemand ... zu Hause, denke ich wie in Zeitlupe.

Raida hat sich bereits wieder abgewandt und beginnt, gründlich ein paar Flaschen mit Öl zu untersuchen, die auf einem kleinen Tablett auf ihren Einsatz warten.

Ich sammle mich. Als Leithund beansprucht und verteidigt er Ressourcen, okay – aber in meiner Küche und gegen mich? Plötzlich geht mir ein Licht auf. Sicher hat er noch nie in einem Menschenhaushalt gelebt und kann nicht wissen, dass ich hier als Mensch die Dinge verwalte. Die Ressourcen liegen nach seiner Ansicht in meiner Küche herum und gehören niemandem, weil niemand sie bisher beansprucht hat.

Ich atme tief durch und beschließe, nun genau damit zu beginnen. Weil die direkte Berührung während seines Beutezuges ihn wütend machte, wähle ich nun eine andere Taktik. Ich stemme mich mit beiden Händen hoch auf die Küchenplatte, drehe mich im Sprung einmal halb um meine Achse und entere wie ein Pirat mit dem Hintern meinen Herd. *Watsch!* »Hier sitze ich und beanspruche diesen Platz«, ist mein Untertext, ohne Raida zu berühren.

Er dreht sich interessiert zu mir herum, und sein Blick scheint zu sagen: »Wo du schon einmal da bist, gibt es hier auch noch was Vernünftiges zu fressen?« Er strahlt dabei solch eine Friedfertigkeit aus, dass die vorherige Drohgebärde fast unwirklich scheint.

»Gibt es. Aber hier – gehst – du – jetzt – runter«, skandiere ich sehr ruhig und mit großem Nachdruck. »Das sind meine Dinge! Und das gilt für immer.« Ich sehe ihm dabei fest in die Augen. Er setzt sein Hinterteil in einer halbvollen Obstschale ab und beginnt, mich konzentriert zu betrachten.

Sein Blick ist nicht weniger ernst als der meine. Für einen Moment bedauere ich, dass gerade niemand da ist, der diese Szene filmen kann. Es wären nun fünf Minuten Zeit geblieben, um festzuhalten, wie eine Frau und ein Hund versuchen, sich gegenseitig von einer Küchenplatte zu starren.

Raida hat seinen Kopf druckvoll nach vorn geschoben. In seinen Augen glitzert der kühle Ausdruck eines Pokerspielers, der seinen Einsatz platziert hat und die Reaktion des Gegenspielers genau abwägt. Es ist keine Aggression im Raum, aber ein echter Wettbewerbsgeist liegt in der Luft.

Erst nach Verstreichen besagter Zeit hebt Raida betont langsam den Kopf, bewegt seine Nase kurz in alle Richtungen, wie um zu demonstrieren, hier sei ohnehin nichts Essbares mehr zu finden, und springt mit einem lässigen Satz auf den Boden. Dann setzt er sich mitten in die Küche, sieht mich an, und sein Blick könnte sagen: »In irgendeiner Form wird es hier ja wohl was geben.«

»Ja, aber das serviere ich draußen«, antworte ich lachend und öffne die Haustür, um die Hunde schon einmal hinauszulassen.

In der Regel warten sie vor dem Haus, während ich ihr Fressen großflächig auf der Wiese, in den Sträuchern und am unteren Drittel der Baumstämme verteile.

Mir ist klar, dass Raida dieses Ausharren auf der Terrasse nicht unbedingt für nötig erachten wird, und ich bereite mich darauf vor, dass es etwas länger dauern kann, ihn nur mit der »Wand« meines Körpers und meiner Energie dort zu halten.

Dann geht alles sehr schnell.

Ich trete mit der Futtertüte aus dem Haus, sehe Raida mit einem zielgerichteten Satz auf mich zuspringen, mir die Tüte aus der Hand reißen und wegrennen.

Auf den Gesichtern der anderen Hunde erkenne ich meinen eigenen Ausdruck wieder. Sie sehen verdutzt in die Richtung, in der Raida verschwunden ist.

Hinter der Deckung eines Holzschuppens finde ich Raida, der gerade den Rasen auf Reste untersucht. Der gesamte Fleischbatzen ist samt Tüte bereits verschwunden. Da mir ein Hund noch nie so unverblümt etwas weggenommen hat, stehe ich dieser Situation erst einmal überrascht gegenüber.

Wenn ein Hund einem anderen einen Besitz aus dem Maul entwendet oder wie in meinem Fall aus der Hand, ist das, als wenn ein Mensch einem anderen die Handtasche wegreißt.

Durch meine eigenen Hunde und die meiner Kunden weiß ich, dass viele Tiere aus dem Tierschutz in Freiheit Verhaltensweisen zeigen, die im Tierheim noch nicht auftraten.

Auch Raida beginnt nun seinen »Lebensrucksack« offenbar auszupacken. Ich muss ihm also klarmachen, dass ich keine Servicekraft bin, sondern die Ressourcen hier verwalte und dass es Regeln gibt, an die auch er sich halten muss, weil sie das Zusammenleben unserer Gruppe erst ermöglichen.

Ich atme tief durch und hole eine zweite Ration durch den Wolf gedrehtes Rindfleisch, die eigentlich für den Abend gedacht war.

Raida scheint den Ausdruck meiner inneren Festigkeit zu spüren, mit dem ich jetzt auf die Terrasse trete. Er springt respektvoll aus dem Weg und setzt sich in betont braver Haltung hin. Dabei hat er wieder diesen Ausdruck in den Augen: »Ich weiß, wie du es haben willst. Aber innerlich gebe ich nicht nach.«

Ich bin diese Art Katz-und-Maus-Spiel nicht gewöhnt. Frieda, Tinka und Mitja haben ja keine Mühe, nachzugeben, wenn ich Regeln kommuniziere, weil ich für sie die Entscheidungsträgerin bin.

Jetzt stehe ich einem Hund gegenüber, der so unabhängig ist wie ich selbst und dem es genauso schwerfällt, fremde Anweisungen auszuführen.

»Hooo«, sage ich mit einem warnenden Blick zu ihm, bevor ich mich in den Garten entferne. Raida behält seine betont brave Sitzhaltung bei und linst zu den anderen Hunden hinüber, die ruhig wartend auf der Terrasse stehen.

Vielleicht geht ihm gerade auf, dass seine Sitzhaltung ein wenig übertrieben wirkt, denn er steht jetzt ebenfalls auf und schüttelt sich.

Die ersten Futterbatzen werfe ich weitverstreut auf die Wiese und beobachte Raida aus den Augenwinkeln. Ruhig betrachtet er meine Aktion, und so wende ich mich von ihm ab. Um ihm zu zeigen, dass ich meiner Wirkung vertraue und ihn nun nicht mehr kontrollieren werde, entferne ich mich in den hinteren Teil des Gartens.

Auch für die anderen Hunde geschehen hier gerade neue Prozesse, die spannender sind als das Frühstück. Sowohl »der Neue« als auch »die Alte« beweisen sich gerade in ihren Kompetenzen. Mitja, Frieda und Tinka sind im Alltag auf einen guten Entscheidungsträger angewiesen, der für Entspanntheit und Sicherheit sorgt. Es bestimmt also ihre Lebensqualität und ihr Verhalten, ob der, dem sie sich anvertrauen, seinen Job kann oder nicht kann, ihn macht oder nicht macht.

Alle drei Hunde beobachten nun wie beim Tennis die Entwicklung des Dialoges zwischen Raida und mir.

Ich klaube gerade die letzten Reste Futter aus der Tüte, als ich einen Schatten durch den Garten huschen sehe. Dieses Mal bin ich genauso flink wie Raida. Mit einem Spurt gelingt es mir, meinen Fuß eine Sekunde früher vor das Fleisch zu setzen als er seine Schnauze. Noch im Sprung weicht er deshalb aus, um mit mir nicht zusammenzustoßen. Dieses frontale Aufeinander-zu-Laufen erinnert mich an den Straßenverkehr in Russland. Die Vorfahrt gehört dem, der die größte Durchsetzungskraft zeigt.

Raida sieht nun nach rechts, wo eine weitere Futterquelle liegt. Glücklicherweise blicken Hunde häufig zuerst in die Richtung, in der sie aktiv werden wollen. Wenn man diesen Blick nicht verpasst, hat man eine gute Hilfe, um vorausschauend zu handeln. Ich bin also bereits zu dem Futterbrocken unterwegs, als Raida dort ankommt. Langsam wandern seine Augen von meinem Gesicht zu meinem Fuß, der den Weg zum Futter versperrt. Wie in Zeitlupe sehe ich seinen Blick plötzlich hart werden, als er einen Satz auf mich zu macht. Dann spüre ich, wie sich seine Zähne in meinen Schuh graben.

»Hey, das geht zu weit!«, reagiere ich energisch und »beiße« zurück, indem ich meine Fingerkuppen an seiner Schulter zusammenschnappen lasse. Es wäre fatal, wenn Raida denkt, dass er sich durch Zuschnappen bei Menschen Ressourcen sichern kann.

Der Blick, den er mir zuwirft, hat »Stinkefingerqualität«.

Zu meiner Überraschung wendet er sich danach ab, legt sich unter einen Busch und wartet auf meine Freigabe des Frühstücks.

Obwohl Raida auch eine Woche später genau verstanden hat, wann es Futter gibt und dass alle davon satt werden, gibt er seine Raubzüge nicht auf. Lasse ich einen Topf mit einem Essensrest auf dem Herd stehen, ist er blitzblank geputzt, wenn ich wieder hineinsehe. Den Brotkasten habe ich bereits am dritten Tag abgeschafft. Brot ist nur noch im Schrank sicher, und auch da nur im oberen Fach, weil Schranktüren für Raida kein Hindernis darstellen.

Jede meiner Abwesenheiten nutzt Raida für diesen offenbar sehr unterhaltsamen Zeitvertreib. Ich denke darüber nach, ihn von der Küche auszusperren, wenn ich das Haus verlasse, entscheide mich jedoch dagegen, weil ich unter den Hunden ein anderes Verhalten beobachtet habe.

Der Hundechef Wanja aus meinem russischen Dorf Lipowka hätte niemals etwas, was ihm gehörte, vor seiner Hundegruppe versteckt oder weggesperrt. Was er beanspruchte, blieb unangerührt von neun weiteren Hunden liegen, auch wenn er sich entfernte.

Um hier Truppenchefin zu bleiben, muss es mir also gelingen, die Ressourcen so zu verwalten, wie Wanja das konnte. Dazu fällt mir eine Begebenheit ein, die mich inspiriert.

Eines Tages saß ich, mit Wanja zu meinen Füßen, an meinem Schreibtisch und sah von der Arbeit auf. Durchs Fenster beobachtete ich, wie der junge Hund Bambino an einen Knochen heranschlich, den Wanja bereits seit zwei Tagen für sich beanspruchte. Bambino sah sich dabei immer wieder hektisch um, aus Angst, erwischt zu werden.

Die anderen Hunde im Hof hatten den Kopf erhoben und verfolgten das Tun des Diebes aufmerksam. In dem Moment, als der junge Hund sich den Knochen schnappte, fuhr Wanja neben mir so plötzlich hoch, dass ich erschrak und zusammenfuhr. Er baute sich zu seiner vollen Größe auf, fixierte Bambino in gerader Linie durch die Wand, und sein Ausdruck war dabei ungemein präsent. Im selben Moment ließ Bambino den Knochen fallen, sah erschrocken in Richtung Haus und trollte sich.

Diese Fähigkeit Wanjas habe ich nicht, oder ich weiß nicht, dass ich sie habe. Ich bin ein Mensch. Also muss meine Fantasie dieses Defizit ausgleichen.

So nutze ich drei Tage Arbeit am Schreibtisch, um mit Raida die Ressourcenverwaltung im Haus auszuhandeln. Weil ich keinen Flur besitze, ist die Küche der erste Raum des Hauses, den man betritt; ein Arbeitszimmer schließt sich an. Im Türrahmen zwischen diesen beiden Räumen platziere ich einen großen Spiegel und habe nun Raidas Hundesofa in der Küche im Blick und einen großen Radius darum – ohne selbst sichtbar zu sein.

Nach der Futtergabe im Garten stelle ich nun eine volle Schüssel mit frischem Fleisch auf den Küchenboden und lasse die Hunde herein. Als Raida das Futter sieht, blitzt Überraschung in seinen Augen auf: »Aha, hier wird ja dazugelernt und Nachtisch serviert«, könnte man seinen Blick übersetzen. Zu seiner Enttäuschung setze ich ruhig meinen Fuß vor den Napf und sehe auf das Futter. »Das gehört mir«, ist mein stummer Untertext dabei.

Hunde starren auf das, was sie beanspruchen, und haben den Konkurrenten dabei mit allen Sinnen auf dem Schirm. Ihre ganze Körperhaltung drückt dann deutlich aus: »Komm mir bloß nicht näher!«

Die Energie, die ich von Raida jetzt aus den Augenwinkeln wahrnehme, fühlt sich an wie: »Kein Problem! Dann warte ich halt.« Er hat sich hingesetzt und scheint anzunehmen, hier ginge es nur darum, sich bis zur Freigabe zu gedulden.

So brumme ich einen tiefen Ton, der ausdrücken soll, dass Raida noch zu nah an der Ressource ist, und nehme mir, mit einem Schritt auf ihn zu, Raum. Raida entfernt sich auf sein Hundesofa und beobachtet mich von da aus.

Weil er nachgegeben hat, setze ich bewusst Vertrauen ein und entferne mich ins Arbeitszimmer. Vertrauen ist eine wichtige Ressource in jeder Beziehung.

Im Spiegel sehe ich, wie er mir entgeistert hinterhersieht: »Wie, echt? Du lässt das jetzt hier ohne Aufsicht stehen?« Er springt hoch und will auf die Schüssel zugehen.

»Hm-kruuu«, räuspere ich mich aus dem Nachbarzimmer.

Raida weicht nach meinem akustischen Hinweis erschrocken zurück, sieht in Richtung meines Zimmers und vorsichtig noch einmal zur Schüssel – anscheinend um zu prüfen, ob mein Räuspern Zufall war oder im Zusammenhang mit seinem Vorhaben stand.

»Hm-kru-kru-kruuu«, warne ich ihn dieses Mal noch nachhaltiger, aber weiter ohne Aggression. Wer friedfertig bleiben kann, hat immer mehr Präsenz als der Herausforderer. Raida scheint zu dämmern, dass ich plötzlich auch mit mentalen Kräften gesegnet bin, die mich die Dinge um Ecken oder durch Wände wahrnehmen lassen. Er sammelt sich einen kurzen Moment und will sich augenscheinlich gerade wieder hinlegen, als ein Ruck ihn durchfährt und er nach vorn auf die Schüssel zuschießt.

Ich springe auf, hechte zum Türrahmen und warne ihn: »Ho-a!«

Raida bleibt wie vom Donner gerührt stehen. Sein Kopf senkt sich, und die Ohren hängen ohne Spannkraft nach unten. »Was ist hier denn plötzlich los?«, drückt seine Körperhaltung aus.

Ich atme tief durch und entspanne mich. »Es wirkt«, denke ich. »Jetzt muss ich nur noch durchhalten.«

Um die anderen Hunde brauche ich mich, was das Futter betrifft, nicht zu kümmern. Raidas Bannkraft auf sie ist so stark, dass sich keiner von ihnen überhaupt noch in die Küche traut, wenn ich sie nicht eskortiere.

Genau diese Fähigkeit möchte ich auch Raida gegenüber haben.

Bis zum späten Abend muss ich noch mehrfach handeln – dann scheint das Futter aus dieser Distanz sicher.

Zum Schlafengehen stelle ich die Schüssel in das Badezimmer, weil dieser Raum von den Hunden nachts nicht betreten werden muss – lasse die Tür jedoch offen. Einen kleinen Bewegungsmelder mit Nachtsichtfunktion habe ich so angebracht, dass er ein Betreten des Raumes mit einem Ton anzeigen würde. Mit einer Fernbedienung kann ich ihn an- und ausschalten, falls ich nachts selbst ins Bad muss.

Kaum liege ich im Bett, ertönt der Alarm. Flugs laufe ich in die Küche und sehe Raida, der sich offenbar vor Schreck über den neuen Warnton von selbst wieder auf sein Sofa gerettet hat. Ungläubig sieht er mich an: »Jetzt kann sie nicht nur durch Wände fühlen, sondern auch vom Schlafzimmer aus Warntöne schicken!«

Im Folgenden bleibt es still in dieser Nacht.

Der Morgen zeigt einen verwandelten Raida. Es scheint unter seiner Würde, auch nur noch ein einziges Mal auf die Schüssel zu sehen, die ich nun wieder in die Küche stelle.

Nach drei Tagen kann ich diese Demonstration beenden und verwalte nun in Folge bis heute alle Ressourcen im Haus, auf unserem Grundstück und im Auto. Diese Wirkung zeigt sich am deutlichsten, wenn ich nach einem Einkauf beim Hundefleischer zwanzig Kilo Fleisch und Knochen in meinem Land Rover lagere und nach einem weiteren Einkauf Raida mit abgelegtem Kopf auf dem unangetasteten, lose abgepackten Fleisch vorfinde.

Dass dies jedoch nichts, aber auch gar nichts mit Ressourcen draußen zu tun hat, wird sich bald zeigen.

Raida schickt ein Störfeld

Raida selbst bevorzugt den anderen Hunden gegenüber eine mir neue Variante, um an Dinge heranzukommen, die er haben will. Dazu stellt er sich neben sie und erzeugt so lange ein Störfeld aus Präsenz, bis der betreffende Hund das Objekt ausspuckt und davon zurücktritt. Mitunter muss er diesen mentalen Druck über viele Minuten aufrechterhalten – aber er funktioniert immer.

Ich selbst verwendete bisher schnelle Abbrüche, die Wanja darbot, wenn er sich mit einem aggressiven Warnton kurzerhand Ressourcen aneignete. Von Raida lerne ich nun, wie auch eine friedfertig aufrechterhaltene Präsenz dieselbe Wirkung zeigen kann.

Mir fällt auf, dass wir Menschen ebenfalls diese Technik

anwenden, wenn wir zum Beispiel ein angeregtes Gespräch höflich beenden wollen, ohne den Betreffenden ins Wort zu fallen. Die Ausführung dazu kennt jeder: Man geht zielgerichtet auf die Gesprächspartner zu, stoppt neben ihnen, wartet und schickt ein Störfeld. Zwar steht man äußerlich ruhig da, wirkt aber energetisch wie ein Ast, der in ein rollendes Fuhrwerk geknallt ist. Die Gestörten schicken zuerst oft genervte Seitenblicke, die ausdrücken sollen: »Prüfe noch einmal genau, ob das Anliegen auch wirklich so wichtig ist oder ob du damit nicht warten kannst.« Der Störenfried hat dann die Möglichkeit, entschuldigend abzuwinken oder einfach stehen zu bleiben und regungslos auf seinem Anliegen zu beharren.

Raida nun nutzt letztere Variante, um an alle möglichen Ressourcen zu kommen. Auch Plätze werden von ihm so erobert.

Mich erstaunt, dass mir noch nie auffiel, wie ähnlich diese hündische Herangehensweise der einiger Menschen ist.

Eine konnte ich in Spanien im Urlaub beobachten. So hatte ein älterer Herr bereits am frühen Morgen eine Liege mit seinem Badehandtuch reserviert, um dann frühstücken zu gehen. Bei seiner Rückkehr musste er feststellen, dass ein junger Mann sich dennoch auf diesen Platz gelegt hatte und sein Badehandtuch über dem Poolgeländer hing. Der ältere Mann zog daraufhin lässig das Handtuch vom Geländer ab und baute sich wortlos neben dem jungen Mann auf. Dann starrte er ihn auffordernd an. Der junge Mann versuchte das Störfeld zu ignorieren. Es war ihm aber nicht möglich, sein Sonnenbad weiter zu genießen, während der Ältere ihn mit dem Strahl seiner Missbilligung versengte. Zwar hielt er die Augen geschlossen und gähnte zweimal betont gelangweilt – kurz darauf verrieten ihn jedoch seine nervös klopfenden Fingerspitzen auf dem Gestell der Liege. Dem älteren Herrn entlockte dieser Ausdruck des Genervtseins ein winziges amüsiertes Lächeln, während er vollkommen ruhig weiter wartete.

»Mann! Sie können doch nicht seit 5.00 Uhr reservieren und allen anderen den Platz wegnehmen«, entlud sich plötzlich der Ärger des jungen Mannes und enttarnte seine gelangweilte Fassade. Der alte Mann lächelte und entgegnete sehr sanft: »In meinem Alter hat man so was drauf.«

»Puh!« Genervt sprang der junge Mann auf und winkte ab. »Dann gibt eben der Klügere nach«, rief er im Weggehen, wirkte aber nicht klüger, sondern nur sauer.

Ohne darauf einzugehen, breitete der ältere Herr sein Handtuch sorgfältig auf der Liege aus und legte sich zufrieden hin. Obwohl ich den jungen Mann vollkommen verstand, muss ich gestehen, dass ich fasziniert war, wie effizient sich der alte Herr die Liege zurückerobert hatte. Sein Verhalten war identisch damit, wie Raida häufig seine Präsenz einsetzt, um an Ressourcen zu kommen.

Mich beeindruckt Raidas gelassene Herangehensweise so sehr, dass ich sie kurze Zeit darauf selbst ausprobiere.

Eine Frau beschreibt auf einem meiner Seminare, dass ihr ansonsten sehr friedfertiger Golden Retriever noch nie etwas hergegeben hat, was ihm wichtig war. Seit zwölf Jahren blieben alle Drohgebärden oder Kommandos bei ihm nutzlos.

Auf meine Bitte hin wirft die Frau einen großen Seilknoten auf die Wiese. Der Goldie erhebt sich und schlurft

Platz beanspruchen mit Präsenz

gemächlich auf das Spielzeug zu. Den Blicken aller Seminarteilnehmer ist anzumerken, dass sich bei diesem Hund niemand auch nur im Entferntesten überhaupt eine solche Vehemenz vorstellen kann. Noch immer gemächlich führt er seine Schnauze zum Boden, öffnet sein Maul und lässt seine Kiefer plötzlich wie Stahlklammern um den Knoten zuschnappen. *Brapp!*

Ein paar Teilnehmer weichen vor der Entschiedenheit dieses Bisses überrascht zurück. Es ist spürbar, dass sich der Hund nun gegen jede Aufforderung zur Herausgabe verwehren würde. Er wirkt wie ein alter würdiger General, der viel Übung darin sammeln konnte, wie er etwas *nicht* hergibt. Ich trete also gegen einen erfahrenen Hundechef an, der sich zwölf Jahre lang in so einem Punkt zu verweigern wusste.

Aus den Augenwinkeln heraus registriert er, wie ich mich neben ihn stelle und auf den Knoten zu starren beginne, um meinen Anspruch auf dieses Objekt anzumelden.

Die Körperhaltung des Goldies wird steif. »KRIEGST DU NICHT«, drückt er deutlich sichtbar aus.

»DAS-WILL-ICH-HABEN«, skandiere ich weiter mit meinem Blick. Der Hund beginnt, genussvoll und laut schmatzend auf dem Knoten herumzukauen, um den Besitz seiner Beute demonstrativ zu feiern. Dabei beobachtet er mich aus den Augenwinkeln.

Durch Raidas Vorbild weiß ich, dass es jetzt gilt, nicht einzuknicken, nur weil es nicht sofort klappt. So verlasse ich mich auf die erlebte Wirkung und sehe weiter ungerührt auf das Ding im Maul des Generals. Dabei sende ich in Gedanken: »Das! Will! Ich! Haben!«

Der Goldie hält mit dem Kauen inne, und ich kann spüren, wie wir uns langsam auf einer gemeinsamen Frequenz einschwingen. Offenbar ist ihm aufgegangen, dass ich etwas weiß, was andere Menschen bisher nicht wussten, und er wartet nun regungslos auf meinen nächsten Zug. Ich rühre mich nicht, steigere aber den mentalen Druck und sehe den Knoten noch fester an. In meinen Blick lege ich eine eiserne Unnachgiebigkeit, die frei ist von Aggression.

Der alte General wendet den Kopf zu mir und blinzelt irritiert. Unsere Blicke treffen sich. Sein Zwinkern erinnert mich an den Moment in Spanien, als der junge Mann auf der Liege nervös mit den Fingerspitzen zu klopfen begann, und ich weiß nun, dass es nicht mehr lange dauern wird.

»Das-will-ich-haben!«, starre ich weiter auf das Hanfseil.

Raida nach einer Platzeroberung

Mit einem letzten ungläubigen Blick sieht der Hund mich an und lässt es aus seinem Mund fallen.

Ich habe Gänsehaut. Ohne den Hund ein einziges Mal berührt zu haben, lerne ich an diesem Tag, dass Präsenz keine Hände braucht.

Kräftemessen

Wenn ich frei habe, fahre ich mit den Hunden häufig auf Entdeckungsreise in andere Gegenden. An sehr heißen Tagen bietet sich ein Spaziergang um den Hubertussee in der Bieselfelder Heide an. Dieser liegt schattig in einem Wald- und Sandgebiet, das nicht nur die ansässigen Hundehalter anzieht. Obwohl das Betreten des Ufers verboten ist, erfreut sich dieser Ort großer Beliebtheit. Grundsätzlich ist ein Spaziergang um den See gestattet, man muss jedoch darauf achten, dass kein Hund eine Pfote in ihn hineinsetzt. »Privatbesitz!« prangt auf großen, schwarz-gelben Verbotstafeln.

Obwohl es allen Tieren zum Überleben dient, ihre Territorien zu markieren und zu verteidigen, sind nur menschliche Wesen bisher auf die Idee gekommen, die Natur auch *besitzen* zu wollen.

Den Außenring dieses privaten Sees bildet eine gepflasterte Straße, die ausschließlich der Besitzer befahren darf. Immer am Wochenende steht sein silbergrauer Wagen dort im Schutz der Bäume und wartet wie ein Raubtier auf Beute. Sobald ein Klatschen ertönt, welches ein Hundeleib beim verbotenen Sprung ins Wasser verursacht, öffnet sich die Tür des Wagens. Ein glatzköpfiger, vierschrötiger Mann springt heraus und sprintet mit rotem Kopf an den See hinunter. Ertönt das Aufklatschen in größerer Entfernung, geht dem Sprint eine rasante Autofahrt voraus, um zu der betreffenden Stelle zu gelangen.

»Hey, Sie da!«, ist die Standardanrede des ungehaltenen

Mannes. »Das ist P R I V A T B E S I T Z!« Es gelingt ihm dabei, fast jeden Buchstaben einzeln zu betonen.

»Ja, und? Wir machen hier doch nichts Schlimmes«, ist sinngemäß die gängige Antwort des ertappten Hundehalters.

»Ich lege mich doch auch nicht in Ihre Badewanne«, ist wiederum die Standardantwort des empörten Seebesitzers. Er baut sich dabei zu beeindruckender Breite auf, die ihn sicher viel Fleiß und Monatsbeiträge in einer Muckibude gekostet haben.

»Das ist doch etwas ganz anderes«, hört man dann zum Beispiel den verblüfften Hundehalter erwidern. »Eine Wohnung ist ja kein See oder Wald. Freuen Sie sich doch, dass noch andere außer Ihnen den See schön finden.«

»Ich hole jetzt sofort die Polizei wegen Hausfriedensbruch, wenn Sie nicht verschwinden!« Die Adern am Hals des Seebesitzers schwellen bedrohlich an. »Dieser See ist priiivaat!«

Falls in so einem Augenblick auf der anderen Seite des Sees gerade ein weiterer Hund die Wasseroberfläche mit seinem Körper zerteilt, blitzt kurz eine seltsame Mischung aus Wut und Behagen in den Augen des Besitzers auf. Nachdem er den Abgang des zurechtgewiesenen Mitbürgers verfolgt hat, sprintet er zu seinem Auto, rast um den See und taucht kurze Zeit später beim neuen Missetäter auf.

Ein seltsames Wochenendvergnügen, muss ich jedes Mal denken, wenn ich zufällig Zeugin dieser Zeremonie werde. Aus welchem Grund mutet man sich einen Besitz zu, den niemand respektiert? Sogar in unserer, der Natur entfremdeten Zivilisation scheint es nur natürlich, dass ein See allen gehört.

Geht man sehr zeitig am Morgen an den See, sieht man unzählige Spuren der Waldtiere, die hier ein Schlammbad nahmen, tranken, sich putzten oder nach Vogeleiern und Fischen Ausschau hielten. Auch sie halten sich nicht an die Schilder.

Kurz vor einer kleinen Anhöhe am Hubertussee bleibt Raida eines Tages plötzlich stehen und hebt die Nase hoch in die Luft. Seine Nasenlöcher bewegen sich aufgeregt hin und her. Nach kurzer Zeit atmet er geräuschvoll in kurzen Stößen durch Maul und Nase.

Man nennt das Schnüffelatmung. Weil sich die Riechzellen nach ein paar Sekunden an einen Geruch gewöhnen, bis er fast verschwindet, ermöglicht die Natur Hunden durch diese Form der schnellen Atmung, ihre Riechzellen immer zwischen den Schnüffelstößen zu regenerieren und den Geruch wieder neu wahrnehmen zu können. Eine tolle Fähigkeit, die ich für meine Lieblingsgerüche auch gern hätte.

Bereits als Kind liebte ich den Geruch von frischem Leder und kehrte nach der Schule häufig in einen Schusterladen ein. Dort setzte ich mich so lange auf eine Bank, wie ich den begehrten Duft wahrnehmen konnte. Leider hielt das Vergnügen eben nur wenige Sekunden an. Deshalb verließ ich das Geschäft, atmete die Straßenluft ein und konnte dann erneut in den Schusterladen zurückkehren, um den Ledergeruch zu inhalieren.

Der Schuster wäre sicher sehr dankbar gewesen, wenn ich

über eine Schnüffelatmung verfügt hätte, ohne ständig in seinen Laden hinein und wieder hinauszugehen. Eine Türglocke sorgte nämlich dafür, dass der gehbehinderte Mann sich jedes Mal aus der hinteren Werkstatt nach vorn mühte, weil er dachte, ein neuer Kunde wäre gekommen. Ich werde nie vergessen, wie oft seine Schultern resigniert herunterfielen, wenn nur ich es wieder war – das kleine Mädchen, das den Duft der Schuhe einatmete, die er reparierte.

Raidas Atmung ist jetzt rasant schnell und laut geworden. Auch ihm muss etwas in die Nase gestiegen sein, was er wunderbar findet, denn er bewegt sie hin und her wie eine zuckende Kompassnadel, die sich nicht auf eine Richtung festlegen kann. Plötzlich erstarrt er, wendet den Kopf zielgerichtet nach rechts, ein Ruck geht durch seinen Körper, und mit nur einem Satz ist er über eine Anhöhe verschwunden.

»Huch«, höre ich eine helle Frauenstimme ausrufen.

Als ich die Anhöhe erreiche, bietet sich mir ein malerisches Bild.

Ein Paar in den Vierzigern sitzt auf einer Bank. Beide halten eine Pappschale mit Pommes frites in der Hand. Raida hat sich neben die Frau gesetzt und ihr vertrauensvoll seine Pfote auf den Oberschenkel gelegt. Sein Blick richtet sich mit großer Dringlichkeit auf eine Fritte, die sich die Frau gerade in den Mund stecken will.

»Ich wäre bereit«, suggeriert sein Blick, »du könntest das Ding da auch in mein Maul schieben.«

Tatsächlich verharrt die Hand der Frau in der Luft und wandert wie von einer fremden Kraft gesteuert in Raidas Richtung.

»Halt!«, rufe ich, und die Frau fährt zusammen. »Bitte nicht füttern! Ich habe ihn erst seit Kurzem, und er soll nicht lernen, andere Menschen so zu belästigen. Entschuldigen Sie, dass ich nicht vorher aufgepasst habe, ob hier jemand ist.«

»Aber das macht gar nichts«, erwidert die Frau lächelnd. »Wir hatten auch einen Hund. Ich habe mich zuerst nur erschrocken.« Wie zur Illustration zuckt ihre Hand in diesem Moment zurück, denn Raida hat daraus gezielt das Stück Pommes weggeschnappt.

Ich springe vorwärts. »Hey, das geht gar nicht!«, sage ich wirklich sauer und presche auf ihn zu, so dass er schnell zurückweicht.

»Aber er kann doch gern etwas abhaben. Er ist ganz entzückend«, versucht die Frau meinen Erziehungsversuch zu entkräften.

Ich drehe mich zu ihr um und erwidere: »Wie gesagt, ich möchte es nicht, weil ja nicht jeder Mensch so viel Vertrauen in einen so großen Hund hat wie Sie. Und es ist auch nicht in Ordnung, dass er Ihnen einfach etwas aus der Hand klaut.«

»Da hat sie Recht«, mischt sich der Mann ein und nickt bekräftigend.

Ein Schatten huscht an mir vorbei. Raida ist flink zu der Frau zurückgelaufen, setzt sich unverfroren wieder neben sie und starrt auf die Schale. Als er mich kommen sieht, wechselt er lässig die Seite und nutzt die Frau als Barrikade, um so seine Hypnose fortzusetzen.

Ich umgehe die Frau und rechne nun damit, dass Raida wieder auf die andere Seite springt. Er überrascht mich jedoch, wie so häufig, mit einer anderen Wendung und wirft sich der Länge nach auf die Seite und erstarrt.

»So, nun krieg mich hier mal weg«, könnte man den Ausdruck übersetzen, mit dem er mich scheinbar teilnahmslos anblickt.

Kommentarlos greife ich in sein Geschirr und ziehe ihn durch den weichen Sand von der Bank weg hinter mir her. Nach zwei Metern lasse ich ihn los und wende mich betont gelangweilt ab. »Kein Problem, wenn du weiter nichts auf Lager hast«, ist jetzt mein Untertext.

Dann wende ich mich erneut an das Paar. »Ich lebe noch nicht lange mit ihm, und das hier war einer der Gründe, weswegen er nicht aus dem Tierheim konnte. Er ist sehr kooperativ, wenn sein eigener Lebensplan das gerade vorsieht. Aber für den Alltag ist es wichtig, dass er auch Regeln zu respektieren lernt, die ihm nicht gefallen. Ich muss das jetzt also zu Ende bringen, sonst wird er weiter Menschen das Essen wegnehmen.«

»Ja ja, das ist sehr interessant, machen Sie nur«, ermuntert mich der Mann.

Als wäre seine Bekräftigung ein neuer Startschuss, sprintet Raida in diesem Moment in einem weiten Bogen an mir vorbei und platziert sich wie gehabt neben der Frau. Dabei blickt er jedoch nicht auf die Pommesschale, sondern beobachtet mich wie ein Schachspieler, der einen guten Zug aufbauen will.

Schon bei meiner Annäherung an ihn habe ich das Gefühl, in eine Falle zu tappen. Und tatsächlich lässt er sich erneut der Länge nach auf die Seite fallen, als ich neben ihm bin. Es wäre nun keine besonders originelle Idee, ihm noch einmal dieselbe Antwort wie zuvor zu geben. Deshalb schiebe ich mich nur zwischen ihn und das Ehepaar, um ein Hindernis zu bilden. Blitzschnell fährt Raida jetzt hoch, stellt sich an mir auf und fasst mit dem Maul in meine Schulter. Der Biss hat genau die Stärke, die der Zugriff eines viel zu harten Händedrucks besäße.

Seine gelben Augen starren mich dabei sauer an. »Jetzt ist Schluss. Du störst mich hier nicht mehr an dieser tollen Futterquelle«, steht ziemlich nachdrücklich in ihnen geschrieben.

Er würde tatsächlich zubeißen, wenn ich jetzt noch einen Schritt weiterginge, das spüre ich und bekomme eine Gänsehaut. Eine ungute Zwickmühle, in der ich mich befinde. Gebe ich jetzt nach, diktiert Raida künftig weiter in »diesem Ton« alle Regeln, die er gegen mich durchsetzen möchte.

Üblicherweise starre ich nicht zurück, wenn ein Hund auf die Drohgebärde des Fixierens zurückgreift, um keinen Kampf zu provozieren, für den ich als Mensch nicht gerüstet bin.

In Raidas Augen jedoch liegt neben der Drohgebärde zugleich ein interessiertes Funkeln, das ich nur als Wettbewerbsgeist beschreiben kann. Meinem Instinkt folgend bleibe ich deshalb stehen und erwidere seinen Blick.

In solch intensiven Momenten mit einem Hund habe ich an mir schon häufig einen Spürsinn erlebt, der das Denken vollkommen auszublenden vermag.

Ohne hinsehen zu müssen, fühle ich, wie das Paar auf der Bank die Luft anhält, wie die Sonne weich durch die Bäume fällt, wie Mitja, Tinka und Frieda die Szene beobachten. Ich meine zu wissen, wo genau sich welcher Hund hinter meinem Rücken befindet. Empfinde ich dieses Gefühl der instinktiven Orientierung, stimmt es mich sicher und ruhig.

Raida ist meine Veränderung nicht entgangen. In dem Moment, in dem ich aufgehört habe nachzudenken, weicht die Starre aus seinem Blick. Seine hellen Augen scheinen nun in mich hineinzuschauen, und ihr Ausdruck wirkt wie der Fingerabdruck einer uralten Kraft, die mich zugleich verunsichert und mit Vertrauen erfüllt.

Der Griff seiner Zähne ist nicht mehr so hart wie vorher, hat aber an Nachdrücklichkeit nichts verloren.

Seltsam, denke ich, wir Menschen halten uns häufig für Raubtiere, obwohl wir weder das Gebiss oder die Krallen noch die Schnelligkeit dieser Tiere besitzen und ohne Hilfsmittel vollkommen schutzlos sind.

Ich spüre jedoch, dass es Raida nicht um den verletzenden Einsatz dieser »Waffen« geht, sondern er einfach nicht nachgeben kann, ohne diesen mentalen Wettkampf auszutragen.

Bereits mehrfach im Leben habe ich erfahren, um wie vieles stärker diese innere Kraft gegenüber einer physischen Überlegenheit sein kann.

Mein erstes Erlebnis dieser Art hatte ich in der Schule, als ich mit dreizehn Jahren einen Langlaufwettbewerb gewann, den bis dahin immer ein anderes Mädchen für sich entschieden hatte. Wir liefen stets Kopf an Kopf, bis kurz vor dem Ziel. Dann zog das Mädchen das Tempo jedes Mal so stark an, dass ich nicht mehr folgen konnte.

Eines Tages spurtete ich deshalb bereits auf der Mitte der Strecke in einem enormen Tempo los und war fest entschlossen, jetzt nicht nachzugeben. Zuerst hielt das Mädchen im Tempo mit und blickte immer wieder ungläubig zu mir herüber. Als ich unbeirrt durchzog, ließ es sich plötzlich zurückfallen, und es schien, als wäre alle Kraft aus ihm gewichen.

Ich gewann diesen Lauf mit einem großen Vorsprung und hatte damals das Gefühl, diesen Zweikampf nur durch meine Willenskraft gewonnen zu haben und nicht durch meine bessere Lauffähigkeit. Es fühlte sich für mich an wie ein kleiner Betrug, denn ich wusste ja: Das andere Mädchen hätte tatsächlich viel schneller sein können, wenn ich mich nicht so selbstbewusst gegeben hätte.

Später erst verstand ich, dass es nicht nur legitim ist, diese mentale Kraft einzusetzen. Denn häufig scheint nur genau davon abzuhängen, wer die »Nase vorn« hat.

Nach wie vor bilden Raida und ich ein Standbild aus einer Frau und einem aufrechtstehenden Hund, der seine Pfoten an ihr abstützt, um mit dem Maul in ihre Schulter zu fassen.

Ich fühle mich sehr wach und aufgerüttelt. Schließlich bin ich es durch meine Arbeit gewohnt, dass sich die Hunde mir anvertrauen. Nur so kann ich sie zum Beispiel aus einer unerwünschten Handlung heraus- oder durch eine Angst hindurchführen. Mit Tausenden von Hunden ist mir das bisher gelungen. Auch die als aggressiv beschriebenen Hunde kooperierten. Ich wurde nie gebissen.

Raida jedoch verweigert sich nicht nur meiner Führung, sondern macht auch eine ernstzunehmende Ansage.

Ich spüre, wie ich jetzt etwas ändern müsste. Der Moment erinnert mich an meinen ersten Absprung von einem

Zehnmeterturm im Schwimmunterricht. Um hinunterzuspringen, musste ich meinen festen Stand für einen ungewissen Flug aufgeben. Weiterhin befürchtete ich, auf der Wasseroberfläche aufzuknallen und mich zu verletzen. Als ich die Angst vor diesem Kontrollverlust jedoch überwand und mich vom Brett abstieß, konnte ich etwas unsagbar Wunderbares erleben – einen freien Flug und ein Eintauchen in das Wasser ohne Widerstand.

Auch jetzt ergreift mich eine starke Neugier darauf, was passiert, wenn ich mir und der Situation vertraue und meine innere Kontrolle aufgebe, um einfach präsent zu sein. Irgendetwas in mir lässt los, und auch der Rest an Anspannung verfliegt.

Als würde diese gewonnene Stärke Raida schwächen, rutscht seine Pfote plötzlich von meinem angewinkelten Arm ab, den er umklammert hielt. Um das Gleichgewicht nicht zu verlieren, lässt er auch mit dem Maul meine Schulter los und sieht mir kurz in die Augen, um zu überprüfen, wie ich sein Missgeschick aufnehme. Ich bleibe neutral und blicke ihn abwartend an. Daraufhin lässt er von mir ab und fällt zurück auf die Vorderpfoten. Es folgt ein kurzes Schütteln – dann geht er langsamen Schritts in Richtung See.

»Manometer, das war ja eine Tierdoku in fünf Teilen«, höre ich den Mann neben mir sagen. Die Pappschalen der beiden sind noch immer gefüllt. Die Frau bemerkt meinen Blick und sagt: »Na, zum Essen sind wir bei dem Krimi jetzt nicht gekommen. Also, ich hätte nicht gedacht, dass der so lange durchhält, das waren sicher zwanzig Minuten.«

»Machen Sie das eigentlich beruflich?«, erkundigt sich der Mann.

Ich nicke.

»Aber so, wie der Sie angegriffen hat, kann das nicht gefährlich werden?«, hakt er weiter nach. »Zu unserer Zeit hätte es in der Hundeschule richtig eins draufgegeben, wenn sich einer so verhalten hätte.«

Ich räuspere mich und überlege, wie ich in zwei Sätzen erklären kann, dass mich genau dann der Hund sofort gebissen hätte, und wende mich an die Frau. »Nun, Sie hat er zum Beispiel eingangs toll funktionalisiert, als er Ihr Essen haben wollte und Sie es ihm auch geben wollten. Weil ich Sie bat, es ihm nicht zu überlassen, riss er es Ihnen einfach aus der Hand, denn er hat bisher offenbar die Erfahrung gemacht, dass Menschen tun, was er will. Ich denke, er ist aus einer Summe solcher Erlebnisse bisher zu dem Schluss gekommen, er müsse Menschen weder besonders ernst nehmen noch ihnen bessere Entscheidungen als sich selbst zutrauen. Mit Gewalt würde sich an dieser Tatsache nur eines ändern: Er würde noch weniger von Menschen halten. Auch seine Antwort auf Grenzen würde sicher drastischer ausfallen als eben.« Dabei zeige ich auf meine Schulter, die sicher mehrere blaue Flecken aufweist.

Aus den Augenwinkeln heraus bemerke ich, wie Raida jetzt betont langsam am Ufer entlangschleicht. Als ihm auffällt, dass ich ihn ansehe, senkt er den Kopf und schnüffelt intensiv, als ob er einer Spur folgen würde. Interessanterweise scheint diese genau zu der Hinterseite der Bank zu führen, auf der das Paar sitzt.

»Passen Sie mal auf«, sage ich ruhig, »er versucht jetzt garantiert mit seinem Schnüffeln die Absicht zu tarnen, eine Annäherung an Sie von hinten zu versuchen.«

Der Mann runzelt ungläubig die Stirn. »Aber unterstellen Sie da einem Hund nicht etwas zu viel vorausschauendes Denken?«

»Es ist meine Erfahrung mit ihm«, antworte ich und füge mit einem Schmunzeln hinzu: »Vielleicht sind ja eigentlich wir Menschen nicht vorausschauend genug, wenn wir Hunden so etwas nicht zutrauen.«

In diesem Moment verschwindet Raida hinter einer kleinen Böschung. Ich laufe rasch um die Bank herum, um mich an ihrer Rückseite zu postieren, und stoße fast mit Raida zusammen, der im selben Moment über die Böschung auf die Bank zuspringt.

Es ist das erste Mal in dieser Situation, dass er wirklich beeindruckt scheint; sein Blick drückt Verblüffung aus. Er sammelt sich kurz, schüttelt sich und setzt dann übersprungartig in Richtung See. Dort baut er sich unvermittelt vor Mitja auf, der gerade einen Stock im Maul trägt. Der junge Rüde lässt sein Spielzeug erschrocken fallen und gibt, mit einem Hüpfer zurück, seinen Besitz sofort frei.

Raida nimmt den Stock, kaut ein paar Male, Dampf ablassend, darauf herum und lässt ihn dann lustlos fallen.

»Der ist ja 'ne Nummer«, sagt der Mann, und ich kann nicht entscheiden, ob in seinem Tonfall mehr Anerkennung oder mehr Befremdung liegt.

Ich sehe zu, wie Raida jetzt ausführlich eine Baumwurzel untersucht und den Bannkreis um die Bank offenbar respektiert hat. Geht doch, denke ich zufrieden, ohne zu ahnen, dass dieser Hund nie aufgibt. Einfach weil er nicht aufgeben kann, nur nachgeben.

Kann ich dir vertrauen?

Bereits in den ersten Wochen unseres Zusammenlebens entwickelt Raida eine merkwürdige Angewohnheit. Jedes Mal, wenn Mitja auf einem Spaziergang an ihm vorbeidrängen will, sieht Raida ihn genervt an, korrigiert ihn jedoch nur sehr halbherzig. Schließlich unterlässt er es ganz, und ich muss Mitjas Führung wieder übernehmen. Obwohl ich den jungen Hund jedes Mal ausbremse, wenn er überholen will, ärgert Raida bereits der Versuch, den Mitja macht. Er hat jedoch auch hier eine effiziente Art gefunden, seinem Ärger Luft zu machen, ohne sich den Spaziergang zu verderben.

Kurz vor unserem Haus befindet sich ein großes Sandplateau auf einem Hügel. Ich nenne es inzwischen »die Arena«, weil sich dort bei unserer Heimkehr stets die folgende Szene abspielt: Raida hält plötzlich im Gang inne. Sein Kopf wendet sich wie in Zeitlupe Mitja zu. In seine gelben Augen ist eine Härte eingezogen, die nur sichtbar wird, wenn er stinksauer ist. Mitja nimmt den Blick wahr und beginnt, beschwichtigend hin- und herzutippeln, oder gibt vor, gerade sehr beschäftigt zu sein. Raida nimmt Anlauf, springt auf Mitja zu und rempelt ihn mit Schwung einmal in die Breitseite. So wird er seinen unterwegs gebündelten Ärger gleich auf einmal los. Mitja beschwichtigt dann, leckt sich zur Entschuldigung mehrfach über das Maul und läuft angespannt weiter.

Nach seiner Maßregelung sucht Raida regelmäßig einen größeren Stock und fordert Mitja zum gemeinsamen Tragen auf. Dieser nimmt das Angebot an, und die Hunde balancieren jetzt so lange ihre Schritte aus, bis sie in Übereinstimmung sind. Haben sie zum Gleichschritt gefunden, laufen sie in einem hohen Tempo den Weg hoch und wieder zurück. Auch Mitja wirkt dann befreit und voller Freude. Daraufhin lassen sie den Stock fallen, und ihre Beziehung scheint wieder im Gleichgewicht.

Wie Raida die entstandene Missstimmung beseitigt, beeindruckt mich nachhaltig.

Auch zwischen ihm und mir ändert sich etwas, als ich nach seinem Vorbild Übergänge besser zu gestalten suche. Während ich bisher abrupt die Aufgabe unbekannter Ressourcen einforderte, weil ich sichergehen wollte, dass Raida nichts frisst, was ihm schadet, lasse ich sie mir nun erst von ihm zeigen, bevor ich entscheide.

Dass diese Handhabung durchaus möglich ist, entdecke ich bei einem Spaziergang, an dem Raida einen besonderen Fund macht. Ich will ihm gerade in das Unterholz folgen, in das er plötzlich eilig verschwunden ist, als er von selbst zurückkehrt. Erschrocken fahre ich zurück. Wo der Hund zuvor nur einen Kopf hatte, befinden sich nun übereinander zwei Köpfe, die an den Anblick eines skurrilen Drachens erinnern. Dabei gehört der obere Kopf Raida selbst, der untere einem Wildschweinskelett. Der Totenschädel wird von Raida im Maul getragen und wirkt dadurch wie mit seinem Kopf verbunden. Perplex sehe ich auf dieses Bild und sage: »Wow! Was ist das denn?«

Während Raida sonst einfach weglief, wenn er etwas hergeben sollte, ernte ich dieses Mal einen leuchtenden Blick.

Er eilt herbei, um mir vertrauensvoll den Totenschädel vor die Füße zu legen. Ich bewundere den Fund und verstehe, dass ich nun entscheiden darf, was damit geschieht. Weil ich Raida den Stolz noch immer anmerke, sage ich: »So etwas Tolles sollten wir mit nach Hause nehmen. Bitte!« Dabei zeige ich auf den Wildschweinkopf.

Raida schnappt sich seine Entdeckung und beginnt, sie nach Hause zu tragen. Der sperrige Schädel behindert ihn jedoch beim Laufen, so dass er ihn nach wenigen Metern wieder zu mir bringt.

Ich fühle mich dabei an Eltern erinnert, die einen Roller schleppen müssen, weil ihr Kind dessen überdrüssig wurde – nur dass ich jetzt einen Wildschweinkopf nach Hause trage. Obwohl ich mich von vielen fremden Bewertungen bereits befreit habe, lege ich heute keinen Wert darauf, einen Nachbarn zu treffen.

Von nun an bitte ich Raida immer, mir zu zeigen, was er findet. So bringt er mir Kaffeebecher, Konservendosen und Tüten, und ich kann die Reste überprüfen, um zu entscheiden, ob er sie leeren darf oder nicht.

Interessanter wird für mich jedoch noch ein anderes Ritual, das Raida selbst einführt. Jeden Abend, wenn wir zum letzten Gang aufbrechen, eilt er jetzt durch den Garten und wählt ein Gummihuhn, einen Ball oder ein Stoffspielzeug aus. Dann springt er vor mir herum, um die Ressource wichtig zu machen. »Ohne dieses Gummihuhn kann man auf keinen Fall leben«, könnte der Untertext für seine Show sein, obwohl er dem jeweiligen Gegenstand sonst wenig Beachtung schenkt.

Mein Part ist dann zu sagen: »Wow! So etwas Tolles! Das sollten wir wirklich gut aufbewahren, bis wir vom Spaziergang zurückkommen. Soll ich es in Sicherheit bringen?« Dabei zeige ich auf den hohen Sockel des Gartenpfostens am Eingangstor. Für Raida scheint dieser Ort sicher genug zu sein, weil er selbst nicht dort hochgelangen könnte. Also legt er mir den »lebensnotwendigen« Gegenstand in die Hände und verfolgt, wie ich ihn auf dem Sockel in Sicherheit bringe.

Kehren wir vom Spaziergang zurück, muss ich daran denken, ihm die Ressource sofort zurückzugeben. Hat er sie wieder, lässt er sie nach Kurzem fallen und achtlos liegen. Das Ganze scheint wie eine tägliche Prüfung und Verhandlung, wie und ob es in Anbetracht zweier Entscheidungsträger möglich ist, gemeinsam Ressourcen zu verwalten.

Auch mit den Hunden unternimmt Raida tägliche Vertrauenstests. Häufig trägt er abgenagte Knochen und Spielzeuge zusammen und erklärt sie, für alle deutlich, zum Tabu. Will sich ein anderer Hund nähern, stellt Raida ausdrucksstark dar, wem diese Ressourcen gehören. Mitunter reicht sein Blick, manchmal braucht es jedoch auch ein Knurren oder einen Satz nach vorn, bei dem er die Vorderpfoten in den Boden rammt. Häufiger jedoch erkennen alle Hunde sofort den unsichtbaren Bannkreis an, der von Raida aufgestellt wurde, und sie gehen in respektvollem Abstand davon durch den Garten. Das wiederum scheint Raida als Vertrauensbeweis zu reichen, und er gibt die Dinge wieder für alle zur Verwendung frei.

Im Moor

Im ersten Sommer mit Raida streifen wir oft gemeinsam mit Frieda, Tinka und Mitja durch die schöne Abenteuerlandschaft einer Heide. Ich liebe es, Entdeckungen zu machen, und kann das wunderbar mit den Hunden teilen. Heute führt uns die Wanderung von der Heide in ein kleines, gut verstecktes Sumpfgebiet, das zwar feuchten Boden, aber einen trittsicheren Untergrund hat. Alle Hunde erschnüffeln erregt die Botschaften dieser für uns neuen Landschaft.

Ich kann ja als Mensch vorwiegend nur schauen, aber auch das lohnt sich: Frauenfarn bildet dichte Stauden, an vielen Stellen schaut Wollgras in Büscheln hervor. Auf einem riesigen Ameisenhaufen wimmelt es geschäftig. Daneben zeigen prachtvolle Emers – Pflanzen, die im Wasser wurzeln – ihre auffälligen gelben Blüten. Libellen, die den poetischen Namen »Nordische Moosjungfern« tragen, fliegen wie kleine Elfen dazwischen umher.

In diese märchenhafte Umgebung vertieft, bemerke ich zu spät, dass wir vom Weg abgekommen sind. Um uns herum steht plötzlich überall Wasser, wir müssen umkehren. Ich wähle die Richtung, in der ich unseren Rückweg wähne, aber auch dort beginnt nach wenigen Metern plötzlich das Moor.

Irritiert laufe ich nach rechts, gefolgt von den Hunden. Auch hier Wasser. Nach links? Wasser. Ich finde mich nicht mehr zurecht, laufe hierhin, dahin. Habe vollkommen die Orientierung verloren. Panik steigt vom Bauch in meinen Hals. Ich spüre mein Herz schneller schlagen.

»Raida, bitte führ uns hier raus!«, wende ich mich an den Hund, der im Alltag Dinge wahrnehmen kann, die erst Minuten später auftauchen, und dessen Orientierung so gut ist, dass er mein Auto wiederfindet, auch wenn ich den Parkplatz vergessen habe.

Jetzt jedoch ist Raida eifrig damit beschäftigt, einer Spur zu folgen, und er schnüffelt so laut, dass es sich wie ein Grunzen anhört.

»Raida, ich brauche dich!«

Er sieht kurz auf, in seinen Augen leuchtet ein kaltes Glitzern. Ich spüre, wie er abwägt, ob ich ihn aufzuhalten vermag oder nicht. Als er sieht, dass ich mich nur noch langsam vorwärtstasten kann, senkt er den Kopf auf den Boden und beginnt, große Kreise zu ziehen, um den Ausgang der Spur zu finden.

Ich stehe da wie vom Donner gerührt und spüre Zorn und Enttäuschung in mir aufsteigen. »Tief durchatmen«, spreche ich mir Kraft zu, während Raida sich davonmacht. »Du musst die anderen Hunde hier gut hinausführen.« Die drei halten sich eng um mich herum. Mitja und Tinka hecheln leise, Frieda hat das Maul angespannt geschlossen. Sie schauen unruhig umher und tippeln in vorsichtigen Schritten über die querliegenden Baumstämme durch den Matsch.

Ich ärgere mich darüber, nicht sorgsamer aufgepasst zu haben. Das wird mir eine Lehre sein.

Hinter einigen Baumgruppen entdecke ich entfernt einen hellen Lichtstreif, der nach Heide aussieht. Ich schlage diese Richtung ein, versinke aber nach wenigen Metern bis zu den Waden im Morast. Als ich meine Füße herausziehe, gibt das

Moor sie mit einem laut schmatzenden Geräusch frei. Ich nehme Tinka auf den Arm und sehe, wie auch Mitja und Frieda bis zu den Ellenbogen einsinken.

In diesem Moment kommt Raida wieder in Sichtweite und schnüffelt erregt am Boden. Leichtfüßig läuft er auf den Baumstämmen vorwärts, und es beeindruckt ihn auch nicht, wenn er einmal abrutscht und danebentritt.

»Raida!«, rufe ich wütend. »Hilf uns jetzt!«

Der jagende Hund sieht nicht einmal auf und segelt mit der Schnauze im Zickzack über den Boden.

Ich kann es nicht glauben – er lässt mich und uns im Stich, um seinem Vergnügen nachzugehen! Schmerzlich wird mir klar, dass ich offenbar noch immer unbewusst die Hoffnung in mir trage, Raida könnte ein zweiter Wanja sein. Also ein Hund, der wie mein früherer Truppenchef in Lipowka immer zur Stelle war, wenn die Gruppe ihn brauchte.

Plötzlich mobilisiert die Enttäuschung eine große Ruhe in mir. Vorsichtig setze ich Tinka auf den nebeneinanderliegenden Baumstämmchen ab und sage ihr, sie solle dort bleiben. Dann hebe ich nacheinander Frieda und Mitja aus dem Morast und trage sie zu zwei stärkeren Baumstämmen, die wie Planken im Wasser liegen.

»Bleibt ganz ruhig da«, sage ich mit fester Stimme und sehe die Hunde nacheinander an. »Ich gehe vor und schaue nach dem richtigen Weg, dann hole ich euch.«

Die Hunde haben sowohl den Ernst der Lage als auch meine Botschaft verstanden. Keiner von ihnen rührt sich, als ich mich wegbewege. Immer wieder geben die Baumstämme nach, über die ich klettere, und meine Schuhe versinken im feuchten Grund.

Nach ungefähr hundert Metern stellt sich der Lichtstreif tatsächlich als rettende Heide heraus. Auf dem Rückweg suche ich Baumstämme aus, die nicht einsinken und über die die Hunde am besten klettern können.

Raida ist inzwischen verschwunden. Ab und zu höre ich ein entferntes Knacken, das von ihm stammen könnte.

Mitja, Frieda und Tinka erwarten mich wie kleine Soldaten, die vertrauensvoll auf ihren Kommandeur warten.

Ruhig kann ich sie nun zurück auf den sicheren Sandboden der Heide über die gesicherte Route führen. Dort setze ich mich schweißnass von der Anstrengung auf den Boden, und eine tiefe Traurigkeit übermannt mich. Es ist ein Gefühl, das ich aus meiner Kindheit kenne, wenn jemand mein Vertrauen enttäuschte. Tröstend leckt mir Mitja das Kinn, und Tinka reibt ihren kleinen Hintern an mir. Frieda hat sich spähend vor uns gelegt und sichert aufmerksam die Umgebung.

Plötzlich kracht es im Unterholz, und Raida bricht mit strahlender Miene daraus hervor. Er scheint den Ausflug sehr genossen zu haben. Sein Schwanz wedelt weiche Zustimmung, und er leckt mir sanft übers Gesicht. »So etwas Tolles können wir bald wieder tun«, scheint er ausdrücken zu wollen.

Ich würde seine Begeisterung und Zuneigung gern erwidern, aber ich kann es nicht. Ich bin betroffen davon, wie schnell mein Vertrauen in ein Wesen zu erschüttern ist und wie schmerzhaft sich das anfühlt.

Listen

Um meine falschen Erwartungen an Raida abzulegen, muss ich sie mir genauer ansehen. Warum trifft es mich so, wenn er immer wieder den Kontakt abbricht, um dann – für mich vollkommen unvorbereitet – erneut Nähe zu suchen bis zum nächsten Abbruch? Was verbirgt sich hinter meiner Sehnsucht nach einem »zweiten Wanja«, der genau das Gegenteil war, also ein Gemeinschaftsbildner einer ganzen Gruppe? Wieso beginnen Stützpfeiler in mir zu wanken, die ich fest und sicher glaubte?

Ich bin ein Stadtkind und wuchs Anfang der Sechziger im Leipziger Bezirk Reudnitz auf. Mein Vater war ein körperlich starker, schöner Mann, den ich mit der unbegrenzten Dimension eines Kindes von ganzem Herzen liebte. Meine kindlichen Liebesbezeugungen prallten an ihm jedoch nicht nur ab wie an einem Felsen, sie ließen ihn auch angewidert zurückfahren. Seine Seele, so erklärte ich es mir später, schien so tief verletzt, dass er alles zurückwies, was sie wärmen könnte.

Im Märchen »Die Schneekönigin«, das ich jedes Weihnachten im Kino sah, holt das Nachbarsmädchen Gerda den vereisten Kay aus den Fängen der Schneekönigin ins Leben zurück. Weil sie ihn durch alle Gefahren hinweg sucht und findet und ihm ihre Wärme gibt, gelingt es.

Im realen Leben musste ich erfahren, dass es bei meinem Vater Verachtung auszulösen schien, wenn ich ihm meine kindliche Liebe entgegenbrachte. Offenbar schätzte er sich selbst in der Tiefe seiner Seele nicht wert und musste so auch meine Verehrung abwerten. Dennoch brauchte er viel Anerkennung, die nur meine Mutter ihm in der Form zu geben verstand, wie er sie auch annehmen konnte.

Mein Vater wünschte Bewunderung für seinen Beruf als Dozent, seine funkelnden Berichte großer Taten, seine Locken, sein gut geformtes Gesicht, seinen vom Bodybuilding designten Körper und seine auffällige, teure Kleidung, wegen der für die Grundbedürfnisse unserer Familie oft kein Geld mehr übrig war.

Für meine Mutter, die selbst in großer emotionaler und materieller Kargheit aufgewachsen war, muss es sich nach Fülle angefühlt haben, dass ausgerechnet dieser schillernde, aber innerlich isolierte Mann sie zur Frau gewählt hatte.

Die Verachtung, die mein Vater für andere empfand, führte dazu, dass wir weder Besuch bekamen noch ich selbst Freunde haben konnte. Ich lernte, mich allein zu beschäftigen und dem Leben anderer aus der Ferne zuzusehen.

Wie eine kleine Straßenhündin zog ich, sehnsüchtig nach Anschluss suchend, durch unser Viertel, traute mich aber nur selten zu anderen Kindern hin. Meine Annäherungsversuche blieben ungelenk. Mir fehlten einfach die Erfahrungen und Vorbilder für einen Kontakt mit Menschen. Mein Herz war voll mit Gefühlen, die ich mit irgendjemandem teilen wollte, und lange rannte ich wie ein Entlein jedem hinterher, der mich einfach nur im Vorbeigehen angelächelt hatte.

Eines Tages saß ich gerade auf einer Mauer in einem Hinterhof und beobachtete, wie eine Frau Wäsche aufhängte. Als sie fertig war, verschwand sie im Haus, und hinter den weißen Laken tauchten plötzlich vier Kinder aus der Nachbarstraße auf.

Die Kinder der einzelnen Straßenzüge bildeten zu jener Zeit Gruppen, die man heute vielleicht Gangs nennen würde. Damals waren es einfach Kinder, die sich die Zeit damit vertrieben, zusammen Streiche auszuhecken, zu spielen und die Kinder fremder Straßen zu verprügeln.

Die Gefahr spürend, wollte ich auf der abgewandten Seite von der Mauer springen und weglaufen, blieb aber mit der Hose an einer Unebenheit hängen. Die drei Jungen und das Mädchen zerrten mich wieder zurück und stellten mich mit dem Gesicht an die Wand. Das Mädchen zog mir die Strickjacke und mein Unterhemd hoch, zwei der Jungen kletterten auf die Mauer und setzten ihre Füße auf meine Hände, die ich auf den Rand legen musste.

Der verbliebene Junge peitschte mich mit einer Angelschnur aus, die an einem Stock befestigt war. Seine Schläge waren nicht so stark, dass mir die Haut aufriss, aber sie kamen nicht nur auf meiner Haut, sondern auch in meinem Herzen an.

Ich verstand nicht, was die Kinder derart an mir ablehnten, dass sie mir wehtun mussten. Zu Hause wurde ich verprügelt, die Kinder bestraften mich mit Schlägen – ich schloss daraus, mit mir stimme etwas nicht. Und so zog ich mich zurück in die Welt des Lesens und hatte mit neun Jahren die gesamte Kinderbibliothek ausgelesen, um dann in die literarische Schatzwelt der Erwachsenen einzutauchen. In den Büchern entdeckte ich den Kosmos des Lebens und fand Freunde, die ich in der Realität meines Kinderlebens nie kennengelernt hatte.

Als ich sechs Jahre alt war, eröffnete mir meine Mutter, wir würden zu einem Mann gehen, der ein Experte war und Kindern in die Seele schauen konnte. »Er möchte dich kennenlernen, damit wir herausfinden, warum du nachts so laut schreist«, bereitete sie mich vor.

Angstvoll, aber auch erfüllt von der Vorstellung, es gäbe Erwachsene, die sich für Kinder interessierten, fieberte ich dem Termin entgegen. War der Mann ein Zauberer? Musste ich ihn fürchten? Wie würde es ihm gelingen, in meine Seele zu schauen?

Der Weg zu seiner Praxis in einem Krankenhaus schien mir unendlich lang, und meine Erwartungen wuchsen im Maße der zurückgelegten Distanz.

Das flachsblonde Haar des Mannes war ordentlich zurückgekämmt und sein Blick ganz ohne Magie. Er bot mir einen Platz in seinem Sprechzimmer an, legte sich eine Klemmmappe mit Listen auf die übereinandergeschlagenen Beine und begann, mich abzufragen.

Eine Stunde verging, während der er sich alle Mühe gab, mich in die vorgegebene Form seiner Fragelisten zu pressen.

Für das jedoch, was mich bewegte, gab es weder Fragen noch Antwortmöglichkeiten. Ich fühlte mich wie ein krummes Zweiglein, das gern die eigenen Ausbuchtungen vorgezeigt hätte, aber einem glattgeschmirgelten Mikadostab gegenübersaß, der vergebens versuchte, mich ebenfalls in einen Mikadostab zu verwandeln.

Auf dem Weg nach Hause beschloss ich, nie wieder einem Menschen zu erlauben, meine Persönlichkeit so verschwinden zu lassen.

Doch dann kam ich in die Schule.

Alle Abweichungen wurden wieder in Listen eingetragen, die Klassenbücher und Zeugnisse hießen. Die aussagekräftigsten Abweichungen wurden dabei jedoch nicht erfasst.

So hatte ich zum Beispiel immer wieder heftige Mandelentzündungen und hohes Fieber. Mit zehn Jahren wurden mir die Mandeln dann herausgenommen. Damit wurde mir genau das Organ entfernt, das offenbar dringend auszudrücken suchte, was mir tatsächlich fehlte, hatte es doch immer wieder darauf aufmerksam gemacht, dass etwas in meinem Sprachzentrum festsaß. Etwas, das ich nicht auszusprechen wagte. Aus Angst, aus Rücksicht, aus erlebtem Zwang und aus erlebter Gewalt. Als mir dieses Organ genommen wurde, wäre ich vielleicht für immer verstummt, wäre nicht Frau Friedrich meine Deutsch- und Klassenlehrerin geworden.

»Du solltest schreiben«, ermutigte sie mich. »Deine Aufsätze sind sehr gut, und du hast großes Talent, dich auszudrücken und im Unscheinbaren das Besondere wahrzunehmen.« Zum ersten Mal machte mich jemand auf eine Fähigkeit aufmerksam und wertschätzte sie. Eine »Knospe an meinem krummen Zweiglein« öffnete sich.

Das Schreiben gestattete mir in der Folge, mich zwischen den äußeren Schablonen zu bewegen und mich starrem Gehorsam zu verweigern.

Mit zwölf Jahren beschloss ich dann, Leuchtturmwärterin zu werden. Es musste wunderbar sein, hoch über dem Meer zu sitzen, Bücher zu schreiben und still zu leuchten. Nachdem ich mehrere Jahre lang auf diesem Wunsch beharrt hatte, ging meiner Mutter wohl die Ernsthaftigkeit dieser Absicht auf, und sie brachte mich zu einem Berufsberater, der mir Alternativen aufzeigen sollte.

In der Luft fuhr er mit einer Bleistiftspitze über das Papier und stoppte an meinem Zensurendurchschnitt. Mit sächsischem Charme eröffnete er mir: »Du hast ja eensgommasechs, da gönndste nach der Liste zum Beispiel Chemielaborantin wärn.«

Als ich von meinem Berufswunsch Leuchtturmwärterin nicht abging, schaute er mich lange abwägend an, hob dann mit einer offenbaren Erkenntnis bedeutsam den Bleistift in die Luft und fragte: »Aber woher willste denn wissen, dass Leuchtturmwärderin dir Spaß macht, du hast das ja noch nie gemacht!«

Weil der Mann mir gar nicht zuhörte, ärgerte mich sein rhetorischer Trick. Deshalb ging ich zur Tür und sagte zum Abschied: »Sie waren doch auch sicher irgendwann einmal zum ersten Mal im Urlaub und haben sich darauf gefreut, oder?«

Nach vielen Verweigerungen innerhalb eines starren äußeren Systems und Strafen, die mein Widerstand mit sich brachte, wurde ich weder Chemielaborantin noch Leuchtturmwärterin, sondern Liedermacherin.

Es begann damit, dass ich mit neunzehn Jahren auf einer Laute herumklimperte. Beim Herumtasten fanden meine Finger plötzlich den Akkord zu einer Harmonie, die ich sehr schön fand. Ich begann eine weitere Harmonie zu suchen und war erstaunt, wie einfach es war, Klänge zu finden, die zueinanderpassten, und eine Gesangsmelodie darüberzulegen. Jetzt musste nur noch ein Text her, und auch dieser kam wie von selbst. Zum ersten Mal spürte ich, wie ich offenbar ein Instrument wurde für etwas, das größer war als ich selbst.

Mein erstes Lied erzählte von einem Apfelbaum, der Kirschen als Früchte trägt und eine hitzige Diskussion auslöst, weil er anders ist, als er zu sein hat. Ein Mann, der wagt nachzufragen, ob die Früchte dieses Baumes nicht vielleicht einfach einen neuen Kern haben, wird verhöhnt und ausgelacht. Daraufhin geht er weg und nimmt ein Kind an die Hand, für das »Kirschenäpfel« noch etwas ganz Vorstellbares sind.

Die Poesie ermöglichte mir, meine Gefühle zum Ausdruck zu bringen und mich auf der Bühne darüber mit anderen zu verbinden. Durch meine Auftritte machte ich die Entdeckung, dass es offenbar vielen anderen Menschen genauso ging wie mir selbst. Auch sie suchten nach einem Ausdruck und Impuls für ihre Gefühle. Diese erlebte Gemeinsamkeit war eine erste Brücke für mich, um mich vorsichtig aus meiner festgemauerten Schutzburg nach außen zu wagen.

Ich brauchte einige Jahre, um zu begreifen, dass die Liebesbeziehung, die das Publikum und ich abends bei meinen Auftritten eingingen, nur temporär sein konnte und nichts mit mir als Privatperson zu tun hatte. Wir waren eine Gemeinschaft, deren Verabredung darin bestand, uns für einen Abend zu vereinen. Mehr nicht.

Meine jugendliche Hoffnung, durch die Anerkennung des Publikums irgendwann nicht mehr meine Einsamkeit zu spüren, löste sich immer mehr in Luft auf, und ich begann meinen Beruf mit anderen Augen zu sehen.

Es ist ein großes Geschenk, als Künstler Reisewege erfinden zu dürfen, auf denen Menschen ihre Seele besuchen können.

Künstler sind Füllmeister der Leere. Sie zaubern der Einsamkeit einen Gefährten und der Sehnsucht nach Liebe einen Vertrauten. Über diese Fähigkeit können sie sich und andere für einen Augenblick mit der Welt in Einklang bringen.

Im realen Leben bekam ich vom sozialistischen Staat den Stempel des Subversiven und Staatsgefährdenden aufgedrückt. So hatte ich stets zwei Zuhörer mehr – von der Stasi – in jedem Konzert sitzen und musste im Vorfeld meine Texte beim Zentralkomitee für Unterhaltungskunst einreichen. Zwei Männer in Studentenkutten observierten mein Wohnhaus und den Hinterhof. Mein Müll wurde untersucht, und ich hatte nun auf allen Wegen unerwünschte Begleitung.

In dieser Zeit fanden viele Treffen mit politisch denkenden Menschen in meiner Wohnung statt, die regelmäßig von der Staatssicherheit gestört wurden. Ich wurde mehrfach festgenommen, verhört und unter Druck gesetzt.

Weil ich nicht nachgab, wurde meinem Stiefvater, der als Geophysiker arbeitete, ein lang ersehnter Auslandseinsatz in Johannesburg gestrichen, den die gesamte Familie für ein Jahr lang antreten wollte.

Bereits als kleines Mädchen hatte ich gelernt, zur Beschädigung, so gut es ging, nur meine Außenfassade anzubieten. Diese Fähigkeit nutzte ich nun während vieler Verhöre und im Alltag. Ich war zwar körperlich anwesend, hatte mich aber innerlich in den Schlupflöchern meiner Fantasie in Sicherheit gebracht. So brachte ich zum Beispiel den beiden Männern von der Staatssicherheit vor meinem Haus Tee oder schrieb sinnlose Codes auf Zettel und warf sie in den Müll, der von ihnen untersucht wurde.

Ich reichte abgeänderte Texte ein, die ich dann auf der Bühne wieder in ihrer Originalfassung sang, und baute immer mehr Aussagen »zwischen den Zeilen« ein. Die Repressalien, die ich in der Folge erlebte, waren aggressiv wie in jeder Diktatur und bewegten sich zwischen versuchter Bestechung und angewendeter Gewalt hin und her. Je energischer ich die Anwerbungsversuche der Staatssicherheit, meine Kollegen zu bespitzeln und dafür Privilegien zu genießen, ablehnte, umso schärfer wurden die Drangsalierungen, denen ich ausgesetzt war. Sie reichten von Freiheitsentzug bis hin zu körperlicher Gewalt.

Zehn Jahre später geschah dann genau das, was die Dauerkontrolle der Staatssicherheit hatte verhindern wollen. Meine Landsleute erhoben sich aus allen Listen, Vorgaben und Schablonen. Sie wurden für kurze Zeit zu Menschen, die ihre Bedürfnisse einforderten. Aus glattgeschmirgelten Mikadostäbchen wurden für einen kurzen Zeitraum wieder wildgewachsene Zweige mit noch geschlossenen Knospen.

Umso verblüffender war es, dass es für diese plötzlich vorhandenen Ressourcen offenbar keine weitere Verwendung zu geben schien.

In der Zeit nach der Wende erlebte ich, wie Menschen um mich herum auf vielfältige Weise abstürzten oder sich, wie mein Freund, der Liedermacher Norbert Bischoff, das Leben nahmen, weil sie sich zum zweiten Mal verleugnen sollten und entwürdigende Abwicklungen ihrer Positionen und Kompetenzen hinnehmen mussten.

Auch ich fühlte mich plötzlich in einem luftleeren Raum, der gefüllt war mit Dingen, die ich nicht zum Leben brauchte. Ich konnte nichts anfangen mit dem allgemeinen Überfluss, der mich innerlich nicht satt machte. Mich verstimmten Werbeslogans, die versprachen, man wäre glücklicher, wenn man Dinge besäße, an die man zuvor noch nie gedacht hatte. Ich fühlte Überdruss dabei, nicht mehr aus dem Wenigen mehr machen zu können und dafür täglich wegsortieren zu müssen, was mir entschieden zu viel war.

Die Begrenzungen waren nun in jeder Hinsicht aufgehoben und erzeugten in mir ein Gefühl von Verlorenheit. Die Suggestion meines neuen Landes, alles könne immer weiter wachsen, machte mir Angst. Suchte ich doch nach Fähigkeiten, das zu werden, was ich wirklich bin, und mich mit dem zu verbinden, was um mich ist, und nicht nach Möglichkeiten, über mich hinauszuwachsen und mich von anderen abzugrenzen. Während ich an den rigiden Wänden des ostdeutschen Systems noch zu rütteln versuchte, empfand ich plötzlich gar keinen Widerhall mehr – egal, was ich tat. Ich empfand in dieser Zeit große Einsamkeit und Leere.

Das erlebte Wir

An einem Januarabend 1991 fand ich den Berührungspunkt, nach dem ich lange gesucht hatte. Ich erlebte die russische Liedermacherin Vera Jewuschkina, die leise und mit einem echten Ausdruck von Trauer und Schmerz auf einer Berliner Bühne ihre Lieder sang. Dabei wagte sie einen Gefühlsausdruck, den ich mir vor so vielen Menschen in diesem Umfang niemals erlaubt hätte, aus Angst, abgewertet und verhöhnt zu werden. Mich erstaunte, dass gerade ihr intimer Gefühlsausdruck eine Betroffenheit im Publikum hervorrief, die nicht nur alle Anwesenden ergriff, sondern sie auch miteinander zu verbinden schien.

Vera wirkte schüchtern und hatte einen kräftigen Leib, weswegen ich sie später »Medveschonok« (kleiner Bär) nannte. Sie war wie meine Mutter eine Waise und zelebrierte ihre Verletzungen in wehmütigen Tönen, die in mir eine neue Saite zum Klingen brachten. Ich entdeckte durch sie die Dichterin Marina Zwetajewa und begann mit deren Worten und meiner Musik auch eigene Gefühle offener zum Ausdruck zu bringen.

Hatte mein Gesang vorher etwas leicht Abgehacktes besessen, weil es mich viel zu sehr ängstigte, über eine längere Distanz innerlich loszulassen, floss meine Stimme nun schon freier aus mir heraus. Zum ersten Mal spürte ich, wie erleichternd es sein könnte, sich anderen ohne Schutzhülle zu zeigen. Ich wagte das jedoch nicht in einem Land, in dem jeder gut drauf sein sollte, und es war sicher kein Zufall, dass mir das Schicksal dazu erst einmal einen anderen

Ort schenkte. Ich entdeckte ihn durch Vera, mit der mich inzwischen eine tiefe Freundschaft verband.

Sie hatte das Wunder vollbracht, für sich selbst als Waise achtzig Mütter zu finden – in Lipowka, einem abgeschiedenen Örtchen im Westen Russlands unweit der Ukraine. In diesem kleinen russischen Dorf, in dem sich viele Babuschkas über eine »Tochter« freuen konnten, weil ihre eigenen Kinder abgewandert waren, fühlte auch ich mich bei meinem ersten Besuch sofort wohl. Die vom Wintereis zerdrückten Brücken lagen in den Flüssen, und Lipowka war vom Rest der Welt abgeschnitten. Es erforderte einen abenteuerlichen Einsatz, dennoch ins Dorf zu gelangen.

Mich faszinierte die Welt, in die ich dort eintauchte. Sie glich in nichts der Welt, aus der ich kam. Neben der normalen Feld- und Gartenarbeit erledigten alle Bauern eine Arbeit für die Gemeinschaft, um gemeinsam zu überleben.

So machte der Bauer, der sich mit Bienen auskannte, den Honig. Ein anderer konnte gut Körbe fertigen. Zwei Bäuerinnen, die sich schon immer für Heilpflanzen interessiert hatten, versorgten die kranken Dorfbewohner. Zwei andere Bäuerinnen, die früher in einer Mühle gearbeitet hatten, backten das Brot, und wenn eine Entscheidung für die Gemeinschaft nötig war, fragte man die Dorfälteste im Ort, die die Präsenz und Fähigkeit dazu hatte.

Während ich gerade aus einer Gesellschaft kam, in der es darum ging, sein möglichst groß aufgeblasenes »Ich« wie einen Werbeträger vor sich her zu tragen, war ich nun an einem Ort gelandet, an dem es für niemanden einen Sinn ergab, sich wichtiger oder größer zu machen, als er war. Die Gemeinschaft brauchte jeden und jede genau mit den

Fähigkeiten, die er oder sie tatsächlich besaß, um in der Selbstversorgung zu überleben.

Wer allein viele Fische gefangen hatte, gab davon den Nachbarn. Wer ausreichend Kartoffeln hatte, gab davon dem, der kein Glück bei der Ernte gehabt hatte. So konnte kein Neid entstehen, weil des einen Kartoffelkeller voll und der des anderen leer war.

Ich kaufte mir in Lipowka noch während meines Besuchs ein Haus und blieb fast sieben Jahre dort. Trotz der schweren täglichen Arbeit erlebte ich hier Menschen, die zufriedener wirkten als die Menschen, die ich aus der Stadt kannte. Der mit frischgemolkener Milch gefüllte Eimer konnte den Bauern am Abend ein stolzes Lächeln aufs Gesicht zaubern. Die Socken, die aus der Wolle der eigenen Schafe gestrickt waren, stellten einen wertvollen Besitz dar. Das Essen, das aus eigenen Lebensmitteln zubereitet wurde, bestätigte die Autonomie.

Als ich von der Dorfältesten in Lipowka gefragt wurde, was mein Beruf sei, antwortete ich wahrheitsgemäß: »Bard« (Liedermacher). Die angesehene Bäuerin, die unter anderem viele Lieder für ihr Dorf komponiert hatte, sagte: »Nein, nein, ich will wissen, was dein Beruf ist.«

Ich war erschüttert, als ich auf diese Weise begriff, dass ich keinerlei handwerklichen Kenntnisse besaß, die zum Überleben wichtig gewesen wären. Die einzige Ressource, die ich hatte, war meine Jugend, und die hatten alle ja früher selbst besessen.

So bot ich den Ältesten nun täglich Hilfe bei den Dingen an, die sie nicht mehr allein bewältigen konnten, und obwohl ich dadurch fast alle Arbeiten lernte, blieb es für mich unbefriedigend, keine eigene spezielle Fertigkeit zu besitzen.

Ich bestaunte die Gemeinschaft in diesem kleinen Dorf und bemühte mich darum, ihr anzugehören. Dennoch überforderte mich das enge Miteinander auch, weil ich so viel Kontakt nicht gewohnt war.

»Dein Haus ist wie der Kreml – immer mal geschlossen«, wurden meine sporadischen Rückzüge von den Dorfbewohnern scherzhaft kommentiert. Obwohl ich mich nicht nur dadurch stark von den anderen unterschied, gaben mir die unaufgeregten und nicht abreißenden Zuwendungen der Bauern das Gefühl, genau richtig zu sein an diesem Ort. Tauchte ich im Dorfleben wieder auf, wurde ich übergangslos erneut darin aufgenommen. So konnte ich zwischen der mir vertrauten Einsamkeit und dem neu erlebten engen Kontakt hin und her pendeln und meine Aufenthalte in der Gemeinschaft immer mehr verlängern.

Als wollte mir das Leben den Sinn einer solchen Gemeinschaft doppelt zeigen, stolzierte als Zugabe ein Hund in mein Leben. Einer, der, wie die Bauern erklärten, vorher nie bis ins Dorf gekommen war. Ein Waldgänger. Ein bissiger Wilder.

Eines Tages tauchte er auf und ging nicht wieder weg. Ich taufte ihn Wanja. Wanjas Geschichte und meine Zeit in Lipowka beschreibe ich in meinem Buch »Wanja und die wilden Hunde«.

Im Umgang mit mir war Wanja sanft, entgegenkommend und von einer großen Würde. Er hatte etwas von einem Magier oder einem Klavierspieler auf den Frequenzen anderer Wesen. Es gelang ihm, mein Herz genau dort zu berüh-

Wanja

ren, wo es am ängstlichsten war. Wanja gab mir zum ersten Mal ein Gefühl, das ich noch nicht kannte – Vertrauen. Dieses Vertrauen entstand nicht nur aus der Tatsache, dass er mir eine Zuneigung entgegenbrachte, die er anderen Menschen verweigerte – vielmehr war es die Art, wie er Kontakt zu mir hielt, die mich so stark an ihn band. Er bemühte sich um mich in einer Weise, die ich bis dahin noch nicht kennengelernt hatte – weder durch einen Menschen noch durch einen Hund.

Meinen Kinderhund Berry hatte ich als einen verlässlichen Freund erlebt. Dennoch war er anders als Wanja gewesen. Die Hündin Berry konnte sich in ihre Welt vertiefen, hingegeben draußen schnüffeln und uns für jeden Hasen einfach stehen lassen.

Wanja dagegen war aufmerksam darauf bedacht, mich nie

aus den Augen zu verlieren und mich wie an einem unsichtbaren Band durch die Welt zu führen. Ging ich ihm zu langsam, kam er zurückgelaufen, umkreiste mich, als ob er mich einsammeln wolle, und sah mich mahnend an, wenn er sich wieder entfernte. Obwohl er ganz eindeutig kein Hütehund war, benahm er sich in Bezug auf mich dennoch wie einer.

Wegen der starken Kontrolle in meinem Elternhaus als auch der Observierung durch die Staatsicherheit habe ich eine Allergie gegen jede Art von fremder Einengung entwickelt. Wanjas Bemühungen um mich hatten jedoch nicht diesen Charakter. Seine Beaufsichtigungen fühlten sich nach Umsicht an und so, als ob er für mich sorgen wolle und mich als Teil einer Gemeinschaft betrachtete.

Musste er vor dem Haus einer Babuschka warten, weil Hunde nicht in die Häuser der Bauern durften, blickte er nach einer gewissen Zeit besorgt durchs Fenster und sah mich lange an. Kam ich irgendwann wieder heraus, sprang er an mir hoch und schnappte mit den Schneidezähnen in meine Kleidung oder in meinen Arm und drückte so sein Missfallen über meine lange Abwesenheit aus. Er war dabei frei von Aggression, nur seine Bestimmtheit war deutlich spürbar.

Wanja war ein Wesen, bei dem ich mich ganz beschützt fühlte und dem ich mich deshalb auch öffnen konnte. Er blieb wie angewachsen neben mir, wenn ich krank war, und teilte ausgelassen viele schöne Momente mit mir. Wir spielten Fußball am Fluss – wobei er der Torwart und ich die Stürmerin war. Wir gingen gemeinsam schwimmen, erkundeten die Geheimnisse des Waldes und rannten in die Weite der Wiesen.

Als immer mehr Hunde auf abenteuerliche, seltsame und überraschende Weise zu uns kamen, erlebte ich, wie Wanja auch sie mit Bestimmtheit und in liebevoll sorgender Form dirigierte und zusammenhielt.

Bald ging ich mit zehn Hunden durchs Dorf, und Wanja führte die große Gruppe souverän an allen frei lebenden Hunden der Bauern vorbei.

Als ich zum ersten Mal erlebte, wie die Hunde meiner ganz persönlichen Gruppe jagten, veränderte das meine Wahrnehmung von ihnen nachhaltig. Die lautlose Absprache, nach der sie plötzlich gemeinsam losrannten, die Choreografie, mit der sie das Wild einkreisten, die gezielte abwartende Art, mit der die Gruppe es so lange festhielt, bis einer der Kräftigeren unter ihnen ungefährdet und schnell den Todesbiss setzen konnte – von all dem hatte ich nichts geahnt. Und obwohl ich nur selten einen Jagderfolg miterlebte, weil die Hunde beim Jagen häufig aus meiner Sicht gerieten, und auch wenn es mich als Stadtpflanze viel Überwindung kostete, andere Tiere sterben zu sehen, beeindruckte es mich doch, Hunde so vollkommen unabhängig und in all ihrer Kraft zu erleben. Mit Erstaunen begriff ich, was Hunde in einem Verbund sein können und dass ich nur wenig von ihnen wusste. Dass ich ein Teil von ihnen sein durfte und ich das Gefühl hatte, zu ihnen zu gehören, war immer auch wieder Wanjas Verdienst, der mich stark in ihren Verbund einbezog.

So bildeten wir eine Gruppe: zehn Hunde und ich – ein Mensch.

Die Gemeinschaft, die ich in Lipowka erleben durfte, sowohl unter Menschen als auch Hunden, hat mich nachhaltig geprägt. Sie bestätigte mich in dem Gefühl, wie kostbar ein erlebtes Wir sein kann – auch wenn noch ein weiter Weg vor mir liegt, um es an anderen Orten zu leben.

Aber ist es das für Raida auch? Will auch er Gemeinschaft, obwohl er auch allem allein gewachsen scheint?

Der blinde Fleck

»Er ist wie ein Buddha« – »Man fühlt sich vorgeführt« – »Irgendwie scheint er mich nicht ernst zu nehmen« – »Er macht immer, was er will« – das sind einige Rückmeldungen, die ich von anderen zu Raida erhalte.

»Er hat so eine Ausstrahlung und Präsenz« – »Er hat großen Charme« – »Man will in seiner Nähe sein« – »Er ist so verschmust« – auch so wird er wahrgenommen.

Alle Aussagen entsprechen der Realität, die ich mit diesem Hund erlebe.

Meine Hoffnung aber, wieder einen Hund gefunden zu haben, der selbst Gemeinschaftsgeist kreiert, ist verflogen. Raida ist ein Freigeist und energischer Vertreter seiner eigenen Interessen. Weil diese Erkenntnis auch schmerzhaft ist, stelle ich überrascht fest, dass ich mir noch immer jemanden wünsche, der mich, wie Wanja, durch sein Wesen einzubinden vermag und diese Bindung auch aufrechterhält, wenn sie mir verloren zu gehen droht.

Raida jedoch scheint an derselben Stelle wie ich selbst einen blinden Fleck zu haben, der den Kontakt immer wieder abreißen lässt. Es wird immer mühevoller, ihn beim Spaziergang bei der Gruppe zu halten. Mitunter scheint er uns vollkommen zu vergessen.

Erhebe ich die Stimme etwas lauter, weil ich ihn bereits dreimal freundlich bat, dazubleiben, dann sieht er mich mit einem breiten Grinsen im Gesicht an und tut genau das Gegenteil.

Meine Gegenmaßnahmen beeindrucken ihn so lange, bis

er sie durchschaut hat. Meine Präsenz erkennt er zwar an, ignoriert sie aber in den Dingen, die ihm draußen, außerhalb des Hauses, wichtiger sind.

Ich erlebe Tage mit ihm, an denen er uns erst gefährdet und dann einem Gruppenmitglied das Leben rettet. So laufen wir an einem Winterabend die verschneiten Straßen unserer Siedlung entlang. Raida, den ich an der Leine halte, schnüffelt gerade an einer Laterne. Plötzlich fährt sein Kopf hoch, und er starrt nach rechts. Er hat sein Killergesicht aufgesetzt, welches anzeigt, dass er eine Katze gesichtet hat.

»Hoooooo«, versuche ich sein einschießendes Adrenalin abzubremsen und nehme die Leine etwas fester. Raida sieht mich kurz an und scheint den nächsten Schritt abzuwägen. Ich habe inzwischen durch meine Arbeit unzählige Hunde im Jagdfieber erlebt, aber noch keinen wie Raida, der selbst dann noch sein Umfeld kontrollieren kann. Auch er lässt sich zwar impulsiv fortreißen, wenn sich ein Tier irgendwo bewegt, das er jagen möchte, er vergisst dabei jedoch nicht, wer oder was ihn daran hindern will, und versucht, diese Hindernisse gezielt zu managen.

Katzen erregen ihn mehr als andere Tiere. Schließlich laufen sie frei auf den Straßen, auf denen er an der Leine laufen muss. Sie dürfen kleine Tiere töten, ohne Ärger zu bekommen, und sich ohne Aufsicht miteinander paaren.

Dass sie noch viele weitere Vorzüge genießen, die auch Hunde allgemein gern hätten, weiß Raida natürlich nicht, aber sie werden fühlbar in der unabhängigen Art der Katzen. So sitzen die Samtpfoten unserer Siedlung allabendlich auf ihren Haustreppen und Fenstersimsen und warten auf Einlass durch einen Menschen, der ihnen freudig Abendbrot und Streicheleinheiten gewährt, ohne dass sie ihre Freiheit dafür aufgeben müssten.

Das laute Schnüffeln der Hunde, ihr Scharren, Markieren und ihre kernige Art zu laufen erzeugt im Blick vieler Samtpfoten einen verächtlichen oder nachsichtigen Ausdruck.

Ein Kater genießt es allabendlich, uns wie ein Cowboy zum Duell zu erwarten. Dabei steht er weder breitbeinig noch aufgebaut da, sondern sitzt vollkommen ungerührt mitten auf dem Gehweg vor seinem Haus und starrt uns mit glitzernden Augen eine Kampfansage entgegen. Mitja, Frieda und Tinka blicken beim Anblick dieses Katers sofort hilfesuchend zu mir und möchten die Straßenseite wechseln – ein berechtigtes Ansinnen, dem ich auch Folge leiste. Raida wiederum empört unser Ausweichen so sehr, dass er dem Kater zumindest mit hasserfüllten, lauten Schlachtrufen einen späteren Kampf ankündigt, während er mir an der Leine folgen muss.

Eine andere Katze, die wir noch nie zu Gesicht bekommen haben, erlaubt sich mitunter das Vergnügen, hinter der undurchdringlich dichten Hecke ihres Gartens darauf zu warten, dass einer der Hunde sich von der Straßenseite her nähert. Blitzschnell schießt dann ein schwarz-braun getigerter Katzenarm durch die Hecke und verpasst dem betreffenden Hund einen wohldosierten Hieb. Weil diese Überraschungsattacken oft wochenlang ausbleiben, vergessen die Hunde das Gebot der Vorsicht immer wieder – bis erneut die getigerte Pfote zuschlägt.

Die meisten Samtpfoten jedoch hasten eilig davon, wenn Hunde nahen.

Während ich mit Frieda, Mitja und Tinka in so einem

Moment gut im Kontakt bleiben kann, um sie am Lospreschen zu hindern, zeigt Raida deutlich, dass er sich durch mich behindert fühlt.

Der Katze, die heute Abend vor uns davonläuft, will er mit einem tief brummenden Schlachtruf folgen. In seinem Versuch, sich von der Leine zu befreien, reißt er mich fast um.

»Heya!«, donnere ich ihn an und werfe das Schlaufenende der Leine kurzerhand über eine Zaunspitze, um die Arme freizubekommen. Mit einem Satz springe ich vor ihn und baue mich wie eine Wand auf. Genervt schnappt er in meinen Oberschenkel, weil ich ihm die Sicht auf die Katze versperre.

»DAS LÄSST DU BLEIBEN!«, erkläre ich stinksauer.

Er sieht mich für einen kurzen Moment irritiert an und versucht dann, um mich herumzukommen.

»Hooooo«, sage ich mit Grabesstimme und lege ihm meinen Zeige- und Ringfinger unter das Kinn. Dabei geht es nicht um irgendeinen technischen Griff oder eine Maßregelung. Seitlich unter dem Kieferknochen ist nichts vorhanden, was wehtun könnte. Es geht nur darum, ihn durch die gleichbleibende Berührung in Kontakt mit mir zu bringen. Häufig wird Raida durch diese Geste sehr schnell beruhigt, heute jedoch fährt in seinen Blick ein kaltes Glitzern. Er holt mit dem Kopf aus und stößt ihn mir mit Wucht in den Magen. Ich sacke sofort zusammen und ringe nach Luft.

Für eine gefühlte Ewigkeit kann ich nicht mehr auf die Hunde achten. Raida versucht, sich von der Leine zu befreien. Als ich wieder zu Atem komme, spüre ich ein weiteres Störfeld in meinem Rücken und drehe mich um.

Tinka, durch unsere Auseinandersetzung offenbar in Panik geraten, läuft mitten auf der Straße hektische Kreise, während sich ein Auto aus vielleicht dreihundert Meter Entfernung nähert. Noch immer kniend, schreie ich: »Tinka – komm hierher!«, und der Schreck ist mir dabei in die Stimme gerutscht. Tinka bleibt wie erstarrt mitten auf der verschneiten Straße stehen, auf der sie mit ihrem weißen Fell kaum zu sehen ist.

Das Auto behält sein Tempo bei und steuert genau auf Tinka zu. Ich springe hoch, und ein Schrei des Entsetzens formt sich in meinem Hals, als Raida plötzlich an mir aufsteigt und mir geradewegs ins Gesicht sieht. Sein Ausdruck ist dabei so ernsthaft, dass ich ihn nicht nur sofort verstehe, sondern er verhilft mir auch zu unmittelbarer Ruhe. Plötzlich kann ich mit vollkommen normaler Stimme sagen: »Tinka, komm her.«

Die Hündin erwacht aus ihrer Starre und kommt schnurstracks auf mich zugelaufen.

Das Auto fährt hinter ihr vorbei.

»Danke«, sage ich mit einem Blick zum Himmel und dann zu Raida.

Ins Leben rudern

Mitunter zeigt Raida eine seltsame Form der Erstarrung. Er liegt dann auf dem Rücken und seine Pupillen sind weit aufgerissen. Mit geöffnetem Maul verharrt er für viele Minuten und scheint vollkommen entrückt und weg.

Dann, unvermittelt, beginnen sich seine Vorderpfoten wie Schaufeln hoch- und runterzubewegen. Dieser Vorgang wirkt, als »rudere« er in die Gegenwart zurück.

Sein Blick schärft sich ganz langsam, während er weich mit den Kiefern mahlt.

Ist er wieder in seiner Präsenz angekommen, rappelt er sich hoch, schüttelt sich und sieht sich um, als müsse er sich neu orientieren. Jedes Mal nach einer solchen »traumwandlerischen Reise« wirkt es, als wäre eine Hülle von ihm abgefallen, und er ist mir gegenüber dann einen Hauch zu-

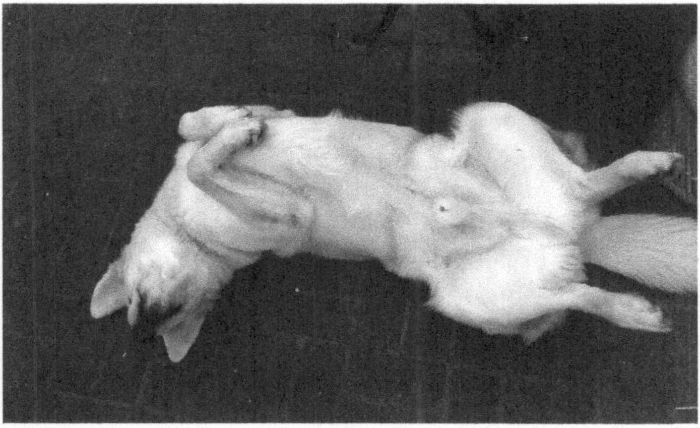

Rückenlage 1

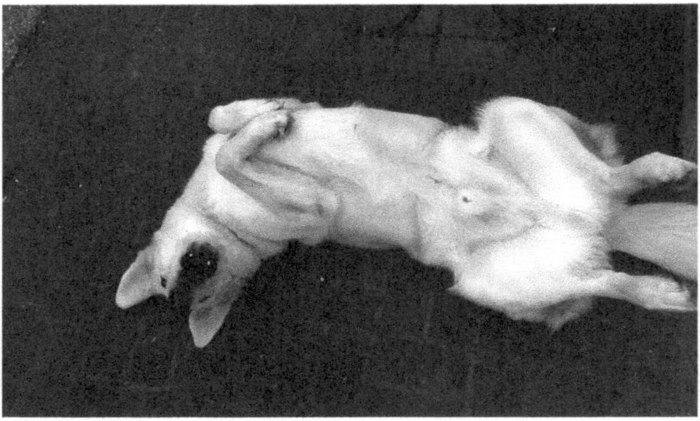

Rückenlage 2

gewandter und offener. Ich weiß nicht, was ihn in einem solchen Moment bewegt, aber ich spüre einen Zusammenhang zu den Momenten im Alltag, in denen er den Kontakt abbricht.

Noch immer greift er mit dem Maul zu, wenn ich an seinem Körper etwas nachsehen muss. Es gibt Grenzen, die er sehr eng um sich gezogen hat, weil sie wohl irgendwann einmal empfindlich verletzt worden sind. Alles, was nur im Entferntesten untersuchenden Charakter hat, verbittet er sich auf das Heftigste. Ihm eine Zecke entfernen zu wollen, der Versuch, ihn zu bürsten oder auch nur etwas an seinem Körper prüfend anzusehen, straft er sofort mit einem Zuschnappen ab. Er hält dazu meinen Arm fest und starrt mich kalt an. Im Gegensatz zu der Situation am See, als er seinen Willen durchsetzen und dem Ehepaar die Pommes abnehmen wollte, liegen hier jedoch auch große Angst und Befürchtungen in seinem Blick.

Deshalb unterlasse ich jedes Beharren auf meinem Vorhaben und versuche mit viel Geduld sein Vertrauen zu gewinnen. Bevor ich eine Zecke entfernen will, streichele und massiere ich ihn und versuche eine vertrauensvolle Stimmung herzustellen: »Ich werde dir nichts Böses tun, Raida. Ich möchte dir helfen, und dazu muss ich dich manchmal anfassen. Die Zecke kannst du dir nicht selbst rausholen, sie sitzt auf deinem Rücken.« Ich spüre, wie mein ruhiger Tonfall auch auf Raidas Stimmung übergeht.

Er beginnt immer öfter, die Situation erst anzufühlen und nicht gleich zuzubeißen. Wenn er mit dem Maul doch zugreift, sage ich sehr bestimmt: »Das geht nicht! Lass sofort los!«, und ziehe meine Hand nicht zurück. Weil er die Bisse zwar noch deutlich, aber nicht mehr als Blessur setzt, ist es für mich auch möglich, nicht zurückzuweichen.

Gehe ich mit einem der anderen Hunde in die Tierarztpraxis, nehme ich Raida mit, damit er die Phobie verliert, die er laut Aussage des Tierheimes vor Tierärzten hat. Zu

Wartezimmer

Bioresonanz

meinem Erstaunen frisst er dort in Seelenruhe Knochen im Wartezimmer und schläft, während Mitja Bioresonanz erhält.

Unsere Tierärztin, Dr. Annette Klug, nimmt sich Zeit, Raida zu streicheln, ihn an ihrem Stethoskop schnuppern zu lassen und ihn sich an sie gewöhnen zu lassen. Dennoch zieht er sofort die Lefzen hoch und schnappt nach ihr, als sie einmal eine bestimmte Stelle genauer ansehen möchte. Meine Hoffnung, er sei bereits ausreichend auf eine echte Behandlung vorbereitet, schwindet.

Am Neujahrstag tritt ein, was ich immer befürchtet habe.

Raida verletzt sich unweit von unserem Haus an einem Draht. Blut schießt aus einer Ader an seinem Bein wie Sprengwasser aus einem Gartenschlauch. Eine ruhige Vorbereitung für eine Tierarztbehandlung ist ausgeschlossen. Sein Leben ist in Gefahr, also muss es schnell gehen.

Ich renne los, um einen Verbandskasten aus meinem Auto zu holen und Raida einen Druckverband anzulegen. Tatsächlich gelingt es mir, sein Maul wegzuschieben und die verletzte Stelle abzubinden, ohne einen Biss zu kassieren. Ich stülpe einen großen Trichter, der für solche Zwecke erfunden wurde, über seinen Kopf, damit er während der Autofahrt den Verband nicht aufreißen kann.

In der Notfallpraxis empfängt uns eine ältere Tierärztin sehr freundlich, obwohl wir ihr den Neujahrstag verderben. Raida wedelt ebenso freundlich mit dem Schwanz, als die Frau ihn begrüßt und streichelt.

Gott sei Dank, er scheint zu spüren, dass es jetzt wirklich drauf ankommt und wir ihm helfen müssen, schießt es mir hoffnungsvoll durch den Kopf. Dennoch teile ich der Frau mit, dass Raida laut Tierheim eine absolute Tierarztunverträglichkeit hat und dann auch zubeißen kann. Ich schlage vor, mit einem Maulkorb zu arbeiten.

»Ich habe schon mit Großwild im Zoo zu tun gehabt, mich kann nichts mehr schrecken«, erwidert die Tierärztin ruhig, was auch mich sofort entspannt. »Lassen Sie uns einfach schnell beginnen, dann entwickelt er erst gar keine Abwehr. Ich spritze ihm das Narkosemittel gleich hier auf dem Boden.« Raidas Blut sickert bereits durch den Verband, als die Tierärztin hinter ihn tritt und ihm eine Betäubungsspritze in das Hinterteil setzt, um seine Wunde nähen zu können.

In dem Moment, als die Nadel eindringt, schießt Raida herum und greift die Ärztin an. Nur der Trichter um seinen Kopf hindert ihn daran, sie mit dem Maul zu erreichen. Die Spritze steckt noch in seinem Hinterteil.

Ich greife nach seinem Kopf, halte ihn fest und rede mit

ihm: »Raida, du verblutest, wenn du dir jetzt nicht helfen lässt. Es wird dir nichts passieren, das verspreche ich dir!«

Die Tierärztin bekommt die Spritze neu zu fassen und kann ein wenig von dem Narkosemittel herunterdrücken, während Raida sich wie ein Berserker wehrt. Er entwickelt Bärenkräfte und gibt Töne von sich, die ich von einem Hund noch nie gehört habe. Sie kommen tief aus seinem Körper und zeigen an, dass er es absolut ernst meint.

Dann geht alles sehr schnell. Er reißt seinen Kopf aus meinen Händen, knallt mit einem kräftigen Schlag den Trichter auf den Boden, dieser springt entzwei, Raida stößt einen raubtierartigen Laut aus, schießt zu der Tierärztin herum und beißt ihr zielgerichtet genau in den Daumen, der gerade die Spritze herunterdrücken will. Obwohl er außer sich ist vor Wut, wirkt er im Moment des Bisses vollkommen ruhig und konzentriert.

Die Tierärztin wird kalkweiß im Gesicht. Auf dem Boden vermengt sich ihr Blut mit dem des Hundes, der sich in eine Ecke gerettet hat und uns mit einer Mischung aus Angst und Wut anstarrt.

»Es tut mir sehr leid!«, sage ich schockiert. »Wollen Sie sich erst einmal versorgen, und ich fahre zu einem anderen Arzt und komme morgen wieder?«

»Nichts da! Ich habe das jetzt angefangen und bringe es zu Ende!«, verkündet die Ärztin entschlossen. Während sie ihre Wunde reinigt und verbindet, sagt sie: »Ich hatte mal einen ähnlichen Hund in der Praxis, einen Labrador. Da hat das auch zwei Stunden gedauert, bis er endlich in Narkose war!« Sie lacht kurz auf. »So lange wird es ja wohl heute nicht dauern.«

Ich locke Raida, der nur zögerlich zu mir kommt, heran, lege ihm einen Maulkorb an und halte ihn wieder fest, damit die Ärztin eine zweite Spritze setzen und die Blutung endlich stoppen kann. Diesmal gelingt es. Aber nachdem das Mittel nach einer Stunde immer noch nicht wirkt, geben wir die Hoffnung auf, Raida werde davon einschlafen.

Die Tierärztin setzt sich hinter ihren Schreibtisch und widmet sich einigen Papieren. »Am besten ist es in so einem Fall, so zu tun, als wäre man fertig mit der Behandlung, damit der Hund sich nicht immer weiter hineinsteigert«, kommentiert sie ihr Tun.

Ich sehe Raida an. Er hat diese Taktik längst erfasst, krallt sich mit den Vorderpfoten auf dem glatten Kachelboden fest und starrt die Tierärztin hinter dem Tisch an wie seinen ärgsten Feind. Sein Kopf torkelt leicht hin und her, plötzlich speichelt er stark, ich nehme ihm den Maulkorb ab, und er erbricht sich.

»Noch ein paar Minuten gebe ich ihm, dann kann ich nur noch eine kleine Narkose setzen. Mehr geht nicht. Eine weitere Dosis würde er nicht überleben.« Sie löscht das Licht, um Raida das Einschlafen zu erleichtern, und nimmt die Situation mit Humor: »Mal sehen, wer zuerst schläft.«

Raida versucht immer wieder, aufzustehen und zur Tür zu gelangen. Ich versuche, ihn so festzuhalten, dass er sich nicht zu stark eingefangen, sondern eher schützend eingefasst fühlt. Aber für solche feinen Unterschiede ist gerade spürbar wenig Raum in ihm.

Ich rede ihm gut zu. Wir sitzen gemeinschaftlich im Dunkeln und warten.

Die dritte Stunde ist angebrochen, und das Blut sickert

weiter durch seinen Verband. Die Tierärztin erhebt sich, Raida grätscht die Beine auseinander und krallt sich mit aller Kraft am Wachsein fest. Erst nachdem sie die Spritze gesetzt und er sich noch einmal übergeben hat, gelingt es ihm endlich einzuschlafen.

Die Tierärztin beginnt die Wunde mit ihrer verbundenen rechten Hand zu nähen. Nach einigen Stichen sagt sie bemerkenswert sanft: »Frau Nowak, könnten Sie bitte einmal ganz vorsichtig die Nadel aus meinem Verband herausziehen?« Tatsächlich ist das Nadelende im Verbandstoff an ihrer Hand hängen geblieben, während die Nadelspitze bereits in Raidas Haut steckt.

Als das Malheur behoben ist und die Ärztin weiternäht, bleibt Raidas Atmung stehen. Es ist ein Moment, in dem ich ganz leer werde vor Angst.

Die Ärztin holt aus, gibt seinem Brustkorb einen Schlag, und Raida atmet weiter. »Das kommt immer einmal vor während einer OP«, sagt sie freundlich. »Sie können jetzt auch weiteratmen.«

Wir hinterlassen ein Behandlungszimmer, das einem Schlachtfeld ähnelt. Der Boden ist voll von Blut und Erbrochenem.

Als ich der Tierärztin am nächsten Tag mit Blumen einen Besuch abstatte und mich nach ihrer Verletzung erkundige, empfängt sie mich mit den Worten: »Wie geht es Raida?« Dabei hebt sie ihre Hand, die jetzt ein breites Pflaster schützt.

Zwei Wochen später verabrede ich einen Termin bei Frau Dr. Klug. Das Ereignis am Neujahrstag hat mich so aufgewühlt, dass ich jetzt vollkommen klar bin in meinem Entschluss, Raida durch diese Angst hindurchzuführen. Diese Klarheit verleiht mir eine große Ruhe und Kraft.

Er trägt einen gut sitzenden Maulkorb, aus dem er nicht herausschlüpfen kann.

Als ich die Tür zum Behandlungszimmer öffne, steht Frau Dr. Klug seitlich abgewandt und sieht uns freundlich entgegen. Raida springt an den Türrahmen und versucht, sich dort festzukrallen. Er windet sich im Halsband und gebärdet sich wie jemand, der zur Schlachtbank geführt wird. Deshalb bleibe ich trotz seines Kampfes an der Leine unerschütterlich ruhig und führe ihn in die Mitte des kleinen Raumes. Raida atmet keuchend und ist außer sich vor Wut.

»Leg dich jetzt bitte hin, dir wird nichts passieren«, sage ich mit so viel Bestimmtheit, dass Raida zu meiner Überraschung wie ferngesteuert den Hintern auf den Boden setzt und ich ihm weiter in eine Seitenlage helfen kann.

Auch Mitarbeiterinnen vom Dog-Institut sind anwesend, um zu lernen und mit der Kamera einzufangen, was einen Hund mit so viel Angst unterstützen könnte und was nicht. Auf ein so schnelles Nachgeben aber ist nach meiner Beschreibung des letzten Vorfalles niemand vorbereitet. Das zeigen die erstaunten Blicke der Frauen.

Ich lege nun eine Hand flach auf Raidas Schulterblatt, die andere auf seine Hüfte. Dabei drücke ich ihn nicht zu Boden, halte ihn aber mit Entschlossenheit fest. Raida blinzelt immer wieder mit panischem Blick zu der Tierärztin und versucht aufzuspringen, als sie sich nähert. Er hat dabei weit aufgerissene Pupillen, wie während der Phasen, wenn er in Rückenlage erstarrt.

»Raida, dir wird nichts passieren«, sagt Frau Dr. Klug, während ich ihn weiter halte. Die Tierärztin hält ihm das Mikroskop hin, und Raida schnüffelt misstrauisch daran. Dennoch kann sie es ihm nach dieser eigenen Erkundung an die Brust legen, das Ding scheint ihm offenbar nicht mehr ganz so unheimlich wie zuvor.

Alles, was nun im Weiteren verwendet wird, darf Raida zuvor ansehen und abschnüffeln: ein Blutdruckgerät, ein Thermometer, eine Sprayflasche, eine Spritze, eine Krallenschere. Frau Dr. Klug setzt jedes Instrument erst dann ein, wenn Raida mit seiner Beurteilung fertig ist und sich seine Aufregung gelegt hat. Ich massiere ihn dabei mit einer Hand, um ihm in die Entspannung zu helfen, und halte ihn mit der anderen weiter am Boden.

Er hat sich jetzt so weit beruhigt, dass wir beschließen, ihn vom Maulkorb zu befreien.

»Raida, wir vertrauen dir jetzt«, sage ich und sehe ihm in die Augen. Darin ist immer noch Angst zu sehen, aber die Wut ist verschwunden.

Er lässt sich jetzt Fieber messen, eine Vitaminspritze geben, die Krallen schneiden und mit einem Spray besprühen, das sich ungewohnt kalt anfühlt – alles Dinge, die bei einer wirklich nötigen Behandlung seine Gesundheit oder sein Leben retten könnten.

Die Tierärztin spricht während der ganzen Zeit freundlich mit ihm, und es ist spürbar, wie souverän sie sich allem annähert. Das beruhigt auch Raida.

Nachdem alles erledigt ist, springt er auf und sieht sich

um wie jemand, der sich über seine eigene Courage wundert. Als ihm fünf Frauen Beifall spenden, wedelt er freudig mit dem Schwanz und lässt sich dazu hinreißen, Frau Dr. Klug, die am Boden hockt, das Kinn abzulecken.

Von diesem Tag an darf ich ihn ohne alle Schwierigkeiten von Zecken befreien, ihn bürsten und ihm die Nägel schneiden.

Aber noch etwas geschieht.

Wenige Tage nach dem Tierarztbesuch sitze ich auf meiner Terrasse und arbeite am Laptop. Plötzlich dreht sich Raida neben mir auf den Rücken und fällt in seine mir wohlbekannte Erstarrung. Ich will schon wieder wegsehen, weil er in dieser Verfassung ohnehin geistesabwesend scheint, als ich wahrnehme, dass er mich dieses Mal ansieht. Er hat sein Maul weit geöffnet, und seine Pupillen sind nur wenig erweitert.

Er hält sich mit seinem Blick an meinem Blick fest wie an einem Anker. Nach mehreren Minuten beginnt er sich auf dem Rücken hin- und herzuwiegen wie ein Baby. Seine Vorderläufe bewegen sich dazu schaufelartig vor und zurück, als versuche er schwimmend, ein fernes Ufer zu erreichen. Dann plötzlich zuckt sein ganzer Oberkörper nach vorn, sein Blick klärt sich, und er sieht mich vollkommen ruhig an. Es wirkt, als habe er auf dieser Reise, auf der ich seine Begleiterin sein durfte, etwas mitgenommen, was ihn verändert hat.

Rückenlage 3

Teil 2 – Entdecken

Der Sprung

Die Kälte, die immer einmal wieder in Raidas Blick geriet, ist verschwunden. Es scheint, als ob eine äußere Schale aufgesprungen wäre und nun etwas in ihm zum Vorschein kommt, das nicht nur weicher, sondern ihn in einem viel weniger kämpferischen Sinne als früher auch stärker macht.

Seine Entwicklung erinnert mich an ein eigenes Erlebnis vor acht Jahren.

2007 erhalte ich das Angebot, die Sendung »Doc & Co« auf dem brandneuen Kanal eines Tiersenders zu moderieren. Meine Aufgabe dabei ist, die Anrufe der Zuschauer und die Gespräche zwischen ihnen und drei geladenen Experten zu moderieren. Die Sendung läuft täglich und dauert zwei Stunden.

»Kann nicht schwer sein«, denke ich und lasse mich auf das Abenteuer ein.

Zur Pilotsendung treffe ich auf einen Tierarzt, eine Katzenexpertin und einen Hundetrainer. Ich bekomme einen Knopf ins Ohr, und eine Männerstimme zählt von zehn auf null herunter: »Guten Tag, liebe Zuschauer, ich freue mich, Sie zu unserer ersten Sendung zu begrüßen und Ihnen meine Gäste vorzustellen.« Bereits bei diesen Worten spüre ich, wie eine Lähmung mir von den Füßen bis hoch zu den Haarwurzeln steigt. Mir ist kalt, die Gegenstände um mich herum verlieren an Kontur. Ich habe das Gefühl, plötzlich in eine Falle geraten zu sein, die auch noch grell von Scheinwerfern angestrahlt wird.

»Guten Tag, Herr B.«, begrüße ich den Tierarzt und höre selbst, wie unsicher und leise meine Stimme klingt. »In welcher Praxis arbeiten Sie und was sind Ihre Schwerpunkte?« Ich sehe ihm an, dass er meine Not bemerkt, und so bitte ich ihn mit den Augen um Hilfe, in der Hoffnung, mich während einer lang gehaltenen Antwort wieder fangen zu können.

In seinem Blick jedoch blitzt kalte Verachtung auf, und er antwortet mit einem höflichen Grinsen: »Ich arbeite in Biesdorf und ich mache alles, was ein Tierarzt so macht.« Seine Mundwinkel wandern nun abschätzig nach unten.

Noch immer ziehe ich die Möglichkeit in Betracht, er plaudere vielleicht nur nicht gern, und zücke einen Joker. Durch meine Internetrecherche weiß ich, dass der Tierarzt besonders auf Papageien spezialisiert ist. »Sie sind Spezialist für Vögel«, sage ich. »Gibt es eine Vogelart, die es Ihnen besonders angetan hat, und wenn ja, warum?«

Er sieht gelangweilt über mich hinweg, lehnt sich zurück und sagt: »Ich finde alle Vögel toll.«

Ich spüre, wie ich vollkommen erstarre und die ganze Situation wie eine Abrisskugel gegen mich knallt. Deshalb bringe ich mich irgendwo in mir selbst in Deckung und lasse ein kleines, dünnes Stimmchen antworten, das mir offenbar noch für den Notgebrauch zur Verfügung steht.

Ich erlebe die folgenden zwei Stunden wie unter Wasser.

Dumpf dringen die Anrufe der Zuschauer zu mir durch, und ich gebe sie einfach an die zuständigen Experten weiter.

»Wo warst du denn?«, fragt mich die Gründerin des Kanals nach der Sendung. »Deine ganze Präsenz war ja auf einmal weg. Wir geben dir noch eine Chance bei der nächsten Sendung, aber da musst du dann auch da sein!«

Entsetzt über meine eigene Naivität fahre ich nach Hause. Warum hatte ich nur geglaubt, plötzlich plaudernd eine Sendung führen zu können, nachdem ich neunzehn Jahre lang auf keiner Bühne je frei hatte sprechen können? Ich hatte mein Schweigen zwischen den Liedern mit im Vorfeld verfassten Zwischentexten ausgefüllt und auch andere Situationen vermieden, in denen ich hätte frei sprechen müssen.

Seit meiner Kindheit hatte ich mir angewöhnt, nur von mir selbst kontrollierte Inhalte an andere weiterzugeben – um irgendwie in ein Leben zu passen, das mir im Grunde nicht entsprach. Die Reaktionen meines Umfeldes auf viele meiner kindlichen Ideen waren so hart, dass ich den Eindruck gewann, tief innen falsch in der Welt zu sein.

Auf dem Moderationsstuhl nun hatte mich mit Vehemenz wieder die Angst überrascht, einfach etwas aus mir herausströmen zu lassen, obwohl das unabdingbar wäre bei dieser Tätigkeit, die ja ganz auf Flexibilität und Spontaneität beruht.

Ich bin ratlos, wie ich diese Furcht bis zur nächsten Sendung überwinden kann. Sie fühlt sich nach Lebensgefahr an. Als könne mir, wenn ich mich zeige, alles genommen werden, was ich tief in mir bewahrt und beschützt habe.

Während der folgenden Woche kann ich kaum schlafen, leide unter einem eingeklemmten Ischiasnerv und Herzrasen.

Am Abend vor der Sendung wasche ich mir im Bad die Hände, und mein Blick fällt dabei zufällig auf mein Gesicht im Spiegel. In meinen Augen zeigt sich nicht die Zuversicht einer gestandenen Sechsundvierzigjährigen, sondern die Verzweiflung einer Vierjährigen. Fassungslos starre ich mich selbst an und spüre die Angst wie einen riesigen Heißluftballon in mir aufsteigen. In meinem Hals bildet sie einen feurigen Klumpen, und ich bekomme keine Luft mehr. In diesem Moment höre ich Hundepfoten auf dem Boden klackern, und mein damaliger hündischer Gefährte Viktor biegt um die Ecke. Mit seinen blinden weißen Augen sieht er in meine Richtung, und ich fühle, dass er gerade spürt, wie es mir geht.

Ganz sanft bewegt er die Rute, als wolle er mir Mut zuwedeln, und ich begreife plötzlich, wie viel Leben man dazugewinnen kann, wenn man seine Ängste überwindet – so wie es Viktor einst gelungen ist.

Als ich Viktor, der zwölf Jahre Einzelhaft auf einem Balkon in Berlin-Marzahn hatte erdulden müssen, zu mir genommen hatte, gab es nur wenig, wovor er sich nicht fürchtete.

Er wirkte, als trüge er eine fest angezogene Handbremse in sich herum, und mir fiel bei seinem Anblick immer wieder der Fassbindertitel »Angst essen Seele auf« ein. Als er dann mit unvergleichlich viel Mut seine Ängste überwand, kam eine innere Kraft zum Vorschein, die ihm trotz seines hohen Alters noch viele gute Jahre schenkte. Der Name, den ich ihm damals bei unserer ersten Begegnung gegeben hatte, bewahrheitete sich: Viktor, der Sieger!

»Nein!«, entfährt es mir plötzlich. Und ich sehe dabei

auf den Hund. »Ich werde morgen nicht wieder in meiner Angst verschwinden. Ich werde auftauchen, so wie du aufgetaucht bist!«

Am nächsten Tag nehme ich Viktor mit ins Studio. Es scheint eine schicksalshafte Fügung zu sein, dass genau das Wesen mir jetzt hilft, dem wiederum ich einst zurück ins Leben geholfen habe.

Viktor legt sich auf ein Kissen zu meinen Füßen, und der Sendeleiter zählt herunter: »Zehn, neun, acht,... zwei, eins, null!« Für einen kurzen Moment starre ich in das grelle Scheinwerferlicht, dann lege ich meinen Fuß dicht an den Rücken des Hundes, spüre meine starke Verbindung zu ihm, gebe mir einen inneren Ruck und springe über die Angst.

Dahinter ist es überraschend friedlich und lebendig. Ich beginne zu moderieren und fühle mich nach wenigen Sätzen wie ein Fisch im Wasser. Die Sendung, die sich um Pferde dreht, macht mir so viel Freude, dass ich den Zuschauern mit einem Augenzwinkern am Ende wünschen möchte: »Und fallen Sie mir nicht vom Pferd!« Erst, als das »Und fallen Sie mir nicht ...« schon ausgesprochen ist, wird mir klar, dass ja nicht jeder Zuschauer ein Pferd haben wird. Deshalb muss ich den Satz irgendwie anders beschließen und sage vollkommen ernst: »Und fallen Sie mir nicht ... vom Sofa!«

Von diesem Tag an kann ich auch in schwierigen, öffentlichen Situationen frei sprechen und gründe wenige Monate später mein Dog-Institut.

Wie Viktor – und mit seiner Hilfe – kann ich nun in ein neues Leben gehen.

Die Gebetsmühle

Jetzt, wo Raidas ursprüngliches Wesen immer mehr zum Vorschein kommt, erlebe ich mehrere neue Verhaltensweisen an ihm.

So kann er zum Beispiel endlich die Augen schließen, wenn er gestreichelt wird, während er sie bisher immer kontrollierend offen hielt und sich nicht wirklich entspannte. Auch sein Vorderfuß, den er dabei stets als Abstandshalter einsetzte, taucht nun nicht mehr an meinem Oberarm auf. Er liegt wie ein riesiges Baby in meinem Arm und grunzt hingebungsvoll, wenn ich meinen Kopf an seinen lege.

Draußen weckt dafür plötzlich in verstärkter Weise die Freiheit sein Interesse. Noch kann ich ihn stoppen, wenn ich sehe, dass er einer Spur folgen will, aber die Spaziergänge geraten zu anstrengenden Aufmerksamkeitsduellen: Ich sehe nach ihm, und Raida beobachtet wiederum, ob ich nach ihm sehe.

Bei seinem ersten Verschwinden vermute ich ihn zunächst hinter einem Gebüsch, weil ich sein blondes Fell bis eben noch zwischen den Blättern durchscheinen sah. Nach einiger Zeit misstrauisch geworden, gehe ich hin und finde hinter dem Gebüsch nur einen einsamen Fliegenpilz.

Wie in Zeitlupe nehme ich die Bäume, Sträucher und tanzenden Sonnenstrahlen wahr. Alles wirkt überscharf – nur was ich zu sehen hoffe, ist verschwunden. Raida ist nicht mehr da.

Mit den anderen Hunden suche ich das Umfeld ab und gehe schließlich unverrichteter Dinge nach Hause. In Gedanken plane ich gerade eine größere Suchaktion, als ich das Gartentor weit geöffnet vor mir sehe. Wie kann das sein? Ich hatte es geschlossen, und es hat einen Knauf, den man nur sehr schwer öffnen kann.

»Der Blonde hat sich wohl selbständig gemacht?«, erschreckt mich die Stimme einer Nachbarin von gegenüber. Sie steht gut getarnt, halb verdeckt von einem Rhododendronbusch und hat ihre Hände am Ende eines Besenstiels übereinandergelegt. »Ich musste ihm das Tor öffnen!«, informiert sie mich, und der leichte Vorwurf in ihrer Stimme ist nicht zu überhören.

»Was, ist er da?«, frage ich erleichtert.

Skeptisch betrachtet sie mich. »Seit dreißig Minuten. Weil Sie ja nicht da waren«, sie macht eine wirkungsvolle Pause, »hat er erst versucht, allein in Ihren Garten zu kommen, und als er das Tor nicht aufbekam, ist er zu mir rübergekommen. Ich dachte, er will mich besuchen, aber als ich meine Gartentür geöffnet habe, ist er wieder zu Ihnen rüber und hat mich angesehen. Da hab ich dann bei Ihnen aufgemacht, wenn's recht ist.«

»Das ist nett von Ihnen«, bedanke ich mich.

Wie um einen ungesagten Ratschlag zu bekräftigen, nickt die alte Dame und verschwindet wieder hinter dem Busch. So wirkt es, als spräche die Pflanze, als sie sagt: »Hatte auch immer Hunde, aber einen nach dem anderen. Nicht gleich vier auf einmal.«

Ich gehe in meinen Garten und erwarte bei Raida so viel Erleichterung wie bei mir selbst. Doch der liegt platt auf der Terrasse und hebt weder Kopf noch Schwanz. Regungslos sieht er uns – mir und den anderen Hunden – entgegen und erhebt sich erst, als wir vor ihm stehen. Dann gähnt er, stellt sich mit dem Gesicht in Richtung Haustür, und seine Haltung drückt aus: »Jetzt komm endlich, mach auf das Ding, ich warte schon seit einer halben Stunde.«

Drinnen trinkt er den halben Wassernapf leer, legt sich auf seinen Schlafplatz und beginnt, entspannt zu schnarchen. Ich blicke auf den Hund und denke: »So geht das auf keinen Fall.« Es ist das erste Mal, dass einer meiner Hunde stiften geht.

Zwar ist die Brut- und Setzzeit vorbei, in der die Wildtiere mit der Aufzucht ihrer Jungen beschäftigt sind, aber eigenständige Ausflüge sind für einen jagdfreudigen Hund wie Raida dennoch nicht möglich.

Gehetzt zu werden, bedeutet für ein wildes Tier Unmengen an Energie zu verlieren, die es dringend zum Überleben unter immer schwierigeren Bedingungen braucht.

In Bezug auf Raida muss ich nun sofort nach einer Möglichkeit suchen, die den in der Umgebung lebenden Wildtieren Sicherheit schenkt und zugleich Raida eine gewisse Freiheit lässt. Am nächsten Tag befestige ich eine zehn Meter lange Schleppleine an seinem Geschirr, die ihm einen breiten Bewegungsradius gestattet, ich aber auch mit einem Tritt darauf sichern kann, wenn es nötig werden sollte.

Im Wald, der unmittelbar an unser Haus angrenzt, liegt ein Hundeauslaufgebiet, in dem das Risiko, tagsüber ein Wildtier zu treffen, gering ist, denn die Waldbewohner sind in den Ballungsräumen an unsere menschlichen Gewohnheiten angepasst. So kann ich in den nächsten Wochen in Ruhe fühlen, ob und wie ich mich auf Raida verlassen kann.

Mit angewidertem Gesicht zieht er die Schleppleine hinter sich her. Anstatt über sie zu gehen, tritt er immer wieder darauf und hält sich damit selbst an. Er wickelt sich um Bäume und Sträucher, und das alles nicht, ohne jedes Mal vorwurfsvoll zu mir zu sehen und stehen zu bleiben. Kommentarlos befreie ich ihn aus den selbst kreierten Fesseln und gehe weiter, denn mir ist noch gut im Gedächtnis, wie unfallfrei er gleich nach seiner Ankunft an derselben Schleppleine laufen konnte.

Offenbar weil seine Strategie erfolglos bleibt, gibt er dieses Szenario schließlich auf und kann plötzlich tadellos mit der Schleppleine umgehen. Es ändert nichts daran, dass er unlustig wirkt und immer wieder stiften gehen will, was ich nur durch einen beherzten Tritt auf die Schleppleine verhindern kann.

Ermahne ich ihn bei so einem Fluchtansatz, zeigt er mir durch Stressgähnen oder -kratzen, wie nervig er diese Einschränkung empfindet. Mitunter versucht er, einfach durch genügend Anlauf mitsamt der Schleppleine zu entkommen. Damit sie mir nicht unter den Füßen durchrutscht, springe ich mit aller Kraft darauf, wenn Raida zum Sprung ansetzt, und sichere sie, wenn er ihren Radius schon ausgereizt hat, auch noch mit den Händen.

Jeder, der eine Schleppe schon einmal ausprobiert hat, weiß, wie viel Schwung ein großer Hund an dieser meterlangen Leine entwickeln kann und dass man keine Chance hat, der Wucht standzuhalten. Gebrochene Finger, eine ausgerenkte Schulter und Stürze sind keine Seltenheit, wenn man die Leine dauerhaft mit den Händen festhält. Wie ihr Name schon sagt, sollte der Hund sie einfach hinter sich herschleppen.

Eines Morgens verharrt Raida während des Spazierganges, nimmt stark erregt Witterung auf, springt im Kreis, um den Ausgang der Spur zu suchen, und will im nächsten Moment in Richtung Unterholz lospreschen. Ich springe hastig auf das Ende der Schleppleine, was gar nicht nötig gewesen wäre, denn bevor sich die Leine strafft, macht Raida so abrupt kehrt, dass wir fast zusammenstoßen. Daraufhin setzt er sich vor mich hin und sieht mich seltsam abwartend an.

Ich werde stutzig. Ich habe noch nie erlebt, dass ein Hund, der bereits vom Jagdfieber ergriffen ist, ohne äußere Einwirkung plötzlich wieder umkehrt, und zu Raida passt diese Handlung schon gar nicht.

»Hm, prima«, sage ich deshalb skeptisch und gehe weiter.

Raida überholt mich und schaut mich mit einem Blick an, der sagen könnte: »Siehst du denn nicht, ich hab fein kehrt und ›Sitz‹ gemacht!« Plötzlich fährt er sich mehrfach mit der Zunge über das Maul, und ein Verdacht keimt in mir auf.

Schmunzelnd frage ich am nächsten Tag die Hundesitterin, ob sie den Versuch unternommen hat, Raida mit Leckerchen bestechen zu wollen. Ein wenig verlegen gesteht sie mir, dass es ja zumindest ein paar Mal gut geklappt hat und Raida trotz aufgenommener Spur sofort wieder umgekehrt war.

»Nun ja, es war ein Versuch«, hebt sie ergeben die Hände, als ich ihr berichte, wer hier nun offenbar wen abzurichten sucht.

Nach einer Woche hat Raida eine neue Idee. Plötzlich gibt er während eines Spazierganges seinen Platz an der Spitze der Gruppe auf und fällt immer wieder nach hinten zurück. Drehe ich mich um, geht er gerade zu einem Baum, um ihn zu untersuchen, oder setzt geschäftig eine Markierung. Eine Sekunde später sehe ich mich noch einmal um und entdecke, dass er gerade verschwinden will.

Ich verstehe, dass er mit seinem Zurückbleiben nur eine bessere Startbasis für einen Ausflug bezwecken will und sage: »Raida, lass das bitte. Mir macht ein Spaziergang so keinen Spaß. Geh wieder nach vorn!«

Raida betrachtet mich, zieht einen Mundwinkel nach unten und setzt sich hin. Von seinem wie verächtlich wirkenden Gesichtsausdruck überrascht, sage ich: »Gut, dann sitzen wir das aus«, und nehme auf einem Baumstumpf ihm gegenüber Platz. Verblüfft betrachtet er mich einen Moment, und sein Mundwinkel wandert noch weiter nach unten. Plötzlich wirft er sich ruckartig herum und entfernt sich in großen Sätzen. Zu meiner Überraschung stoppt er jedoch mittendrin, sieht mich durchdringend an, wie um seine Aussage zu bekräftigen, und rennt erst dann davon.

Diese Ansage war deutlich. »Du nervst, ich will mich frei bewegen«, drückt sie aus.

Ich spüre Entrüstung in mir aufsteigen.

»So nicht, Raida! Wir müssen hier zusammenarbeiten. Ich habe auch keine Lust, dich die ganze Zeit zu observieren. Aber es werden keine Tiere erschreckt oder gejagt«, erkläre ich missgestimmt, als er nach ein paar Sekunden wieder zurückkehrt.

Er legt den Kopf schief, und sein rechter Mundwinkel wandert wieder nach unten. Mir wird plötzlich klar, warum mich dieser Ausdruck derart tief trifft.

Bereits beim Betrachten des Tierheimfotos von Raida

war die Erinnerung an das zynische Lächeln meines Vaters kurz aufgeblitzt. Mir ist vollkommen klar, dass der Hund mit meinem Vater nichts zu tun hat. Dennoch lässt mich sein abschätziger Blick, wenn ich irgendetwas mehrfach einfordern muss, in den folgenden Wochen nicht kalt. Mitunter mache ich meinem Ärger Luft und sage etwas in der Art wie: »Wenn du in der Menschenwelt leben willst, musst du dich auch an Regeln halten, die dir nicht einleuchten. Ich möchte von dir nicht ständig wie eine Spaßbremse behandelt werden!«

Raidas rechter Mundwinkel geht nach so einer Standpauke jedoch nur noch tiefer nach unten. Ein Teufelskreis, aus dem ich nicht mehr herauszukommen scheine – bis mir das Schicksal zwei Riesenschnauzer schickt.

Raida hat mich zu einer Arbeit begleitet, und zum Dankeschön fahre ich im Anschluss mit ihm allein an einen See. Er steht gerade im kniehohen Wasser, als plötzlich zwei Riesenschnauzer durch das Unterholz brechen und auf ihn zu rennen. Das Ganze geht rasend schnell; vor Schreck bin ich wie gelähmt.

Ich merke, wie Raida davonprescht und die halb geöffneten Mäuler der Riesenschnauzer sein Hinterteil nur um wenige Zentimeter verfehlen, als sie zusammenschnappen. Raida wendet im Laufen den Kopf, doch sein Blick ist weder angstvoll noch besorgt. Er grinst mit seinem typisch herabgezogenen Mundwinkel, als wäre diese ernst gemeinte Verfolgung ein Riesenspaß, und schlägt zwei, drei elegante Haken. Immer wieder gelingt es ihm, im letzten Moment sein Hinterteil wegzuziehen und nicht gebissen zu werden.

Die Schnauzer bellen erregt, und ich nehme, jetzt wieder handlungsfähig, einen großen Stock vom Boden, um den Weg der beiden Verfolger zu kreuzen und sie zu stoppen. Sie sind jedoch zu schnell unterwegs, und ich verfehle immer wieder ihre Laufbahn. Schließlich holen sie Raida im flachen Wasser des Sees ein und nehmen ihn zwischen sich.

In Schuhen und Hose laufe ich hinterher und erreiche die Hunde gerade in dem Moment, als sich der größere Schnauzer auf Raida werfen will. Blitzschnell schaufele ich einen Wasserschwall über den Angreifer, und er fährt erschrocken zusammen. Diesen Augenblick nutzt Raida, um sich nach unten wegsacken zu lassen und rückwärts zu entkommen.

»Hey, jetzt ist es gut!«, donnere ich die Riesenschnauzer an, die erneut seine Verfolgung aufnehmen wollen. Während einer der beiden zögert und mich abwägend ansieht, stürmt der andere bereits ungebremst an mir vorbei, bevor auch sein Gefährte sich ihm wieder anschließt.

Raida ist auf einen breiten Baumstumpf von ungefähr einem Meter Höhe gesprungen und atmet schwer. Dennoch wirkt er gefasst und sieht die Hunde von oben herab mit genau dem schiefen Grinsen an, welches mich immer wieder herausgefordert hat. Diesmal jedoch zeigt es eine ganz andere Wirkung auf mich, weil es anderen gilt und ich Angst um Raida habe. Als würde ein Schleier zerreißen, erinnere ich mich plötzlich daran, wie ich selbst als Kind und Jugendliche oft so hilflos lächelte, wenn ich die heftige Schelte oder die schmerzhaften Schläge eines Erwachsenen abwehren und meinen eigenen Stolz wahren wollte. Auch mir rutschte dabei stets ein Mundwinkel nach unten und provozierte den jeweiligen Erwachsenen oft zu neuen Schlägen, weil er darin eine Respektlosigkeit sah. Die plötzliche Erkenntnis, dass dieser Ausdruck der grinsenden Verachtung der Versuch sein könnte, eine bereits verletzte Selbstachtung zu schützen, wirft nicht nur ein neues Licht auf Raida, sondern auch auf meinen Vater.

Die Schnauzer sind endlich dem Ruf ihres Halters in der Ferne gefolgt und davongelaufen. Raida schüttelt sich, springt vom Baumstumpf herunter und kommt freundlich wedelnd zu mir. Neben ihn gehockt, spüre ich seine Nase an meinen Hals.

»Ich glaube, ich hab's kapiert«, sage ich zu ihm. »Du verstehst einfach gar nicht, warum jemand überhaupt wütend auf dich sein kann.«

Raida nimmt den Kopf zurück und sieht mich für einen Moment lang konzentriert an. Dann atmet er hörbar aus.

Der Vorfall am See hat tief in mir etwas befriedet. Ich spüre keinen Unmut mehr, wenn Raida mich herausfordert, und finde nun plötzlich zu einer wirksamen Variante, ihn zu stoppen.

Allen Ratgebern zum Trotz, eine Aufforderung an einen Hund nie zu wiederholen, weil sie sich dann abnutzen würde – diese Variante ist genau das, was Raida braucht.

Als ich sie zum ersten Mal ausprobierte, konnte ich förmlich zusehen, wie er jede einzelne Wiederholung brauchte, um überhaupt nachgeben zu können.

So hatte ich ihn bereits aufgefordert, dazubleiben, aber er machte weiter Anstalten, den Ausgang einer Spur zu suchen. Vollkommen friedfertig, aber bestimmt wiederholte ich nun: »Raida, niemand entfernt sich von der Gruppe, auch du nicht!«

Daraufhin hielt er kurz inne und ging probeweise ein Stück weiter in seine Wunschrichtung.

»Raida, ich meine das ernst, hier wird nicht gejagt!«, blieb ich ruhig bei meiner Entscheidung.

Er schnüffelte weiter, beobachtete mich dabei jedoch aus den Augenwinkeln. Früher wäre das ein Moment gewesen, der mich zu der Annahme gebracht hätte, er zeige mir den Stinkefinger. Darauf hatte ich jedes Mal massiver reagiert, zum Beispiel mithilfe eines Warngeräusches. Daraufhin hatte Raida den Mundwinkel verzogen, und noch ein Wort von mir hatte ausgereicht, dass er davongelaufen war.

Jetzt blieb ich bei meinem gebetsmühlenartig ruhigen Tonfall und erlebte, wie sich Raida an jeder Wiederholung aus seiner Erregung »zurückhangelte«. Inzwischen weiß ich, dass er das nur an einem festen freundlichen Tonfall kann und niemals an einem barschen oder ungeduldigen. Unterlasse ich die Wiederholungen nach der ersten Aufforderung und gebe ihm nur Zeit, verliert er sich im starken Eindruck seiner Entdeckung. Meine Worte sind also wie Morsezeichen, die ihn im Kontakt mit mir halten.

Nach jedem Satz scheint er nachgiebiger zu werden. Hat er laut atmend den Kopf und die Rute gesenkt, ist das in diesem Kontext ein Zeichen dafür, dass er die Situation verarbeitet.

Dann muss ich ganz still sein, denn eine erneute Aufforderung würde nun den ganzen Prozess zunichtemachen. Raida muss jetzt selbst eine Entscheidung zum Nachgeben treffen können. Will man ihn dieser letzten Autonomie be-

Raida verarbeitet

rauben, erreicht man genau das Gegenteil, und er opponiert gegen die übergestülpte Entscheidung.

Diese Reaktion unterscheidet ihn sehr von Hunden, die keine Leithunde sind. Jene brauchen als Mitarbeitertypen Anweisungen und stellen sie auch nicht infrage, wenn sie dadurch gut durch alle Alltagssituationen kommen. Sind die Entscheidungen aber nur für den Menschen angenehm und für den Hund nicht, opponieren auch hündische Mitarbeiter.

Ein Beispiel dazu: Will ein Hund bei einer Hundebegegnung einen Bogen laufen, um zu deeskalieren, wird er vom Halter häufig zurückgerufen. Ihm bleiben dann nur noch Drohgebärden, die vom Halter jedoch oft moniert werden, weil er sie als Aggression missversteht oder ihm vor dem anderen Hundehalter peinlich ist, wie sein Hund sich verhält.

Anstatt mit dem Hund gemeinsam einen Bogen zu gehen oder sich in so einem Moment schützend vor ihn zu stellen, beraubt er ihn der Möglichkeit, sich einen unerwünschten Kontakt vom Leib zu halten. Der Hund lernt so, dass er sich auf seinen Menschen nicht verlassen kann, und wird immer weniger auf ihn hören.

Mit der »Gebetsmühle« habe ich ein Instrument gefunden, das mir nun zuverlässig gute Dienste leistet, wenn Raida eine Fährte aufnimmt.

Der innere Schalter

Eine ganz andere Herausforderung stellen Wildtiere oder Pferde dar, die nicht nur ihre Spuren hinterlassen haben, sondern leibhaftig vor uns auftauchen. Raida bleibt dann für einen winzigen Moment wie vom Donner gerührt stehen, bevor sein innerer Schalter in den Jagdmodus umspringt. Das ist der Moment, in dem ich zu ihm hinspurten und ihn an der Leine sichern muss. Würde ich ihn weiter als bis auf zehn Meter freigeben, könnte ich ihn oft gar nicht erreichen. Halte ich ihn dann an der Leine fest, schreit er, als würde er geschlachtet. Er gerät so außer sich, dass er mich mitunter im Übersprung verletzt, indem er nach mir schnappt oder stößt. Seine Erregungskurve steigt dann auf den höchsten Punkt, und er wirkt wie ein Groupie auf einem Rockkonzert, das die Musik vollkommen mitreißt.

Einmal entfesselt, scheint dieser Impuls nicht mehr gestoppt werden zu können. Wenn Raida jedoch nicht lernt, ansprechbar zu bleiben, müsste er sein ganzes Leben an der Leine laufen.

Über den Jagdtrieb eines Hundes wird oft gesprochen wie über eine Unart oder ein schlechtes Benehmen, das dieser ablegen müsste. Er zählt zu den hauptsächlichen »Baustellen«, wie viele Halter die zu lösenden Konflikte mit ihren Hunden bezeichnen.

Obwohl dieser Trieb, der ganz unterschiedlich stark oder schwach sein kann, den Alltag eines Hundehalters mächtig aufwirbeln kann, lohnt es sich, ihn einmal sachlich zu betrachten.

So wie die Natur nicht vorgesehen hat, dass wir unsere Blase nur halb entleeren, wenn wir damit einmal begonnen haben, hat sie auch einen Hund nicht darauf eingerichtet, mitten in der Jagd zu stoppen, um sich zu sagen: »Nun ja, soll er halt weglaufen, der Hase.« Ist der Hund noch sehr authentisch und das Jagdprogramm in ihm intakt, behält er es auch, wenn er regelmäßig mit Nahrung versorgt wird. Und je autonomer sein Wesen ist, umso weniger wird ein Hund sich dann stoppen lassen.

Auch wenn im Alltag ein Abbruchsignal oder der Abruf in fast allen Situationen funktioniert, ziehen wir häufig nicht in Betracht, dass der Hund im Falle des Jagens ab einem bestimmten Punkt gar nicht mehr die Möglichkeit besitzt, sich selbst in seinem Instinkt zu unterbrechen.

So braucht es für den Jagdabbruch unbedingt ein Training zur Impulskontrolle des Hundes, die die Natur gar nicht vorgesehen hat.

Ich suche jetzt also mit Raida Auslöser, die ich selbst herbeiführen kann, um ihn dann noch während ihrer Anwesenheit wieder runterfahren zu lassen.

Meine Hoffnung ist, dass er so selbst einen Weg aus der hohen Erregung zu finden lernt, wenn ich ihn einmal stoppen muss.

Mehrere Reiter unterstützen uns und warten auf meine Bitte hin mit ihrem Pferd, bis sich Raida wieder beruhigt hat.

Ich unterstütze ihn dabei mit einer Begrenzung, die ihm nicht erlaubt, näher an das Pferd heranzugehen, versuche jedoch nicht, seine hohe Erregung aktiv zu unterbinden. Einen Hund ansprechen zu wollen, der nicht mehr ansprechbar ist, hat keinen Sinn.

Ich halte ihn also, ohne ihn zurückzuziehen, nur an der Leine fest und lege mit der anderen Hand zwei Finger an seine Schulter oder Breitseite, um einen körperlichen Kontakt herzustellen. Diese ruhige Berührung halte ich so lange, bis sie in seinem Nervensystem ankommt und er mich wahrnehmen kann. Dann hilft ein knappes, bestimmtes Geräusch wie »Hey!« im Zusammenschluss mit der Berührung.

Sobald er auf mich reagiert, löse ich die Körperberührung und schicke eine abbremsende Energie hinterher, zum Beispiel über ein »Hoooooh«.

Das wiederhole ich nach dem Prinzip der »Gebetsmühle« so lange, bis Raida runterfährt. Steigt sein Level zwischendrin noch einmal an, weil das Pferd sich zum Beispiel bewegt hat, wechsle ich wieder zum knappen »Hey!« als markanten Abbruch und berühre ihn.

Ist er etwas runtergefahren, lasse ich die Leine locker und grenze ihn selbst von vorn ein. Sobald er die Stelle verlassen will, an der er sich befindet, blockiere ich ihn mit meinem Körper. Gibt er nach und tritt zurück, trete auch ich zur Seite und gebe nach. Will er um mich herumtauchen, setze ich wieder meine Finger an und stoppe ihn mit einem Geräusch, bis er damit aufhört. Würde ich ihn jetzt, wo er ja durchaus ansprechbar ist, weiter nur mit der Leine begrenzen, könnte er auch nicht lernen, mit mir in so einem Moment in Kontakt zu gehen.

Ich arbeite mich also mit ihm bis zu dem Punkt durch, an dem er in seinen Verarbeitungsmodus geht, der immer dann stattfindet, wenn Raida zu einer neuen Entscheidung finden muss. Mitunter lehnt er sich dazu an mich an, betrachtet das jeweilige Subjekt und atmet schwer. In dieser Verfassung hilft es ihm, wenn ich zum Beispiel das Pferd ansehe und sage: »Ja, das ist ein Riese, aber er darf hier genauso durch den Wald laufen wie wir.« Die Normalität, die durch solche Banalitäten in meine Stimme kommt, überträgt sich auch auf Raida und seine Bewertung der Situation.

Obwohl ich Rehe und Wildschweine, die wir mitunter treffen, nicht bitten kann, stehen zu bleiben, bis Raida sich beruhigt hat, bringe ich ihn nach einer solchen Begegnung in eben dieser Weise zur Ruhe, auch wenn das Wild bereits verschwunden ist.

Als Zugabe gehen wir in den Berliner Tierpark, der für Hunde zugänglich ist, und arbeiten dort weiter.

Gleich beim Anblick der Bären am Eingang bekommt Raida einen Tobsuchtsanfall und schreit so laut, dass die ereignishungrigen Besucher nun uns beobachten und nicht mehr die Tierparktiere. Ich begrenze Raida wie beschrieben, und es dauert ungefähr zwanzig Minuten, bis er am Bärengehege wieder mich und den Rest seiner Umgebung wahrnehmen kann, ohne weiter auf Meister Petz zu reagieren.

Zwar zündet sein Jagdturbo bei jeder weiteren Tierart, er findet jedoch immer schneller zur Ruhe.

Eine Vierergruppe von Touristen folgt uns vom Rotwild zu den Füchsen, vom Federvieh zu den Kamelen bis zu den Nashörnern und fotografiert sowohl Raidas Explosionen als auch ihr Nachlassen, wie ein besonderes Berlin-Event.

Zu den Giraffen können wir ohne Verfolgertrupp weitergehen, denn Raida hat jetzt offenbar einen Weg gefunden, seinen inneren Schalter zu beherrschen. Die Affen, Steinböcke und Rinder beobachten wir dann fast einträchtig gemeinsam.

Mitschwingen lernen

Auch wenn unsere Spaziergänge durch die Stopps, bei denen Raida seinen inneren »Schalter« beherrschen lernt, oft nur etappenweise vorangehen, lohnen sie sich in dieser Form. Er hat aufgehört, zu schreien und ist sehr schnell ansprechbar.

Wir kommen jetzt mit immer weniger Zwischenetappen vorwärts, und ich kann Raidas Signale lesen wie ein offenes Buch. Was mich jedoch immer noch anstrengt, ist die Daueraufmerksamkeit, die ich auf ihn verwenden muss, um ihn bei der Gruppe zu halten. Die Zeiten eines Schwätzchens mit einer guten Freundin sind vorbei. In die Welt der eigenen Gedanken zu versinken, ist unmöglich. Raida quittiert jeden Abzug der Aufmerksamkeit mit einem eigenen Kontaktabbruch.

Mitunter lernt man jedoch genau dann etwas dazu, wenn man die eigenen Prinzipien verletzt.

Auf einem Waldweg springt Raida plötzlich ruckartig herum und tickert mit seiner Nase fieberhaft in Richtung einer dichten Baumgruppe. Ich sichere seine Schleppleine und sehe ihm an, dass dort etwas ganz Besonderes sein muss.

Seine Rute ist zu einem Ausrufezeichen der Dringlichkeit steil aufgerichtet. Speichel tropft ihm aus dem Maul. Sein Interesse kann sich nicht auf ein lebendes Tier beziehen, weil er dabei einen ganz anderen Ausdruck hat.

Als er mich mit weit aufgerissenen Augen an- und dann mit einer großen Intensität wieder zur besagten Stelle blickt, weiche ich von meiner Regel ab, nicht in das Unter-

Wildschweinschwarte 1

holz zu gehen, und sage, einem Impuls folgend: »Gut, dann lass uns zusammen nachsehen. Du zeigst mir, was da ist, und ich entscheide, was wir damit machen, okay?«

Raida sieht mich erfreut an und führt mich dann aufgeregt zur Baumgruppe. Dahinter liegt ein präzise geschnittenes Stück Wildschweinschwarte, die ein Jäger hinterlassen haben muss.

»Wow, da hast du ja etwas Tolles gefunden«, sage ich zum Hund, der mich mit leuchtenden Augen ansieht. Er leckt ein wenig daran herum, schnappt sich den Fund und trägt ihn stolz nach Hause.

Mitja und Frieda eskortieren Raida wie eine königliche Garde, die einen Schatz bewacht. Dabei läuft ihnen der Speichel aus dem Maul, und ihre Augen wandern immer wieder zu der Trophäe herüber. Die Beschäftigung für den Rest des Tages scheint klar: Sie werden alles geben, um einmal in den Besitz dieser tollen Beute zu kommen.

Wildschweinschwarte 2

Bereits auf halber Strecke lässt Raida plötzlich seine Entdeckung fallen, und Mitja will sich den Schatz schnappen. Ein sehr tiefer, nachhaltiger Brummton aus Raidas Brustkorb lässt ihn jedoch zurückfahren und innehalten. Daraufhin nimmt Raida die Wildschweinschwarte, klatscht sie mir vor die Füße und starrt mit einem Ausdruck darauf, der sagen könnte: »Das Ding muss mit, aber ich kann nicht mehr.«

Mir ist klar, was für ein großer Vertrauensbeweis es von seiner Seite her ist, mir diese Ressource anzuvertrauen, denn Mitja und Frieda würden sie ja sofort gern tragen – und behalten.

In Ermangelung eines Papiertaschentuches nehme ich ein paar große Blätter zu Hilfe, um die innen noch sehr fettige Schwarte anzufassen. Während ich das zottige Teil nach Hause trage, werde ich wie ein Geldtransporter beschützt, denn die Hunde weichen mir nicht mehr von der Seite.

Kurz vor unserem Grundstück kommt mir eine Nachbarin entgegen.

»Guten T-«, ihr Blick wandert zu der riesigen Fellschwarte in meiner Hand, bevor sie den Gruß beendet und hastig davoneilt.

Ihre Reaktion bringt mich in die Menschenwelt zurück, und fast bedauernd verlasse ich die Welt der Hunde, in der ich für einen kurzen Zeitraum mitgeschwungen war.

Ich habe während des Spazierganges weder über Menschenprobleme noch über zu erfüllende Aufgaben oder unerledigte Dinge nachgedacht und fühle mich so erholt wie lange nicht mehr.

Das erinnert mich an meine Zeit in Lipowka, in der ich täglich in dieser Weise mit den Hunden ging, denn während ich mit ihnen unterwegs war, musste ich auch nicht an etwas anderes denken. Keine Arbeit lief weg, alles hatte seine eigene Zeit.

Mir wird bewusst, wie viel Raum die Bewältigung des heutigen Alltags auch auf meinen Spaziergängen einnimmt, wenn ich zu einem Kopf auf zwei Beinen werde, ohne dass ich das bewusst steuern könnte. Dabei sind es doch genau die Spaziergänge, auf denen ich mich entspannen und erholen will.

Meine erlebte Anstrengung, wenn ich die ganze Zeit auf Raida aufmerksam sein muss, stellt sich offenbar nur her, wenn unsere Interessen sich unterscheiden. Will ich nachdenken, kann ich nicht an den Interessen der Hunde teilnehmen und umgekehrt. Jedes Nachdenken und jede Grübelei trennt mich von der Natur und von den Hunden.

Will ich mich also wirklich entspannen und einfach nur

Entdecken 1

mitschwingen, muss ich mich innerlich mit dem verbinden, was die Hunde erleben und tun.

Das ist nicht viel anders, als Zeit mit Kindern zu verbringen. Sitzt man am Rand eines Spielplatzes und liest ein Buch, während man zugleich immer wieder seinen Blick heben muss, um auf ein Kind aufzupassen, ist das viel anstrengender, als mit ihm zu spielen und in seine Welt einzutauchen.

Ich folge von nun an öfter den Hinweisen meiner Hunde, und wir entdecken gemeinsam tolle Dinge. Die Spaziergänge werden zu Inseln, auf denen der Alltag nichts zu suchen hat und wir gemeinsam Abenteuer erleben.

So zeigt Raida uns allen einen riesigen, offenbar leeren Bau, denn es gibt weder Haare noch Pfotenabdrücke oder

Entdecken 2

Entdecken 3

Kot daneben. Der Geruch des ehemaligen Bewohners scheint jedoch noch sehr präsent zu sein.

Mitja flitzt am Bau mit der Nase am Boden umher und läuft dabei oft zielgerichtet auf eine Stelle zu, wechselt jedoch kurz davor überraschend die Richtung, weil sich neben dem Ziel noch etwas Interessanteres aufzutun scheint. Das verleiht seinem Suchen etwas Planloses. Er wirkt wie ein Mensch, der fünf Bücher gleichzeitig liest und immer wieder zwischen ihnen wechselt.

Raida dagegen atmet abwechselnd durch Maul und Nase und scheint das Gelände systematisch zu sondieren. Er hingegen wirkt wie ein Buchhalter, der das aufgeführte Inventar einer Liste erst genau durchliest, bevor er seinen Stempel in Form einer Markierung daruntersetzt.

Frieda hingegen geht, wie immer bei neuen Eindrücken, mit angezogener innerer Handbremse umher. Ihr Gang ähnelt einem vorsichtigen Staksen und wird umso fließender, je sicherer ihr die Lage scheint. Auch beim Erkunden ist sie stets darum bemüht, ihre Nase nicht mit dem in Berührung kommen zu lassen, was sie gerade erschnüffelt. Sieht man ihr zu, könnte man den Eindruck gewinnen, der Waldboden sei vermint.

Nachdem Mitja, Raida und Frieda schon längst ihre Inspektion beendet und sich neben den Baumstumpf gelegt haben, den ich als Sitzmöbel wählte, schnüffelt Tinka noch immer an ein- und demselben Ast.

Plötzlich spüre ich ein kaum merkliches Kribbeln im Rücken – eine winzige Störung in meinem Nervensystem –, das mich dazu veranlasst, mich umzusehen. Etwa fünfzig Meter weiter sitzt reglos ein Fuchs hinter uns und beobachtet uns. Er weicht meinem Blick nicht aus und sieht mich aufmerksam an.

Ich werfe einen Seitenblick auf die Hunde, diese aber haben ihre Aufmerksamkeit auf ein Eichhörnchen gerichtet, das in einiger Entfernung von Baum zu Baum springt.

»Kommt, Freunde«, nutze ich ihre Abgelenktheit, stehe auf und gehe mit ihnen vom Fuchs weg. In Gedanken entschuldige ich mich bei ›Meister Reineke‹ für unsere touristische Störung und sehe mich noch einmal nach ihm um. Er ist jetzt aufgestanden, läuft auf die andere Seite des Weges und verschwindet dort in einen weiteren Bau oder Eingang.

An einem anderen Tag führt mich Raida aufgeregt zu einem verletzten Reh, das mitten auf einer Lichtung auf der Seite liegt und seinen Hinterlauf seltsam verdreht hat. Seine Bemühungen, aufzustehen, scheitern an dem Schwung, den es mit dem Fuß offenbar nicht aufbringen kann. Ich gehe mit den Hunden zurück, um das Tier nicht noch mehr zu ängstigen, und rufe den Förster an. Dieser berichtet mir später, das Tier habe sich den Fuß gebrochen und werde nun auf einer Wildstation gepflegt.

Durch das intensive Miteinander auf unseren Streifzügen wird es für mich immer leichter, einfach unter den Hunden mitzuschwingen und dadurch besser im Kontakt mit ihnen zu bleiben.

Die Hunde reagieren auf meine nun auch mentale Anwesenheit und Beteiligung mit einer entscheidenden Veränderung. Während sie zuvor auf meine Freigabe hin im Zehnmeterradius oft lose um mich herumliefen, gruppieren sie sich jetzt zu einer festen Reihenfolge. Die Rüden laufen da-

Gemeinsames Entdecken

bei vor mir, ich folge in der Mitte und das Schlusslicht bilden die Hündinnen. Diese Gänsemarsch-Choreografie löst sich zwischenzeitlich auf, wenn die Hunde beim Schnüffeln oder Markieren hängen bleiben, wird jedoch immer wieder hergestellt.

Weil Mitja und Raida ein schnelleres Tempo bevorzugen als die Hündinnen, die Gemächlichkeit lieben, kann ich von meiner Mittelposition heraus die Rüden gut abbremsen und die Hündinnen etwas beschleunigen. Ich pulsiere also innerlich zwischen ihren Temperamenten hin und her und versuche, ein Tempo zu finden, das alle gut halten können. Dabei wird mir bewusst, dass ich offenbar nichts anderes tue, als es Wanja getan haben wird. Auch er führte ja die Gruppe von der Mitte heraus wie ein Dirigent, und ich habe mich immer

Stock zusammen nach Hause tragen

Sich für dasselbe interessieren

gefragt, wie er es schaffte, die anderen Hunde so bei sich zu halten.

Obwohl ich im Gegensatz zu ihm mitunter noch Geräusche verwenden muss, wenn ich zum Beispiel Mitja ausbremsen will, fühlt es sich großartig an, in dieser Weise zu laufen.

Ich beginne diesen Gänsemarsch der Gruppe zu filmen und sehe beim Gehen durch den ausgeklappten kleinen Bildschirm auf die Hunde. Wenn ich den Arm zur Seite halte und leicht verdrehe, kann ich auch Frieda und Tinka gut erfassen.

Nachdem ich über eine halbe Stunde die Hunde so über die Linse im Blick habe, denke ich: »Dort vorn sollte ich mit den Hunden nach links gehen, weil der Weg da nicht so matschig ist.« Im selben Moment wirft mir Raida einen Schulterblick zu und setzt nach links, obwohl wir diesen Weg noch nie gegangen sind. Ich bin überrascht, ziehe aber einen Zufall in Betracht.

Kurze Zeit später blinkt die Batterieanzeige der Kamera, und ich denke: »Jetzt muss ich stehen bleiben und die Batterie wechseln«, woraufhin Raida anhält und mich ansieht.

Mit Gänsehaut wird mir klar, dass ich über das Anheften des fremden »dritten Auges« auf die Hunde mein eigenes Denken vollkommen ausblenden und nun offenbar identisch auf der Frequenz der Hunde mitschwingen kann. Das fühlt sich an wie die Einweihung in eine andere Welt – scheint jedoch tatsächlich nur die Verbindung mit ihr zu sein.

Freiräume

An meinen Garten grenzt eine zirka dreitausend Quadratmeter große Fläche, auf der sich nachts des Öfteren Wildschweinrotten versammeln, um Früchte zu fressen, die über meinen Zaun gefallen sind. Ihre Spuren und Hinterlassenschaften sind für Raida hochinteressant. Das Terrain ist jedoch vollkommen zugewachsen. Weil ich ihn nicht beobachten und nur schwer folgen kann, erlaube ich ihm den Zutritt nicht.

Jeden Tag nun versucht Raida aufs Neue, dorthin zu gelangen, und ich halte ihn davon ab.

Als er wieder einmal mit hängenden Ohren weiterzieht, denke ich plötzlich: »Was für ein Unsinn von mir!« Hier wäre DIE Gelegenheit, ihn am Ende des Spazierganges genau das machen zu lassen, was er so gern tun möchte. Hier könnte Raida stöbern gehen, ohne Schaden anzurichten.

Dennoch will ich das Gebiet erst einmal überprüfen und gehe mit Raida gemeinsam auf die dicht bewachsene große Fläche. Ich finde Wildschweinspuren und den offenkundigen Trampelpfad eines Nachbarn, aber nichts, das gefährlich für einen Hund oder für das ein Hund selbst gefahrenvoll sein könnte.

Als Raida auf den letzten Metern unseres nächsten Spazierganges seine Aufmerksamkeit wieder zu dem Gelände lenkt, spreche ich ihn an und sage: »Du kannst hier gern auf Erkundung gehen und dann nach Hause kommen.« Dabei weise ich in Richtung des Gartentors, das genau am Ende des Terrains liegt.

Raida sieht mich überrascht an, geht probeweise ein paar Schritte weiter und rennt dann in großen Sprüngen ins Dickicht hinein. Ich laufe mit den anderen Hunden auf dem Pfad weiter, der parallel dazu zu meinem Haus führt. Auch sie würden sicher Freude an den neuen Gerüchen finden, aber sie ziehen meinen Schutz und meine Führung stets einer eigenen Unternehmung vor.

Zeitgleich kommen wir bei diesem ersten Versuch mit Raida am Gartentor an.

An den darauffolgenden Tagen dauert es auch einmal länger bei ihm, und ich warte am Ende des Terrains, um zu kontrollieren, ob er auch wirklich darauf bleibt. Weil ich mich immer auf ihn verlassen kann, entschließe ich mich, die Kontrolle aufzugeben und die Gartentür für ihn offen zu lassen.

Diese Kontrollaufgabe kostet mich mehr, als ich vorher vermutet hätte. Ich erinnere mich an einige Male, bei denen meine Mutter spät in der Nacht vor dem Haus wartete, weil ich als Jugendliche das Zeitgefühl verloren hatte. Heute warte ich selbst nur ein paar Minuten auf einen Hund, der zudem wenige Meter entfernt auf der anderen Seite des Zaunes schnüffelt, und habe nachträglich Mitgefühl mit meiner Mutter, wenn ich erwartungsvoll durch das Fenster meines Hauses aufs Gartentor blicke.

Nur einmal warte ich auch noch nach zehn Minuten auf Raida. Als meine Suche auf dem kleinen Waldstück erfolglos bleibt, gehe ich die Sackgasse entlang, an der mein Haus liegt. Raida ist nirgendwo zu sehen. Dabei fällt mir eine Katze auf, die mit riesigen Augen und weit zurückgelegtem Kopf auf einem Garagendach sitzt und nach unten faucht. Eine Häuserecke verbirgt den Anlass ihres Unmutes.

Nach wenigen Metern öffnet sich mir der Blick, und ich sehe Raida in diesem fremden Garten genüsslich die Reste des Katzenfutters aus einem Napf lecken. Ich bin mir sicher, dass sein Raub nicht nur der Katze missfallen wird, sondern auch ihren Besitzern, und so hole ich ihn mit meiner »Gebetsmühle« ans Rolltor der Nachbarn. Dieses besteht aus vier senkrecht angeordneten Metallstäben, die nur wenig Raum zum Durchschlüpfen eines so kräftigen Tieres wie Raida lassen. Doch wenn er in den Garten hineingekommen ist, wird er auch wieder herauskommen können, denke ich.

»Raida, nun komm wieder zurück«, ermuntere ich ihn.

Der große Blonde schiebt seinen Oberkörper zwischen die Stäbe und bleibt stecken.

»Du musst noch einmal zurück«, feuere ich ihn an und versuche ihn an der Brust nach hinten zu schieben.

Raida stemmt sich instinktiv gegen den Druck meiner Hand und versucht, zur Seite zu entkommen. Das Rolltor, welches auf einer Schiene verläuft, öffnet sich, und der Hund muss jetzt wie eine Ballerina mittippeln, weil er noch immer darin feststeckt. Entsetzt über die überraschende Bewegung des Hindernisses will Raida nun in die andere Richtung entkommen und schiebt das Tor so wieder zu. Mit Schmackes knallt es in seine Ausgangsposition zurück, und das Geräusch ist sicher in allen umliegenden Häusern zu hören.

»So einen Gag kann sich kein Filmregisseur ausdenken«, schießt es mir durch den Kopf.

Ich schiebe Raida nun energisch von den Stäben zurück und öffne das Rolltor so weit, dass er durch den entstandenen Spalt schlüpfen kann.

Als wir in unserem Garten ankommen, ist eine gespenstische Stille um uns. Ich kenne diese unwirkliche Ruhe bisher nur aus Lipowka, wenn alle Fensterplätze der Bauern besetzt waren, weil draußen etwas Ungewöhnliches passierte.

Es bleibt das einzige Mal, dass Raida mein Vertrauen missbrauchte und den Freiraum ausweitete, den ich ihm gab.

Seit zwei Jahren kommt er nun etwas später mit strahlendem Gesicht zum Gartentor herein und hätte sicher viel zu erzählen.

Coming-out für Hundehalter

Ich bin mit den Glaubenssätzen aufgewachsen, dass Hunde funktionieren müssen. Wenn ein Hund einem Kommando nicht schnell genug nachkommt, gilt er als schlecht erzogen, und der Halter hat versagt.

Auch wenn es zum Beispiel gerade gar nicht eilt, wird dem Hund weder Raum zu einer Erwiderung gelassen noch etwas Zeit, um seine angefangene Tätigkeit abzuschließen.

Viele Hundehalter werden mit Dressurübungen abgespeist und können die Muttersprache ihres Hundes mit ihrem vielfältigen Vokabular aus unterschiedlichen Verhaltensweisen nicht richtig deuten. Denn die Verhaltensweisen der Hunde sind im Grunde wie Vokabeln einer neuen Fremdsprache, die wir erst erlernen müssen, um sie verstehen und selbst anwenden zu können.

Ruft ein Halter seinen Hund heran, nur um sich zu vergewissern, dass dieser noch ansprechbar ist, spürt der Hund sehr genau am Tonfall des Menschen und auch aus dem Erfahrungswert heraus, wie wenig Dringlichkeit real vorhanden ist. Warum also sollte er den »Artikel in der heutigen Hundezeitung«, den er gerade studiert, nicht noch zu Ende lesen und dann erst kommen?

Weil wir uns sonst infrage gestellt fühlen?

Weil uns andere Menschen gerade bewerten?

Weil wir den Größenwahn pflegen, dass ein Tier auf uns zu hören hat, selbst wenn wir aus seiner Sicht ganz sinnlose Dinge tun?

Ein Coming-out bedeutet, den Mut zu haben, eigene, von den gesellschaftlichen Ansichten abweichende Empfindungen und Haltungen zu leben. Auch als Hundehalter bedeutet es ein echtes Coming-out, Dinge anders zu handhaben und zu interpretieren, als sie allgemein üblich sind.

Ich erlebe das an mir selbst jeden Tag doppelt, weil ich mich neben einer andersartigen, privaten Hundehaltung auch für ein Coming-out als öffentliche »Expertin« entschieden habe, die keine Freude mehr an Perfektion und funktionierenden Hunden hat, sondern lieber auch effiziente Fehler macht, um Neues zu lernen. So übe ich, scheele Blicke auszuhalten, wenn ich meine Gebetsmühle für Raida auspacke, und aggressive Bemerkungen zu neutralisieren, wenn ich meinen Hunden erlaube, das Maul aufzumachen, weil ein fremder Hund sie ernsthaft belästigt. Oft höre ich dann die Ansicht, dass der Hund, der bellend oder – wie Frieda – krähend um die Wahrung seiner Individualdistanz bittet, ein Angreifer sei. Viele Hundehalter haben ihre eigene Grenzenlosigkeit offenbar inzwischen so eng mit ihrem Hund verknüpft, dass sie sauer darauf reagieren, wenn ihm andere Hunde oder Menschen eine ganz natürliche, hilfreiche Grenze setzen.

In solchen Ausnahmefällen zünde ich mir innerlich eine Friedenspfeife an, wie Raida das bei schwierigen Begegnungen tut, und versuche, nur Rauch auszustoßen.

»Einen schönen Tag wünsche ich dennoch«, ist zum Beispiel ein Rauchzeichen, mit dem man gut durch die Hundehalterwelt kommt.

Aus angepassten Hundehaltern und Lehrern können jedoch nicht in einem Arbeits- und Entwicklungsgang unabhängige, lebendige Streiter werden. Dazu braucht es viele Übergänge, und diese beginnen mit dem Mut zu eigenen Wahrnehmungen, Handlungen und Fehlern.

Auch ich bestehe dieses Coming-out nicht in jeder Situation. So treffe ich fast täglich eine ältere Dame, die flotten Schrittes spazieren geht. Schon häufiger habe ich mit ihr gesprochen und war jedes Mal beeindruckt von der Güte und Ausgeglichenheit, die sie ausstrahlt. Als wir uns eines Morgens unterhalten, entfernt sich Raida ein Stück in die Heide.

Die ältere Dame sieht ihm aufmerksam hinterher und fragt: »Nutzen Hunde das wirklich gleich aus, wenn man sich einmal unterhält und nicht aufpasst?«

»Nun ja, ich würde es nicht ausnutzen nennen, wenn ich meinen Job nicht mache und schwatze«, antworte ich lachend. Die alte Dame zieht bei dieser Erklärung die Augenbrauen hoch.

Ich wende mich an Raida und bitte ihn, zurückzukommen. Der große Blonde wirft mir einen kurzen, bestätigenden Blick zu und sieht dann auf einen Baum, den er daraufhin ansteuert. Für mich hat er deutlich ausgedrückt, dass er mich gehört und verstanden hat, aber, weil mein Ruf nicht wirklich dringlich ist, noch kurz zu dem Baum gehen will.

Eine identische Situation wäre zum Beispiel, wenn ein Mensch an einer Bushaltestelle die Zeit nutzen würde, etwas Interessantes in der Auslage eines Geschäftes zu studieren, und sein Partner ihn darauf aufmerksam machte, dass er jetzt zu ihm kommen müsse, weil in zehn Minuten der Bus einträfe. Auch Raida weiß, dass mein freundlicher Plausch mit der Dame stets ein wenig dauert.

In den klaren Gesichtszügen der alten Frau sehe ich währenddessen jedoch einen anderen Film ablaufen: »Aber er ist ja nicht gekommen ...«

Deshalb sage ich zu ihr: »Er hat mir vorhin mit seinem Blick kurz gezeigt, dass er nur zu dem Baum hin will, deshalb gängele ich ihn jetzt nicht weiter. Ich bin mir sicher, er setzt gleich eine Marke und kommt dann zurück.«

An dem befremdeten Ausdruck, mit dem die Frau mich ansieht, bemerke ich, wie seltsam diese Zusammenfassung für sie klingen muss. Wissend, welchen Beruf ich ausübe, taxiert sie mich, und die Untertitel unter dem Film auf ihrem Gesicht könnten jetzt lauten: »Das ist aber eine schwache Ausrede, die ich so nicht von Ihnen erwartet hätte.«

Ich spüre, dass ich gerade dabei bin, ihr Vertrauen zu verspielen, und auch nicht in der Lage sein werde, im Vorbeigehen alte Glaubenssätze aufzulösen oder mich in einem Kontext verständlich zu machen.

Im selben Moment setzt Raida eine Marke an den Baum, und ich will innerlich aufatmen, weil meine Prognose eingetroffen ist – doch dann bleibt er nochmals stehen. Seine Schulter bewegt sich dreimal kurz in einem Ansatz zu mir hin, bevor es ihn wieder zu seiner Markierung herumreißt und er sich noch einmal versichern muss, wie gut ihm das Ganze gelungen ist.

Obwohl ich weiß, dass er danach herkommen wird, halte ich den skeptischen und irritierten Blick der netten alten Dame nicht mehr aus und stoße einen Laut aus, der bei mir Dringlichkeit signalisiert. Er klingt wie der Schlachtruf eines Indianers und ist für Raida ein Zeichen für absolute Eile: »Ihiii!«

Sofort schießt Raida herum und kommt in langen Sätzen auf mich zugelaufen. Das Gesicht der alten Dame erstrahlt.

»Ach, er hört ja doch«, sagt sie erfreut und offenbar sehr erleichtert.

Raida sieht sich währenddessen ratlos um und sucht den Grund für die ausgerufene Dringlichkeit.

Ich verabschiede mich deshalb von der alten Dame und sage ein paar Meter weiter scherzhaft zu Raida: »Danke. Du hast gerade einfach nur eine gute Tat vollbracht und die Welt wieder ›gerade gerückt‹.«

Raida sieht mich mit einem seiner unnachahmlichen skeptischen Blicke an, und mir wird klar, dass ich nun die Skepsis der Frau gegen seinen Zweifel an mir eingetauscht habe.

Jeder Mensch beurteilt das Verhalten von anderen mit seinem eigenen Erfahrungshintergrund. Deshalb werden wir uns nie mit unserem gesamten Umfeld über unser eigenes und dessen Verhalten oder das der Hunde einigen können. Eine Übereinstimmung kann man nur mit sich selbst erzielen.

Ein Coming-out als Hundehalter bedeutet, sich den Maßstäben, die andere an uns oder den eigenen Hund anlegen, zu verweigern, wenn diese gar nicht zu uns und einem Wesen passen, das wir durch die Welt begleiten.

Es ist so bedauerlich, wenn wir etwas an einem anderen lieben und wertschätzen, aber im Außen immer darum ringen, es zu rechtfertigen und/oder an Glaubenssätze anzupassen, die selbst dringend der Anpassung an das bedürften, was wir über das Leben dazu gelernt haben.

Es macht mich betroffen, wenn eine Bekannte mit einem

sehr souveränen Leithund den gemeinsamen Spaziergang mit lauter Rechtfertigungen eröffnet, weil sie es offenbar gewohnt ist, das tun zu müssen: »Ich weiß, er müsste viel besser hören. Ich habe einfach zu wenig Zeit zum täglichen Üben. Er kommt dann aber immer hinterher.« Nur weil ihr Terrier gerade nicht ansprechbar ist und eine gelungene Präsentation bei einer Hundebegegnung absolviert, die er jetzt nicht grundlos abbrechen kann, weil er sonst von dem Labrador, der das vielleicht als Einknicken verstünde, möglicherweise eins auf die Mütze bekäme. Wir haben weder Zeitdruck, noch besteht sonst eine Notwendigkeit, den Hund gerade jetzt rufen zu müssen.

Als ich der Bekannten diese Szene übersetze, schirmt sie sich mit der Hand den Mund ab, so dass deren Öffnung nur in meine Richtung zeigt und raunt leise: »Insgeheim liebe ich es, dass er so souverän ist.«

Vorausgesetzt, wir leisten es, niemanden durch den eigenen Hund zu gefährden – was hält uns davon ab, mit Ehrlichkeit, Freude und Stolz zu äußern: »Ich habe einen authentischen Hund, der nicht dressiert ist und mit dem ich gerade lerne, gemeinsam durch die Welt zu gehen.«

Es gibt ein Video im Netz, das für mich ein Symbol für die Möglichkeiten ist, die in uns stecken. Man sieht darauf Frauen in den Vierzigern, die sich alle bis auf eine punktgenau und im selben Rhythmus zu einer bestimmten Choreografie aus Tanzschritten bewegen. Nur eine kleine, ältere Frau tanzt ganz tadellos aus dem Takt. Es gelingt ihr vollkommen absichtslos, nicht ein einziges Mal synchron mit der Gruppe zu sein und ihre eigenen Bewegungen zu kreieren. Während alle nach rechts streben, zieht die Frau nach links. Geht die Gruppe nach vorn, steuert die Frau nach hinten. Klatschen alle in die Hände, winkt die Frau, winken alle, klatscht sie.

Würde man sie nach der Choreografie bewerten, wäre ihre Fehlerquote gleich 100 Prozent. Gälte es jedoch, in diesem Video die Person mit der größten Unbeirrbarkeit und Hingabe zu finden, wäre sie die Favoritin. Es ist deutlich spürbar, dass ihr das Maß ihrer »Fehler« nicht im Mindesten aufgeht, weil sie sich in sich selbst vollkommen richtig fühlt.

So schafft sie es, ihren eigenen Lebenstakt zu halten, hat aber sichtlich Genuss daran, das nicht allein zu tun und in der Gruppe zu tanzen. Genauso wie es sie nicht stört, dass die anderen stets etwas anderes tun, erfreut sich auch die Gruppe sichtbar an der Originalität der Frau als auch am gemeinsamen synchronen Tanz. Es wird offenbar, dass sich keine Partei durch die andere infrage gestellt fühlt oder an sich selbst zweifelt.

Wie die kleine Frau den eigenen inneren Bewegungen zu folgen und sie nicht als Kampfansage gegen die Choreografie der anderen zu richten, wenn sie mit dieser einmal nicht übereinstimmen, ist eine Lebenskunst, die eine Gruppe anregen kann, ohne ihre inneren Werte aufzuheben.

Hundebegegnungen

Bevor Raida mit uns lebte, sorgte ich allein für die Sicherheit der anderen Hunde, und eine gewisse Form hatte sich dabei eingespielt.

Frieda zum Beispiel empfindet es als unzumutbar, wenn ein Hund auf sie zuspurtet und dabei nervös, angespannt oder fordernd ist. Weil sie ein introvertierter Typ ist, mag sie schnelle Aktionen nicht und braucht einfach Zeit, um Ereignisse zu verarbeiten. Sie kann sich zwar selbst helfen und ihre Individualdistanz selbstbewusst behaupten, aber nach meiner Erfahrung erschafft man einen überforderten Hund, wenn man ihm immer wieder Dinge zumutet, die er gar nicht tun möchte. Deshalb stelle ich mich, so oft es mir möglich ist, vor sie und schicke Hunde weiter, die sie nicht an sich heranlassen will.

Auch Mitja hatte als Welpe und Junghund das Bedürfnis, fremde Hunde zuerst aus dem gesicherten Schutz hinter meinen Beinen einzuschätzen, ehe er ihnen direkt begegnete.

Tinka braucht meine Unterstützung nur selten, weil sie Artgenossen so formvollendet ignorieren kann, dass sie wie mit einer Tarnkappe ausgestattet scheint.

Um einen Hund wegzuschicken, gibt es sehr klare Verhaltensweisen unter Hunden: gerade hinstellen – erstarren – Warnblick. Geht man als Mensch dabei nicht auf den fremden Hund zu, versteht er einen festen Bick nur als Warnung und nicht als Angriff.

Verständlicherweise wird sich nicht jeder Hundehalter

gern einem großen Hund entgegenstellen, wenn dieser auf ihn zugerannt kommt. Im Notfall hilft dann zum Beispiel eine Leine, die man erfahrungsgemäß ja immer dabeihat. Als Rechtshänder können Sie das Leinenende mit der linken Hand festhalten und nun mit der rechten Hand den Rest der Leine halten und ihn im Kreis vor sich schwingen. Sie dreht sich dabei wie ein Riesenrad, auf das Sie frontal blicken. Als Linkshänder machen Sie das Ganze umgekehrt.

Obwohl es sehr leicht ist, üben Sie diese »Cowboynummer« besser vorher erst einmal zu Hause, bis Sie sich mit diesem »drehenden Propeller« auch souverän fühlen. Dann haben Sie mehr Selbstsicherheit, wenn Sie wirklich einmal darauf zurückgreifen müssen. Lassen Sie möglichst nie den Karabiner am freien Ende der Leine schwingen, weil Sie damit den fremden Hund verletzen könnten. Es geht nur um eine Abschreckung, wenn die Sicherheit Ihres Hundes in Gefahr ist.

Ich verwende mitunter auch einen Stock, der mir besonders bei einem Zweiergespann wunderschöner, russischer Windhunde – Barsois – schon gute Dienste leistete. Einer dieser Riesen ist dafür bekannt, wie ein Blitz in andere Hundegruppen einzuschlagen, und es war wegen der erschrockenen Gegenwehr der betroffenen Hunde auch schon zu mehreren Beißvorfällen gekommen. Auch auf uns kam er bisher stets in dieser Weise zugeschossen. Damals noch ohne Raida, postierte ich mich also wie eine Wand vor meinen Hunden und sah ihm entschlossen entgegen. Wollte er in einem Bogen um mich herumlaufen, drehte ich mich mit dem Rücken zu meinen Hunden mit, um sie weiter zu schützen.

Der weiße Barsoi jedoch war äußerst hartnäckig und hatte viel Freude daran, uns weiter herauszufordern. Friedas Augen funkelten dann bereits dunkel vor Wut, und ich musste sie mit knappen Blicken oder Warngeräuschen davon abhalten, mich zu unterstützen, weil sie damit in ihrer Gewichtsklasse den Kürzeren gezogen hätte. Ich richtete meine Aufmerksamkeit hin und her, und der noch junge Mitja hielt sich ganz steif vor Erregung hinter meinen Beinen. Dennoch gelang es mir irgendwann, dass die weiße Schönheit die Lust an uns verlor und auf die Suche nach ihren Haltern oder anderen Hunden ging.

Schwieriger wurde es, wenn sich der zweite Windhund am Angriff beteiligte. Mein Mitdrehen war dann nicht mehr sehr wirkungsvoll, weil die Hunde ja verschiedene Positionen einnahmen und ich nicht dort überall gleichzeitig sein konnte. Der Gefährte des weißen Hundes ist viel schreckhafter als dieser, und so behalf ich mir, wenn die Hunde sich näherten, mit einem Stock, den ich vom Boden aufnahm. Streckte ich ihn seitlich vom Körper in die Luft, gewann ich je nach Stocklänge einen beeindruckenden Radius dazu.

Ein Pfau hat dieses Requisit in Form seiner Schwanzfedern dabei – als Hundehalter kann man es in der Natur finden. Mit der »Pfauennummer« kann man fremde Hunde oft so beeindrucken, dass sie erst gar nicht näher herankommen. Natürlich verblüfft man damit auch eigene Artgenossen, und deshalb gehören solche Aktionen für mich auch zum Coming-out unter Hundehaltern.

Damit nicht der Eindruck entsteht, es gälte im Alltag ständig Hunde abzuwehren – die meisten Hundebegegnungen verlaufen vollkommen friedlich, und die Hunde begrüßen sich je nach Sympathie aus mehr und weniger Distanz oder laufen sogar eine Zeitlang samt Halter mit uns mit.

Seitdem Raida mit uns lebt, habe ich mein eingespieltes Repertoire in Momenten der Bedrohung aufgegeben, denn Hundebegegnungen fallen, wie sich herausgestellt hat, in Raidas Zuständigkeit. So agiere ich jetzt als seine Zuarbeiterin und sichere weiter die anderen Hunde.

Egal, welchen Hund wir treffen, Raida geht ihm entgegen und bleibt dann in einem Diskretionsabstand, der an den von Kunden in einer Postbank erinnert, vor dem anderen stehen. Er präsentiert sich hoch aufgebaut und drückt friedfertig wedelnd aus: »Hallo, ich bin der Raida und möchte keinen Ärger. Wie sieht das bei dir aus? Können wir uns einigen?«

Bei einigen wenigen Hunden lässt er seine Begrüßungszeremonie aus – weil es ihm offenbar nicht angemessen scheint, zu betonen, wer er ist. Das sind häufig Hunde, die sich still wegducken und die Luft anzuhalten scheinen.

Spürt Raida jedoch, dass ein Hund einfach Schwierigkeiten mit der Stärke seiner Präsenz hat, nimmt er etwas davon zurück, indem er den Kopf zur Seite dreht oder den Schwanz absenkt.

Ist er hingegen der Meinung, es sei mehr Präsenz nötig, wird er weder laut, noch agiert er aktiver – sondern er scheint einfach innerlich breiter zu werden. Seine Anwesenheit wirkt dadurch noch intensiver.

Ich habe diese Vokabel in eine menschliche Handhabung übersetzt und stellte mir am Anfang einfach eine Säule aus Luft vor, die ich kraft meiner Gedanken in mir selbst auseinanderschiebe. Man kann das einmal vor dem Spiegel ausprobieren. Die Energie darf dabei nur von innen kommen – äußerlich bleibt man vollkommen ruhig.

Sie können ein Wort wie »Nein« dazu sagen. Einmal so, wie Sie es sonst sagen würden, wenn Sie sich etwas absolut verbitten, und einmal, indem Sie sich wie an Ihre innere Säule anlehnen, sie dann auseinanderfahren und »Nein« sagen. Schauen Sie, ob und wie Ihr Gesichtsausdruck sich intensiviert, ohne dass er sich wirklich verändert hat.

Mit seiner enormen Ausstrahlung und Sensibilität schafft Raida es, angespannte Hunde zu beruhigen, ängstliche Hunde zu ermutigen und anfängliche Aggressionen so zu entladen, dass wir danach oft ohne Probleme weiterlaufen können.

Braucht er unsere Unterstützung, zeigt er das, indem er genau den ansieht, dessen Hilfe er will.

Als er zum ersten Mal mit uns auf die beiden Barsois trifft, erstarrt er zu einem lebenden Ausrufezeichen, und ich sehe ihm an, dass auch er hier Achtung für geboten hält. Der helle Barsoi fixiert den Neuzugang überrascht und verharrt für ein paar Sekunden. Dann rauscht er wie eine wehende weiße Flagge zielgerichtet heran und rammt, kurz bevor er Raida erreicht hat, seine langen Vorderbeine herausfordernd in den Boden.

Raida klemmt konsterniert seine Oberlippe ein und drückt hoch aufgebaut aus, wie unangebracht er so eine knallige Begrüßung findet.

Der Windhund schlägt begeisterte Haken um ihn, und seine Vorfreude auf das abgeänderte Unterhaltungsprogramm ist ihm deutlich anzumerken. Wie ein Rennauto umkreist er uns in mehreren Bahnen und überprüft immer wieder, ob es ihm gelingt, damit eine Reaktion zu entzünden.

Raida wedelt besänftigend und gähnt beruhigend.

Während ich Mitja und Frieda bei mir halte, weil Raida noch keinen Einsatz zu einer Mitarbeit gegeben hat, geht er jetzt zu einer Stelle auf der Wiese, senkt seinen Kopf und schnüffelt interessiert dort herum. Mir fällt die Szene unseres Kennenlernens im Tierheim ein, in der wir das Spiel spielten: »Ich habe hier etwas sehr Interessantes gefunden.« Es ist jedoch spürbar, dass Raida dieses Verhalten hier nicht als Abgrenzung und zum Sich-interessant-Machen verwendet, sondern als sachlichen Vorschlag: »Lass uns hier mal zusammen schnüffeln, anstatt dass du weiter so herumrast!«

Der Barsoi schlägt das Angebot jedoch aus und ruft seinen Gefährten zur Verstärkung heran, indem er sich mehrfach zu diesem umsieht. Der dunkelfarbene Hund steht unschlüssig etwas abseits, und es ist ihm anzumerken, dass er lieber Abstand wahren würde. Dennoch eilt er nach wiederholter Aufforderung des weißen Barsoi heran, und Raida blickt nun zu Mitja und Frieda, die ich daraufhin freigebe. Frieda prescht der Zweiergruppe waghalsig entgegen und kippt ihren krähenden Schlachtruf wie einen Kübel kaltes Wasser aus: »Kraaaa!!!«

Die Windhunde fahren ernüchtert zusammen, und der hinzugekommene Barsoi sucht bereits daraufhin wieder das Weite. Raida und Mitja rahmen den zurückgebliebenen Hund links und rechts ein wie zwei Mahnmale und starren dabei reglos zu Boden. Das ist eine Methode, die ich oft bei Hunden erlebe, wenn sie mentalen Druck aufbauen wollen, ohne einen Angriff zu signalisieren.

Der weiße Barsoi schaukelt mit durchgedrückten Gelenken zwischen ihnen hin und her und versucht, Raida seinen Kopf aufzulegen. Mit einem energischen Beller schießt Mitja wie eine lebendige Trennwand dazwischen und gibt dabei seine Seite frei. Der Windhund nutzt dies, rennt davon und feiert seine Flucht, indem er sich beim Rennen immer wieder umdreht und mit viel Imponiergehabe seine Vorderpfoten in den Boden rammt. Ich sehe, wie meinen Hunden fast die Spucke wegbleibt und sie fassungslos auf den Spaßmacher starren.

Dann beginnt der weiße Hund uns in einem weiten Abstand zu umkreisen, und man sieht ihm an, dass er einen erneuten Vorstoß plant.

Meine Hunde beobachten ihn konzentriert, und ihre Muskeln bleiben angespannt. Als der Barsoi seine Offensive in Form eines Vorwärtsspurtes startet, sorgt Frieda mit ihrem Krählaut für eine weitere situative Schockstarre. Die Hündin wirkt nun jedoch so, als wäre sie zusätzlich vorher in Dynamit gefallen, um ausreichend explodieren zu können: »Kra-a-a-a!!!!«

Der Windhund stoppt und verzieht das Gesicht, als hätte er etwas abbekommen, mit dem er nicht in Berührung geraten will.

Dann übernimmt Raida und stellt sich nun quer vor den weißen Barsoi. Er sendet weitere Beruhigungssignale wie weiche Schwanzwedler, Gähnen und sanfte Blicke.

Mitja steht währenddessen als Adjutant neben ihm und

drückt aus, dass man an ihm nicht vorbeikommt, wenn man hier weiter Ärger machen will. Der Windhund starrt beiden abwechselnd in das Gesicht, wie ein bockiger Jugendlicher, der sich keinen Deut um die Beschwichtigungsversuche der Erwachsenen schert: »Ihr könnt mich mal!«

Weder Raida noch Mitja verändern daraufhin ihren Ausdruck. Die Provokation scheint an ihnen einfach abzugleiten.

Als der Barsoi begreift, dass seine Herausforderungen nicht verfangen, scheint ihm die Sache langweilig zu werden, denn plötzlich wirft er sich herum und rennt davon.

Seitdem Raida Mitja und Frieda mitunter einbindet, lerne ich nun auch ihre Qualitäten ganz anders kennen, und es ist immer wieder interessant, wie unterschiedlich sie alle auf denselben Hund reagieren können.

In unserer unmittelbaren Umgebung wohnt ein Leithund-Huskymix, und sein Spaziergang beginnt genau an der Reviergrenze meiner Hunde. Bei einer Begegnung mit diesem Hund weicht Raida von seinem »Diskretionsabstand« ab und geht näher heran, während er überbetont aufgebaut zeigt, was er zu bieten hat. Dabei erinnert er an einen Bodybuilder, der seine Muskeln präsentiert.

Der Huskymix muss jedoch nicht nur auf ihn reagieren, sondern auf einen ganzen Cocktail von Reaktionen. So wirft Frieda sich wie ein Groupie vor ihn hin und fiepst ihn von unten mit einer Art Möwenschreie an: »Hiii, hiii, hiii, hiii!«

Der coole Angebetete zuckt mit keiner Wimper, und seine ganze Haltung drückt aus: »Ja, ich weiß.«

Mitja dagegen, als Raidas engster Vertrauter, starrt den

Huskymix ablehnend an und macht deutlich, wie wenig er die Anwesenheit eines weiteren Leithundes zu würdigen gedenkt.

Immer wieder imponiert es mir, wie vollkommen ungerührt der Huskymix diese Situation bewältigt und irgendwann einfach gelassen weiterzieht. Einzig der kleinen Tinka, die ebenso distanziert ist wie er selbst, sagt er mitunter ein kurzes »Hallo«, was diese wiederum ignoriert.

Begegnen wir dagegen anderen Leithunden außerhalb des Reviers, gibt sich Raida ihnen gegenüber wie ein Staatsmann, der zwar keine Verhandlungen wünscht, aber sein Territorium unangetastet weiß. Mit Respekt wedelt er ihnen hoch aufgebaut einen knappen Gruß zu und zieht weiter, wenn diese ihn erwidert haben. Raidas Einschätzung eines Hundes ist wesentlich für das Verhalten der anderen Hunde in meiner Gruppe.

Raida, der Blitzer

Als Raida das erste Mal einem Herrn mit einem Labrador vors Rad springt, glaube ich noch an einen Zufall, wundere mich jedoch, dass seine Orientierung plötzlich so schlecht ist, dass er das Rad nicht bemerkt hat. Beim nächsten Mal sehe ich bereits im Vorfeld, wie der Anblick eines gehetzt rennenden Artgenossen neben einem Fahrrad Raida ein ungläubiges Staunen entlockt. Er verharrt, betrachtet die Szene mit starrem Blick und spurtet dann los, um den Hund gezielt zu stoppen. Kamikazeartig schneidet er den Radfahrer beim Fahren und versucht den Hund durch Eingrenzen vom Weiterlaufen abzuhalten. Weil diese Aktion weder für ihn noch für den Radfahrer ungefährlich ist, passe ich beim nächsten Mal auf, um Raida rechtzeitig zu stoppen.

Allein – bei allen folgenden Hunden am Rad macht Raida keine Anstalten mehr, diese Handlung zu wiederholen.

»Seltsam«, denke ich in der Annahme, das Ganze hätte sich erledigt.

Eine Woche später kommt uns wieder ein Hund neben einem Fahrrad laufend entgegen. Ich sehe, wie Raida erstarrt und das Gespann fixiert. Alarmiert halte ich ihn bei mir, bis der Radfahrer vorbei ist, und rede beruhigend mit ihm, weil er außer sich gerät, als ich ihn nicht gewähren lasse: »Raida, du wirst deine Gründe haben, das schlimm zu finden, aber die beiden gehören nicht zu unserer Gruppe und können deshalb tun und lassen, was sie möchten. Es ist auch sehr gefährlich, vor ein Rad zu springen, das geht einfach wirklich nicht.« Raida sieht mich daraufhin mit einem flehenden Blick an und fiept verzweifelt.

Unerklärlich bleibt für mich in der folgenden Zeit die Auswahl, die er trifft. Es gibt Hunde neben einem Rad, die er nicht einmal ansieht, und einige, bei denen er alles dafür geben würde, sie anzuhalten.

Nach einem Workshop in Baden-Württemberg gehe ich mit einer Kollegin und unseren Hunden spazieren. Die Abendsonne liegt weich über einer riesigen, grasbewachsenen Ebene, die sich vor uns ausdehnt. Plötzlich erscheint in ungefähr dreihundert Metern Entfernung ein Auto, das parallel in unserer Richtung fährt. Raida erstarrt zur Salzsäule, und ich wundere mich darüber, weil Autos nicht zu den Dingen gehören, die sonst sein Interesse wecken. Also vermute ich, dass in dieser Weite von Feldern und Wiesen ein Auto überraschend wirkt – bis ich einen kleinen schwarzweißen Hund entdecke, der sich neben dem Gefährt bewegt. Mir fällt ein Förster in der Nähe meines Hauses ein, der seinen Hund ebenfalls neben dem Auto herlaufen lässt.

Raida sind die Gesichtszüge entgleist. Nicht nur seine Lippe schlägt Falten, auch seine Stirn ist gerunzelt und sein Kopf zur Seite geneigt. Plötzlich startet er durch, und ich hole zum kräftigsten Stopplaut aus, den ich zur Verfügung habe: »Hey-Ya!«

Raida stoppt tatsächlich. Er sieht mich an, dann wieder, wie erklärend, zum schwarz-weißen Hund, noch einmal zu mir und wieder zum Hund. Sein Blick hat eine so große Dringlichkeit, dass ich ihn weiterlaufen lasse. Ungefähr fünfzig Meter vor dem Hund bleibt er stehen. Aufgebaut fixiert er ihn, und der Hund wendet im Laufen immer wieder den Kopf zu Raida. Er scheint hin- und hergerissen zwischen dem Bedürfnis, das Auto zu verfolgen, und Raidas Einladung. Plötzlich verlässt er die Spur und rennt geradewegs über die vor ihm liegende Wiese auf Raida zu.

Trotz der Entfernung kann ich an Raidas Art der Begrüßung erkennen, dass es sich bei dem anderen Hund auch um einen Leithund handelt. Beide gehen hoch aufgebaut umeinander herum und deeskalieren mit weichen Wedlern ihrer Ruten. Innerlich fasse ich mir in diesem Moment an den Kopf, denn ich verstehe zum ersten Mal, welche Hunde Raida vom Rennen abzuhalten sucht – es sind Leithunde wie er selbst.

Was aber stört ihn daran, dass sie im Laufschritt durch die Welt geführt werden?

Zwei Wochen nach diesem Erlebnis veranstalte ich einen Schweigespaziergang innerhalb eines Seminares. Darin können Hundehalter anfühlen, wie es ist, zu führen und geführt zu werden und wortlos miteinander im Kontakt zu sein – wie eine Hundegruppe. Jeder der Teilnehmer – bis auf denjenigen, der ganz hinten läuft – hat die Aufgabe, die Person hinter sich zu führen, und wird selbst von vorn geführt. Die Person an der Spitze führt die gesamte Gruppe.

Ich selbst nehme bewusst die Position an der Spitze ein, um einmal zu fühlen, wie es ist, ›Raida zu sein‹.

Auf meine Orientierung vertrauend, gehe ich in den Wald, und die Gruppe folgt mir. Wir bilden eine lang auseinandergezogene Menschenkette aus dreißig Teilnehmern, zwischen denen jeweils ein Abstand von ungefähr zehn bis zwanzig Metern liegt. Sicher ein seltsamer Anblick für Spaziergänger, bei dem man eine Demonstration oder lauter miteinander verstrittene Menschen vermuten könnte. Die Herausforderung besteht unter anderem darin, dass die Gruppe an einer Kreuzung oder Wegbiegung nicht abreißt, weil man den Blickkontakt ja dadurch verliert.

Die ersten dreihundert Meter verlaufen so reibungslos, dass ich den Schwierigkeitsgrad erhöhe und auf einen fußbreiten Pfad in das Unterholz abbiege, den ich noch nie gegangen bin. Verläuft er immer geradeaus, müsste er genau auf einen Parallelweg führen, von dem aus ich die Gruppe zum Gelände zurückbringen kann.

Nach zweihundert Metern jedoch endet der Pfad plötzlich an einem Hochsitz. Die ganze Gruppe umkehren zu lassen käme einem unschönen Abbruch gleich, also entschließe ich mich, dennoch weiterzugehen, auch wenn der Ausgang dieses Planes ungewiss ist.

Zwischen den hohen Bäumen ist genügend Raum zum Laufen, und der Boden federt weich unter den Füßen. Es duftet nach Kiefernzapfen, und purpurfarbenes Heidekraut bedeckt einige bemooste Stellen. Plötzlich wird mir bewusst, dass ich durch das Betrachten der Natur und das Suchen nach einem Weg schon länger nicht mehr nach hinten geschaut habe. Erschrocken drehe ich mich um, und tatsächlich ist die Teilnehmerin hinter mir stehen geblieben und sieht mich gerade mahnend an, weil auch hinter ihr die anderen zum Stehen gekommen sind. Offenbar wartet der vordere Teil der Gruppe auf den hinteren Teil, der außerhalb meines Blickfeldes geraten ist.

Während ich beim ersten Mal noch an einen Zufall glaube, spüre ich beim nächsten Mal sehr deutlich ein Störfeld im

Schweigespaziergang

Rücken, das mich zum Umschauen bewegt. Tatsächlich steht die junge Frau wieder da und sieht mich intensiv an.

Für mich ist nicht nur diese mentale Kommunikation mit einem fremden Menschen eine Entdeckung, sondern auch der Umstand, dass ich an der Spitze der Gruppe immer wieder den Kontakt zu meiner Nachfolgerin verliere, weil ich sie nicht sehe und mich auf die Erkundung des Weges konzentriere.

Ein Gefühl von »Wenn ich hier schon eine sichere Route suche, ist es eure Aufgabe, mir zu folgen« macht sich in mir breit. Es wird mir tatsächlich lästig, mich immer wieder, wie vereinbart, nach meiner Hinterfrau umsehen zu müssen. Am liebsten würde ich mich ganz darauf verlassen, dass sie selbst den Kontakt herstellt, wenn ich ihn verliere. Dadurch könnte ich mich besser auf die Führung der Gruppe konzentrieren.

Hinter einer Anhöhe hoffe ich auf den Parallelweg zu stoßen. Doch vor mir breitet sich weiterhin nur malerisch der Wald aus. Für einen Augenblick schießt mir der Gedanke durch den Kopf, dass ich mich vielleicht verlaufen habe. Ich fühle, wie mir der Schweiß ausbricht, und ich muss mir mit dem Jackenärmel über die Stirn wischen. »Vielleicht bin ich in eine falsche Richtung gelaufen«, habe ich plötzlich Zweifel und fühle mich von einer seltsamen Leere geflutet. Tief aus diesem schwarzen Loch spüre ich Angst aufsteigen. Abwehrend schüttle ich den Kopf – das habe ich von den Hunden gelernt – und atme tief durch. »Wir sind ja hier nicht im Urwald«, denke ich. »Hier gibt es immer wieder einen Weg, irgendwann.«

In dem Moment, in dem ich die Angst loslasse, fühle ich auch meinen inneren Kompass wieder, der mich nach einhundert Metern sicher auf den Parallelweg führt, nach dem ich suchte.

Fast am Ziel angekommen, wird mir plötzlich schlagartig klar, warum Raida Leithunde anhält, die im Dauerlauf durch die Welt rennen.

Der Grund scheint ganz einfach: Im Laufen kann man sich weder in Ruhe orientieren noch eine Lage beurteilen. Es ist nicht möglich, in Ruhe einzuschätzen, was einem entgegenkommt, oder eine Beruhigung an Fremde auszusenden, um einen Angriff auf die Gruppe bereits im Vorfeld zu deeskalieren. Hätte ich durch den Wald rennen müssen, wäre ich mit meiner Führungsposition vollkommen überfordert gewesen.

Raida scheint also offensichtlich Leithundkollegen nur deshalb anzuhalten, um sie darauf hinzuweisen, dass sie zu schnell unterwegs sind.

Hinter oder neben einem Gefährt herrennende Hunde sind ein Fall für sich. Es gibt viele Hunde, die hektisch sind, weil sie nicht langsam sein dürfen.

Die verbreitete Idee, ein motorisch unruhiger Hund müsse sich neben einem Rad auspowern, führt bei vielen Hunden dazu, dass sie zwar nach dem Lauf körperlich müde sind – aber ihr Nervenkostüm noch angespannter ist, weil die Reize, die sie dabei nicht verarbeiten konnten, sie innerlich überflutet haben. Der Rucksack an unbewältigten Erfahrungen wächst und damit auch stetig die innere Unruhe.

Mir hilft dieses Wissen, um in der Folgezeit viele Leithunde zu identifizieren, die ich früher nie als solche erkannt hätte: Hunde, die eine große motorische Unruhe zeigen und deren eigentliche soziale Kompetenz nur noch in wenigen Momenten durchscheint. Ganz offenbar reagieren viele von ihnen mit Stress darauf, wenn sie dauerhaft durch ein zu schnelles Tempo daran gehindert werden, die Einschätzung eines Gebietes vorzunehmen, und/oder dadurch nicht beurteilen können, wer und was ihnen entgegenkommt.

Werden sie permanent zur Eile gezwungen, müssen sie in jede vermeintliche Gefahr hineinlaufen – was ihrer Natur vollkommen widerspricht. Sie verhalten sich dann ähnlich wie Kinder, für die wir den Stempel »ADHS« gefunden haben, können sich nur noch schlecht konzentrieren, sind sehr impulsiv und hyperaktiv. Diese Unruhe ist dabei jedoch eher eine Entlastung vom Überdruck angesichts der Reizüberflutung.

Die Symptome verbessern sich stets in einer reizärmeren Umgebung, wie im Wald. Meine Kollegen und ich konnten bisher vielen Leithundehaltern zeigen, um wie viel entspannter und ruhiger ihr Hund wird, wenn man ihm die Zeit schenkt, die er braucht, um sich selbst eine Meinung von den Dingen zu bilden. Er kann dann häufig wieder in die Souveränität hineinwachsen, die ihn eigentlich auszeichnet.

Weil Leithunde in das, was sie betrachten, oft vollkommen versinken, wagen einige von ihnen auch nicht, etwas in Ruhe zu beurteilen, weil niemand sie währenddessen sichert. Sie wären ja dann angreifbar. Auch dieser Umstand kann dazu führen, dass sie hektisch werden.

Deshalb hilft es ihnen, wenn der Halter sich in so einem Moment wie ein kleiner Zinnsoldat neben sie stellt und zeigt, dass er seinen Hund sichert, während der etwas beurteilt.

Es gibt eine Ausnahme, bei der es auch Leithunden helfen kann, sich schnell zu bewegen. So konnte ich bisher drei schwer traumatisierten Leithunden überhaupt nur wieder aus ihrer Erstarrung helfen, indem ich sie am Anfang durch Laufen mobilisierte, bis die feststeckende Energie einer Todesangst ganz langsam wieder herauskam.

Puzzleteile

Wir wissen bisher nur wenig darüber, nach welchem Regelwerk Hunde ihre Gemeinschaften leben. Zum einen liegt das daran, dass die meisten Hunde inzwischen mit uns Menschen zusammenleben und nicht mehr von uns getrennt betrachtet werden können. Zum anderen ist es schwierig, überhaupt noch wilde Hunderudel zu finden, die man ganz unbeeinflusst beobachten könnte.

Eine Forschungsarbeit von Günther Bloch, die sich der Beobachtung verwilderter Haushunde in Italien widmet, trägt den Titel »Pizzahunde«, weil Tierschützer die Hunde unter anderem mit Pizza versorgten.

Für den dreiteiligen National Geographic-Dokumentarfilm »The Pack: Wild Dogs« wurde ein achtköpfiges Rudel afrikanischer Wildhunde beobachtet, die in der Wildnis Beute machen.

Ich selbst durfte ja, wie ich in meinem Buch »Wanja und die wilden Hunde« beschreibe, über sieben Jahre eine russische Hundegruppe beobachten, die aus wilden und halbwilden Hunden bestand und eine feste Gruppenstruktur pflegte. Sie jagten, waren aber auch an mich und mein Haus im russischen Dorf Lipowka angeschlossen.

Die ungefähr neunzig Hofhunde der russischen Bauern im Dorf zeigten, dass die Strukturen, welche Hunde bilden, auch unter gleichen Lebensbedingungen variieren können. Während alle Hofhunde weder gefüttert wurden noch die Häuser betreten durften, gründeten einige von ihnen lose Jagdgemeinschaften unterschiedlicher Größe. Andere blieben dauerhaft Einzelgänger, obwohl ihnen das die Jagd erschwerte. Neben den Lebensräumen und -bedingungen der Hunde muss es also noch weitere Aspekte geben, die für ihre Bildung von Strukturen entscheidend sind.

Als ich wieder nach Deutschland zurückgekehrt war und dort zunächst allein mit meinem Hund Viktor lebte, fuhr ich oft an den Grunewaldsee, das größte Hundeauslaufgebiet in Berlin. Ich hatte die Hoffnung, anhand der vielen Hunde dort auch mehr über ihr Verhalten untereinander herauszufinden. Gerade die große Anzahl jedoch machte es, wie ich bald herausfand, unmöglich, eine Folgerichtigkeit zu beobachten.

Auch auf einem überfüllten chinesischen Markt wird man nicht die typischen Verhaltensweisen eines chinesischen Umganges erleben. In Anbetracht der Vielzahl an Menschen kann sich zum Beispiel nicht jeder vor jedem zur Begrüßung verbeugen, und auch die ranghöheren oder älteren Personen, die in China stets zuerst gegrüßt werden, können nicht immer so schnell identifiziert werden.

Am Grunewaldsee erlebte ich identische Umgangsweisen bei Hunden, die in großer Zahl aufeinandertreffen. Ihre Begrüßungen wirkten fahrig, und es machte den Eindruck, als nähmen sie etwas von ihrer Individualität zurück, um durch mehr Angepasstheit weniger Angriffsflächen für Konflikte zu bieten. Das Ganze erinnerte an ein großes Familientreffen in der Menschenwelt, bei dem fast alle Personen ihre persönlichen Befindlichkeiten ein wenig zurückstellen und sich auf eher allgemeine Gesprächsthemen einigen, damit es nicht zu kleinen oder großen Katastrophen kommt.

Wenn Hunde dennoch auf einem überfüllten Hundeauslauf Rituale auszutauschen suchen, werden sie häufig von

Dritten dabei gestört. Ich erinnere mich an einen Foxterrier, der sich inmitten des überfüllten Hundeauslaufs am Grunewaldsee ähnlich präsent wie Raida sehr souverän mit einem Mops auseinandersetzte. Er war kurz davor, von diesem respektvoll anerkannt zu werden, denn der Mops beschwichtigte bereits und senkte den Kopf, während der Foxterrier ruhig aufgebaut dastand.

In diesem Moment überrannten plötzlich zwei Labradore, die eigentlich nur einem geworfenen Ball folgten, den Terrier. Der unsanft angerempelte Hund kugelte haltlos über den Sandboden, und auf diese Weise seiner Ausstrahlung beraubt, schien er nun auf den Mops zu wirken, als wäre er als Schwindler entlarvt. Den Mops veranlasste das, verärgert zuzuschnappen, als der Terrier sich aufgerappelt hatte und nun erneut Respekt von ihm einforderte.

Auch viele von Menschen eingesetzte Ressourcen wie Bälle und Stöcke spielten eine große Rolle dabei, unnötigen Streit unter den Hunden zu zünden oder zumindest für Fassungslosigkeit bei einigen zu sorgen. So beobachtete ich Hunde, die offenbar aus ihrem hohen Rang heraus der Meinung waren, diese umherfliegenden Ressourcen kontrollieren zu müssen und außer sich gerieten, wenn ein Hundehalter sie dann immer wieder einem anderen Hund hinwarf. »Das ist nicht dein Ball!« ist aus Menschensicht ein verständlicher Satz, denn er meint: »Dieser Ball wurde für meinen Hund gekauft!« Aus Hundesicht jedoch verwalten die hündischen Entscheidungsträger die Ressourcen, und es kann deshalb für einander fremde Hunde eine schwierige Situation bedeuten, wenn Ressourcen vom Menschen unbedacht ins Spiel gebracht werden.

Ich stellte diese letztlich unergiebigen Beobachtungen am Grunewaldsee also ein und begann stattdessen, nach und nach meine eigene Gruppe mit Viktor, Frieda und Tinka und – nach Viktors Tod – Mitja und Raida aufzubauen.

Auch wenn ich inzwischen weit davon entfernt bin, von Raida ein Verhalten wie von Wanja zu erwarten, wundere ich mich dennoch immer wieder, wie wenig er sich um den Rest der Gruppe kümmert. Er ist ein Leithund, der sich zwar in Bezug auf Ressourcen gut durchsetzen kann, sich aber nicht um die Gruppe sorgt. Wie ich am eigenen Leib bei dem Schweigespaziergang spürte, legt auch er vorn an der Spitze keinen Wert darauf, sich ständig nach hinten rückzuversichern, ob alle noch da sind. Das muss nach wie vor ich selbst tun.

Alle Hunde gehen freundlich miteinander um, und es herrscht eine allgemeine Erleichterung, wenn ich zum Beispiel vom Tierarzt mit einem »verlorenen Schäfchen« zurückkehre. Jeden Morgen schnüffeln sie sich ausführlich ab, um zu wissen, wie die anderen so drauf sind. Bei Gefahr halten sie zusammen, und bei Hundebegegnungen können sie als Team agieren.

Dennoch erlebe ich insgesamt viel weniger Interaktionen und andere Strukturen zwischen ihnen als bei meinen russischen Hunden. Ich erkläre mir diesen Umstand mit der viel größeren Anzahl von Hunden in der Lipowkaer Gruppe.

Über eine Kundin hörte ich 2012 zum ersten Mal von einem Modell, das angibt, eine Gruppenstruktur unter den Hunden entschlüsselt zu haben. Da bis heute nicht geklärt werden konnte, wer der ursprüngliche Entdecker ist und ich schon einmal einer falschen Angabe aufsaß, kann ich dafür leider keine Quelle angeben. Weil ich ohnehin mit seinen Inhalten anders umgehe als im Modell vorgesehen, werde ich diese im Folgenden mit meinen ganz eigenen Worten, Begriffen und Wahrnehmungen zusammenfassen.

In dem Modell wird davon ausgegangen, dass jeder Hund auf der Welt sich in einen von sieben Hundetypen einteilen lässt. Davon seien drei Entscheidungsträger-, die anderen vier verschiedene Mitarbeitertypen. Sie kämen zum Beispiel unter Straßenhunden nicht immer alle zusammen vor, versuchten sich jedoch zu Gemeinschaften zusammenzufinden, die für ihre Lebensumstände und ihre Persönlichkeiten sinnvoll seien.

Weiterhin wird die Schlussfolgerung gezogen, man müsse nun einfach wieder die »passenden« Hunde vergesellschaften, damit sie ihre Verhaltensstörungen ablegen und zurück in die Echtheit ihrer Natur finden könnten.

An sich finden sich in diesem Modell bereits viele interessante neue Ansätze, was mich jedoch am meisten aufmerken lässt, ist, dass nach diesem Modell vorn an der Spitze der Gruppe ein Entscheidungsträger mit einer hohen deeskalierenden Kompetenz sowie einer ausgezeichneten Ortung laufe. Mir wird klar, dass hier ein Typ wie Raida beschrieben wird und dass ich in diesem Modell ganz offenbar Erklärungen für sein Verhalten finden werde.

Dieser Eindruck verstärkt sich, als ich erfahre, dass sich laut dem Modell in der Mitte einer Hundegruppe der zentrale Entscheidungsträger befinde, der alle Abläufe von innen heraus lenke und dadurch auch selbst am besten geschützt sei. Hier sehe ich ganz klar Wanja, der wie ein Dirigent von dieser Position heraus die Gruppe der Hunde in Lipowka führte.

Der dritte Entscheidungsträger sei nach dem Modell ein Hund, der wie Raida eine hervorragende Ortung besitze, diese dann aber nach hinten hin einsetze, um die gesamte Hundegruppe auch in diese Richtung hin abzusichern. Seine Rückfront sei deshalb auch sensibler als die des vorderen Leithundes.

Wenn man von diesem Modell ausgeht, gäbe es also drei verschiedene Entscheidungsträger für drei ganz unterschiedliche Aufgaben.

Ich schlage mir innerlich an den Kopf, weil Raida nach dieser Betrachtungsweise die ganze Zeit einfach einen guten Job gemacht hat.

Die Mitarbeiter wiederum, die sich einem jeweiligen Entscheidungsträger zuordnen, haben zum Beispiel die Aufgabe, diesen zu sichern, etwas auszukundschaften oder zu bewachen. Auch unter ihnen halten sich die schnellen Hunde vorn auf und die langsamen hinten. Was mir am besten gefällt, ist die Darlegung, dass jeder einzelne Hund gleich wichtig sei in seiner Kompetenz. Obwohl es festgelegte Rituale gebe, um einen Entscheidungsträger respektvoll anzuerkennen, gehe es hier nicht um einen Kampf um die besten Plätze, sondern darum, dass jeder Hund spezielle Kompetenzen habe, mit denen er einen bestimmten Platz einnehmen und angemessen ausfüllen könne.

Dieses Prinzip erinnert mich stark an das Zusammenleben der Hunde als auch an das der Bauern in Lipowka und berührt tief in mir ein Gefühl von Wahrhaftigkeit.

Die Voreinschätzung des Typus eines Hundes erfolgt über eine einfache Umsetzung: Die Hunde werden auf ein Gelände gebracht, auf dem sie noch nie waren. Die Halter gehen im Kreis über das Gelände und dürfen ihre Hunde, die sich in diesem neuen Umfeld ohne Beistand bewegen sollen, weder ansprechen noch lenken. Die Art, wie sich die Hunde dann orientieren, ihre Distanzen oder Nähe zum Menschen wählen, wie sie auf Außenreize reagieren und markieren, ergibt die Kriterien dafür, mit welchem Typ Hund man es jeweils zu tun haben könnte.

Wie in der Menschenwelt können Hunde ihrem Wesen nach von Natur aus schnell oder langsam sein. Diese beiden unterschiedlichen Ausrichtungen bieten Gruppenwesen den Vorteil, immer auf »Gas und Bremse« zurückgreifen zu können, wenn es ein Gleichgewicht aus flinken Handelnden und ruhigen Bewahrern braucht.

Und noch eine Ähnlichkeit gibt es zur Menschenwelt: Viele Mitarbeitertypen tragen die Maske eines Entscheidungsträgers – einfach weil sie es bisher konnten und/oder mussten. Neben einem Menschen, der keine Führungskompetenzen anbietet, wird ein Hund instinktiv diese Position einzunehmen suchen.

Ebenso sind hündische Entscheidungsträger von uns Menschen nur noch schwer zu erkennen, wenn ihre autonome Souveränität von klein auf der Dressur weichen musste.

Um also wirklich herauszufinden, ob es sich um einen Entscheidungsträger oder einen Mitarbeiter handelt, braucht es die Bestätigung durch andere Hunde. Die Geländeeinschätzung gibt also nur die Inspiration, welchen anderen Hund man zu einer Bestätigung heranziehen könnte.

Diese Bestätigung kann man bei der Begrüßung der Hunde beobachten. »Ich bin der, und wer bist du?«, ist ein Ritual, das stets in unterschiedlichen Formen stattfindet und etwas über alle beteiligten Hunde aussagt.

Wird ein Hund zum Beispiel von vielen anderen Hunden äußerst respektvoll begrüßt, ist aber sehr ängstlich, handelt es sich bei ihm vermutlich um einen Entscheidungsträger, der sich in der Menschenwelt – oder besser: in ungewohnten, durch Menschen hervorgerufenen Situationen – nicht gut zurechtfindet und sich deshalb fürchtet. Ohne diese Aussage kann es ganz schnell passieren, dass dieser Hund von Menschen missverstanden wird, weil er draußen keine Souveränität zeigen kann.

Teamwork

Endlich kann ich Raidas Fähigkeit zur Ortung und seine stets mitgeführte »Friedenspfeife« in Zusammenhang mit seinen Aufgaben unter Hunden sehen. Ich verstehe im Laufe der Zeit, dass er »beruflich« als hündischer Außenminister unterwegs ist und zwischen Unbekannten und unserer Gruppe vermittelt. Für alle Belange innerhalb der Gruppe ist er gar nicht zuständig, weil er nur nach außen gerichtete Interessen vertreten muss.

Seine hervorragende Ortung sorgt dafür, dass wir weder von einem Tier noch von einem Menschen wirklich überrascht werden können. Bereits sehr früh zeigt er an, wenn sich uns jemand nähert – auch wenn dieses Wesen noch außer Sicht ist. Er bleibt dann stehen, hält den Kopf nach oben und versinkt in die Aufnahme des für uns noch gar nicht fassbaren Eindruckes. Häufig bewegt er dabei weder Nase noch Ohren. Sein »Radargerät« bleibt für mich unsichtbar und ist dennoch fühlbar am Wirken.

Nicht umsonst nannten ihn bereits die Tierschützer auf Malta »Radar«; bereits fünf Minuten im Voraus wusste er laut ihren Erklärungen, wann jemand im Tierheim ankommen würde, und begab sich vorab in eine Warteposition.

Senkt Raida den Kopf dann wieder, hat er sich ein Urteil über den aufgenommenen Reiz gebildet. Ist es etwas für ihn eher Uninteressantes, wie ein Jogger oder Spaziergänger, geht er einfach weiter seinen Angelegenheiten nach. Bei einem unbekannten Hund beginnt er vermehrt Marken zu setzen und diese in alle Winde zu verscharren, um schon im

Vorfeld zu sichern, dass sein Revier gut gekennzeichnet ist. Bei einem Reiz, den er gar nicht kennt, wartet er, bis dieser auftaucht, um sich dann ein weiteres Urteil zu bilden.

Ist Wild im Umkreis, elektrisiert ihn das, und man sieht, wie Energie in ihn einschießt.

Ich kann also an seiner Körpersprache gut erkennen, wenn uns bald eine Begegnung bevorsteht, und gegebenenfalls auch, ob es sich dabei um einen Menschen oder ein Tier handelt. Dadurch wird mir klar, dass auch Anton aus meiner russischen Hundegruppe ein Leithund war. In »Wanja und die wilden Hunde« beschrieb ich ihn als sehr souveränen, ruhigen »Späher«, der an den Truppenführer weitergab, was er in der Ferne bemerkte, woraufhin dann Wanja entschied, wie damit umzugehen war.

Der Begriff »Späher« scheint mir inzwischen jedoch ungenügend für diesen mutigen Hundetyp, von dem abhängen kann, wie eine Gruppe durch ein fremdes Gelände kommt und ob Hundebegegnungen friedlich verlaufen. »Vorderer Leithund« trifft es weitaus besser.

Zwischen Raida und mir öffnet dieses Wissen um seine besonderen Fähigkeiten nicht nur eine Tür, sondern ein ganzes Scheunentor.

Kommt ein Hund auf uns zu, bitte ich Raida, seine Friedenspfeife anzustecken, und sage zum Beispiel: »Raida, da bist du gefragt – dann kann gar nichts schiefgehen.« An seinem Gesichtsausdruck sehe ich, dass er diese Ansicht vollkommen teilt, sich aber darüber freut, dass ich ebenso darüber denke.

Bleibt er sehr lange ratlos stehen, weil er etwas ortet, was er noch nicht einschätzen kann, stelle ich mich daneben und kann an seiner Blickrichtung mitunter erraten, was es ist. Ein Ballon hoch am Himmel, eine Kreissäge in der Ferne, ein Forstauto weit weg im Wald. Sehe ich dann in die betreffende Richtung und sage etwas wie: »Ja, das ist ungewöhnlich – aber es bedeutet das und das«, scheint Raida mein Tonfall nicht nur zu beruhigen, sondern er zeigt mir auch, dass er die Verbindung schätzt, die ich ihn in diesem Moment der Ratlosigkeit anbiete. Ich erhalte dann einen konzentrierten Blick und einen weichen Wedler mit der Rute, und er geht weiter, ohne selbst auf die Auflösung zu warten. Er vertraut auf meine Einschätzung, und das wiederum ist eine neue Erfahrung für mich.

Diese Art unserer Zusammenarbeit bewirkt, dass meine »Gebetsmühle« nun immer kürzer mahlen muss und Raida sehr kooperativ wird. Mich strengt es zwar nach wie vor an, im Dauerkontakt mit ihm bleiben zu müssen, aber ich bin glücklich, dass ich sogar die Schleppleine abmachen kann und wir nun endlich als Team spazieren gehen.

Echtheit

In meinem Freundeskreis gibt es zwei sieben Monate alte Zwillinge, und ihr Papa erzählte mir vor ein paar Tagen: »Bereits jetzt sehen wir erstaunliche Unterschiede zwischen ihnen. Während Leon ein Junge ist, der alles zielgerichtet ansteuert, anfasst und ohne vorherige Überprüfung in den Mund nimmt, ist Erik ein aufmerksamer Beobachter, der sich die Dinge erst in Ruhe ansieht und sie dann noch auf das Genaueste untersucht, ehe er sie verwendet.«

Diese Einschätzung deckt sich interessanterweise mit einigen Eigenschaften bei den verschiedenen Hundetypen. Während ein vorderer Kundschafter einfach auf sein Ziel losgehen kann – wie der kleine Leon –, braucht ein Leithund viel Zeit zum Beurteilen und Begutachten – wie Erik.

Ein Leithund möchte sich selbst eine Meinung von den Dingen bilden, und das kollidiert mitunter mit den Möglichkeiten, die die Menschenwelt ihm bieten kann.

Ich erinnere mich, dass auch ich bereits als Kind einige Entscheidungen selbst treffen wollte und es als unglaublich lähmenden Zwang empfand, das nicht tun zu dürfen. Am markantesten in Erinnerung geblieben sind mir dabei die täglichen Auseinandersetzungen zwischen meiner Mutter und mir beim Anziehen. Jeden Morgen aufs Neue lehnte ich bereits mit drei oder vier Jahren ab, Schlüpfer anzuziehen, deren Ränder mich in den Hintern kniffen. Meine Mutter verzweifelte am Widerstand, den ich ihr Morgen für Morgen beim Anziehen entgegensetzte.

Für mich war die Demütigung, nicht allein entscheiden

zu dürfen, was an meinen Körper kommt, viel schlimmer als das Kneifen oder die Beengung der Kleidung selbst. Meine Mutter konnte damals nicht wissen, dass sie es viel einfacher gehabt hätte, wenn sie mir einfach das Warenangebot in einem ostdeutschen Kaufhaus gezeigt hätte. Dann hätte ich verstehen können, dass es gar keine Alternativen und nur diese eine Sorte von Schlüpfern gab. So hätte ich die Situation akzeptieren können, weil ich auch im Alter von drei Jahren begriffen hätte, dass sie sich nicht ändern ließe.

Da ich diese Fakten aber nicht kannte, verstärkte sich mein Widerstand, und meine Mutter wiederum verstärkte die Kontrolle. Ich lernte, scheinbar nachzugeben, zog den kneifenden Schlüpfer klaglos an und im Kindergarten dann unbemerkt wieder aus, was ja unter einer Hose niemandem auffiel.

Auch die mir verhassten Mützenbänder ließ ich mir geduldig unter dem Kinn zusammenbinden, öffnete sie jedoch sofort, sobald meine Mutter außer Sicht war, oder ich setzte die Mütze ganz ab.

Alles jedoch, was ich in die Geborgenheit des Heimlichen zu retten suchte, flog irgendwann auf.

So kam mich meine Mutter zum Beispiel an einem warmen Tag im Kindergarten abholen, während ich gerade draußen mit anderen Kindern spielte. Fröhlich schwenkte sie ein Paar Kniestrümpfe über ihrem Kopf und verkündete, dass ich bei den hohen Temperaturen die ungeliebte Strumpfhose ausziehen dürfe. In ihrem Blick lag die Erwartung, dass ich mich sehr über diese Nachricht freuen würde, und es stimmte sie in berechtigter Weise misstrauisch, als ich mit rotem Kopf hastig ablehnte. Sie forschte dann so lange nach, bis ich vor allen Kindern zugeben musste, dass ich mich heimlich meines Schlüpfers entledigt hatte und die Strumpfhose deshalb nicht ausziehen konnte. Der Zwang, dieses Geheimnis vor allen preisgeben zu müssen, gab mir das Gefühl, vollkommen ohnmächtig zu sein, nichts selbst entscheiden zu können. Gar nicht da zu sein.

Der Druck wuchs, weil nun die Kindergärtnerin täglich kontrollierte, ob ich vollständig angezogen war. Die Demütigung wurde also in dem Maße größer, wie die Kontrolle zunahm, und die Kontrolle nahm in dem Maße zu, wie ich mich ihr zu entziehen versuchte.

In der Konsequenz fühlte ich mich seither jedes Mal schuldig, wenn ich gezwungen war, im Geheimen zu agieren. Obwohl ich mich liebend gern so klar und bestimmt verweigert hätte, wie Raida das tut. Für ihn scheint es vollkommen normal, sich nicht zu fügen. Er beschwichtigt dabei weder, noch verliert er seine Würde und Ruhe.

Mir fallen unzählige Rechtfertigungen und Entschuldigungen ein, die ich als Kind und Jugendliche verwendete, um Bedürfnisse zu erklären, die keine Billigung fanden. Als Erwachsene hatte ich schließlich längst das Vertrauen verloren, meine Bedürfnisse als etwas Richtiges zu empfinden und sie überhaupt noch zu zeigen.

Nun lebe ich mit einem Hund, der wie damals ich selbst um eine eigene Handlungsfähigkeit ringt, sich aber nicht dafür entschuldigt. Er besteht einfach darauf und hält mir damit einen Spiegel vor, in den ich schon lange nicht mehr geblickt habe.

Ich sehe mein eigenes Ausmaß an heruntergeschluckter Empörung, die wie eine zur Ruhe gebettete Verwandte in einem von innen verschlossenen Zimmer lebt, an das Raida nun nachdrücklich mit seinem Verhalten anklopft. Und ich sehe den aufsteigenden Zorn, den meine Mutter verspürt haben muss, wenn sie sich mir gegenüber ohnmächtig fühlte – einen Zorn, der mich bei Raidas Verweigerungen am Anfang tief innen mitunter selbst ergriff.

Noch immer einigen wir Menschen uns im Zusammenleben und Arbeitsleben auf künstliche Rollen, die uns viel Mühe und Anstrengung kosten, anstatt mit dem umzugehen, was lebendig in jedem da ist. Beginnt in einer Firma zum Beispiel ein neuer Chef, müssten die Mitarbeiter seine Fähigkeiten eigentlich erst einmal fühlen und überprüfen, ehe sie ihn als Chef bestätigen und annehmen können. Egal jedoch, ob er tatsächlich Fähigkeiten oder nur Beziehungen und starke Ellenbogen besitzt – wir glauben in unserem Kulturkreis häufig aus ökonomischem Druck und anderen Abhängigkeiten heraus, vieles, das uns im Grunde nicht richtig erscheint, in Kauf nehmen zu müssen.

Zum anderen erliegen wir oft der Illusion, es sei leichter, andere die Verantwortung für unser Leben übernehmen zu lassen: »Es ist so bequem, unmündig zu sein. Habe ich ein Buch, das für mich Verstand hat, einen Seelsorger, der für mich Gewissen hat, einen Arzt, der für mich die Diät beurteilt und so weiter, so brauche ich mich ja nicht selbst zu bemühen!« – dies war bereits vor über 200 Jahren ein Erfahrungswert des Philosophen Immanuel Kant, der heute aktueller scheint denn je. Unsere Ratgeber- und Expertenkultur zeugt davon, dass wir diese Lebenshaltung noch forciert haben.

Was aber ist die Konsequenz daraus, dass wir uns an Bedingungen anpassen, die eine Wertschätzung unserer inneren Ressourcen nicht mehr möglich machen?

Sicher hat jeder schon einmal die Erfahrung gemacht, wie belastend das Aushalten eines nicht authentischen Vorgesetzten ist. Das kann zu einer schlechten Arbeitsleistung, Unzuverlässigkeit, verdeckten Aggressionen bis hin zu Erkrankungen führen. Aber auch zu Respektlosigkeiten, die den Leiter dazu bringen, seinen Autoritätsdruck weiter zu verstärken, um eine Anerkennung zu erzwingen. Obwohl so ein Fall für die Mitarbeiter eine große Härte und Belastung darstellt, könnte sich die Situation für den falsch platzierten Leiter noch schlimmer anfühlen. Schließlich muss er den Druck der Überforderung nicht nur täglich aushalten, sondern ihn oft auch noch verheimlichen.

Weder er noch seine Mitarbeiter können aus ihrer Echtheit schöpfen und sich darin ergänzen.

Als junge Frau las ich eine Geschichte von einem Mann, der darunter litt, immer lügen zu müssen, um in die Welt zu passen. Dabei kamen die Lügen einfach so aus ihm heraus, ohne dass er sie steuern konnte. Es log ihn – sozusagen.

Er wünschte sich, damit aufhören zu können, woraufhin ein Rabe auftauchte, der ihm das Rezept für einen Wahrheitstrank verriet. Voll Erleichterung und Zuversicht bereitete der Mann das Getränk zu und kippte es in einem Zug hinunter.

Und tatsächlich – es wirkte. Am nächsten Tag konnte er seiner langjährigen Sekretärin sagen, dass sie wie eine

Vogelscheuche aussähe, und seinen Freunden, was ihm an ihnen schon lange auf die Nerven ginge. Er kündigte Mitarbeitern seiner Firma, die Kunden belogen, damit der Umsatz stieg. Er verstörte rings um sich herum alle Menschen, und schließlich wollte niemand mehr etwas mit ihm zu tun haben. Deshalb bat er den Raben, den Zauber aufzulösen, um wieder lügen zu können.

Würde ich heute von diesem Wahrheitstrunk etwas zu mir nehmen, so wäre bereits ein einziger Einkauf eine Zerreißprobe. Ich müsste den Filialleiter einer Drogerie zur Rede stellen: »Mit welchem Recht belügen Sie hier die Kunden und verkaufen diese große Flasche eines Shampoos als Sparpackung, die, auf ihren Inhalt umgerechnet, mehr Geld kostet als eine kleine Flasche?« Im Supermarkt müsste ich mir verbitten, dass mir bereits im Oktober die Vorfreude auf Weihnachten verdorben wird, weil sich das Festtagsgebäck und die Weihnachtsnaschereien überall stapeln, um den Kunden bereits jetzt das Geld regelrecht aus der Tasche zu ziehen.

Bereits die Fähigkeit, all diese Wahrheiten nicht zu sagen, beruht auf der Fähigkeit zur Anpassung an all das, was nicht mit dem eigenen Inneren übereinstimmt.

Sicher kann jeder ermessen, wie sein Alltag aussehen würde, wenn er gezwungen wäre, das, was er ganz echt und wahrhaftig fühlt, ununterbrochen auszudrücken.

Lügen, Formeln und wachsende Kontrolle sind also wichtige Instrumente, um in einer Welt zurechtzukommen, die nicht mehr zu uns zu passen scheint, obwohl wir selbst sie in dieser Weise geformt haben.

»Kindermund tut Wahrheit kund« ist ein Sprichwort, das

viel darüber aussagt, was wir in uns tragen, wenn wir unser Leben beginnen.

Erst kürzlich sah ich in einer Tanzshow Kinder gegeneinander antreten, und es traf mich tief, was sie ganz unbefangen über sich selbst sagten. So berichtete ein Mädchen, welches von seinen Eltern als sehr gehemmt beschrieben wurde: »Ja, ich bin schüchtern, zum Beispiel in der Schule. Aber beim Tanzen, da bin ich anders. Da kann ich ja zeigen, was ich kann.« Während ich noch verarbeitete, dass dieses kleine Mädchen in seiner Schule offenbar nirgends zeigen kann, was in ihm steckt, fügte es hinzu: »Beim Tanzen muss man auch nicht lieb sein. Da darf man eine wilde Rolle spielen.«

Wie weit sind wir von uns weggereist, dachte ich, wenn ein Kind sich ein anderes Feld suchen muss, in dem es Echtheit als Rolle spielen darf?

Für uns sind Kinder – und auch Hunde – häufig genau dann richtig, wenn sie wie Automaten tun, was wir ihnen sagen, und sie Handlungsabläufe abspulen, auf die sie selbst natürlicherweise niemals zurückgreifen würden. Uns ist dabei nicht bewusst, dass wir sie zu Wesen konditionieren, die so zwar besser zu unseren Vorstellungen passen, aber nicht mehr zu sich selbst.

Die Hilferufe des ursprünglichen Wesens, die wir Symptome nennen, zeigen sich beim Kind und späteren Erwachsenen als Konzentrationsstörungen, unangebrachte Aggressionen, chronische Anspannung oder Aufregung, Depressionen, Sucht und Zwangshandlungen, Burn-out und Aufmerksamkeitsstörungen. Von einigen dieser Symptome bleiben auch unsere Hunde nicht verschont.

Bei einem gesunden, nicht unterdrückten authentischen Wesen wären sie undenkbar. Kein wildes Tier und kein Mensch aus einem Naturvolk weist sie auf.

Neue Facetten

Wie sehr wir die Sprache der Hunde missverstehen und wie wenig Wissen wir insgesamt über Hunde haben, zeigt zum Beispiel unsere Nichtkenntnis ihrer Begrüßungskultur. Das wird immer dann sichtbar, wenn Hundehalter hilflos den Begegnungen der Hunde gegenüberstehen, weil sie nirgendwo lernen konnten, was ihre sozialen Partner da eigentlich sagen und ausdrücken.

Ein Klassiker, der hier nur als ein Beispiel für viele Missverständnisse stehen soll, ist eine unangenehme bis gefahrenvolle Begegnung zweier Hunde. War der Gegenspieler beispielsweise ein Rüde, ziehen viele Hundehalter dann den Schluss, dass Rüden für den eigenen Hund ein Problem seien. In Folge werden nun alle anderen Hundebesitzer bereits von Weitem angerufen, ob sie einen Rüden mit sich führen oder eine Hündin. Auch dem eigenen Hund kann die Tatsache nicht verborgen bleiben, dass sein(e) Halter(in) nun bewusst Rüden meidet.

Weil dauerhafte Ängste, die sich ein Hund nicht erklären kann, fast immer zu unheimlichen Gespenstern werden, ist es nun wahrscheinlich, dass auch der Hund beginnt, abwehrend auf alle Rüden zu reagieren. Die Annahme des Halters scheint sich dadurch bestätigt zu haben.

Eine solch starre Betrachtungsweise sperrt jedoch nicht nur den Hund in die Sicht des Menschen ein, sondern auch den Hundehalter. Anstatt mit unbeschwerter Vorfreude zu einem Spaziergang aufbrechen zu können, wünscht er sich, heute nicht so viele Rüden zu treffen, die dem eigenen Hund gefährlich werden könnten oder dieser ihnen. Die Welt der Hunde mit ihren ganz unterschiedlichen Persönlichkeiten schrumpft auf eine Einteilung in Hündinnen und Rüden zusammen. Die Nuancen ihrer Rassen, Charaktere, Lebenshintergründe und Kompetenzen werden ausgeblendet. Obwohl die unangenehme Erstbegegnung vielleicht nur entstanden war, weil einer der Hundehalter seinen Hund durch Rufen von der respektvollen Begrüßung eines Leithundes abgehalten hatte.

Wir wissen noch sehr wenig über unsere Hunde – aber wir erhalten auch immer nur Antworten auf Fragen, die wir uns wirklich stellen. Nach dem Ansehen des zuvor beschriebenen Modelles der Hundetypen sind für mich jedoch weiterhin viele Fragen offen geblieben oder scheinen mir zu starr beantwortet. Deshalb beginne ich, selbst zu forschen – theoretisch wie praktisch.

Viele bahnbrechende Erkenntnisse vom Umgang unter Hunden stammen von der Beobachtung von Wölfen. Prof. Dr. Dr. Manfred Spitzer nun berichtet in seinem Artikel »Hunde sind auch nur Menschen« in der Zeitschrift »Nervenheilkunde« 2015, wie einfach und klar die Entstehung des Menschen und Hundes vor 150 Jahren noch schien – der Mensch stamme vom Affen ab und der Hund vom Wolf. Aber das sei falsch, denn beim Menschen sei es mit »mindestens zwei zusätzlichen Wurzeln (Neandertaler und Denisovan-Mensch, deren Genom sich in manchen heutigen Menschen findet) und einer Mini-Ausgabe (Homo floresiensis), die bis vor ca. 13 000 Jahren auf einer Insel gelebt hat, deutlich komplizierter.«

Heutige Hunde stammten laut Spitzer nicht vom Wolf,

sondern von einem ausgestorbenen gemeinsamen Vorfahren ab; die derzeit ca. 400 Hunderassen entwickelten sich demzufolge durch Züchtung durch den Menschen. Der so entstandenen genetischen Vielfalt konnten »mittlerweile deutliche Unterschiede im Genom der einzelnen Rassen zugeordnet werden«. Spitzers Fazit: Ob Tier oder Pflanze – das Erste, was der Mensch je gezüchtet hat, waren Hunde. Es ist also durchaus so, dass unsere Erkenntnisse sich immer wieder ändern und/oder in verschiedenen Meinungen auseinandergehen, obwohl Hunde füreinander einfach Hunde sind und wir nur beobachten müssen, was sie sich zu sagen haben.

Modelle können dabei ein hilfreicher Versuch sein, die Wirklichkeit zu beschreiben und Verstehen zu inspirieren, aber sie sind eben nicht die Wirklichkeit selbst. Hinter jedem Modell wirkt ein anderer Modellbauer, und so unterscheiden sich bereits darin die Abbildungen der Realität.

Für meine praktische Forschung hole ich mir Unterstützung im Verbund der unabhängigen Wegbereiter (VdU) für Mensch-Hund-Kommunikation, den ich 2012 ins Leben gerufen habe. Er ist eine Lern- und Arbeitsgemeinschaft von Kollegen und Kolleginnen, die vorwiegend mit den Vokabeln der Hunde umgehen und Echtheit statt Dressur anstreben. In dieser Gemeinschaft herrscht ein Geist der Neugier, der Solidarität und der Wertschätzung für Mensch und Hund.

Gemeinsam mit Dr. Kim Ameer, einer Tierärztin, die bereits wissenschaftlich gearbeitet hat, entwerfe ich eine Studie zur Abgrenzung der Hundetypen.

Um ein bestimmtes Verhalten zu katalogisieren, braucht

es eine zielgerichtete, aufmerksame Wahrnehmung von Objekten, Phänomenen oder Vorgängen – gegebenenfalls unter Verwendung technischer Hilfsmittel. Die Beobachtung als wissenschaftliche Methode versucht systematisch und objektiv zu sein. Um diese Systematik zu erreichen, bedarf es eines Beobachtungsplanes und einer Organisation des Beobachtungsprozesses, in denen festgelegt wird,

1. was von wem, wann und wo beobachtet wird,
2. wie das Beobachtete zu protokollieren ist und
3. ob es – und wenn ja, in welcher Form – interpretiert wird.

Die Studie wird von mir selbst und geschulten Mitarbeiter/innen des VdU an vier Orten in Deutschland durchgeführt und umfasst inzwischen ungefähr dreihundert beobachtete Hunde.

Innerhalb des Beobachtungsprozesses gibt es drei unterschiedliche Durchläufe, die mit jedem Hund identisch in Zeit und Form durchgeführt werden, so dass die äußeren Bedingungen gleich bleiben und ausschließlich die Verhaltensweisen der jeweiligen Hunde abweichen.

Jedes Verhalten wie Gangbild, Schnüffeln, Aufbauen, Abstand zum Halter, Erfassung des Geländes durch den Hund, Erfassung der Außenreize und Reaktion darauf und vieles mehr wird in verschiedenen Formen mehrfach erfasst:

1. durch Strichlisten von Trainern, die sich jeweils nur auf ein Verhaltensmerkmal konzentrieren,
2. durch drei Videokameras, von denen zwei den Hund stets in Großaufnahme und die dritte ihn in der Totalen mit seinem Halter zeigen, und
3. mit einem GPS-Sender an Hund und Halter, durch die

man das Gangbild und den Abstand der beiden zueinander noch einmal grafisch nachvollziehen kann.

Noch ist die Studie nicht abgeschlossen, aber einige bisherige Ergebnisse sind dank ihrer Genauigkeit bereits jetzt aussagekräftig, und ich werde sie deshalb, um gemeinsam zu lernen, zur Verfügung stellen. Dabei erhebe ich keinen Anspruch auf Vollständigkeit und beziehe mich auf den Status der Vorläufigkeit, den jedes Lernen kennzeichnet.

Die drei Temperamente

Wenn ich mir einen Eindruck von einem Hund – aber auch von einem Menschen – machen möchte, erkunde ich zuerst sein Temperament. So gibt es schnelle Wesen, die nach vorn drängen, und Bedächtige, die lieber jeden Eindruck noch einmal in sich nachschwingen lassen. Weiterhin gibt es Typen, die etwas Pulsierendes ausstrahlen, weil sie zwischen beiden Tempi hin- und herwechseln können.

Habe ich das Temperament herausgefunden, suche ich nach einem Ausdruck für die jeweiligen Kompetenzen. Dabei interessiert mich weniger, wie sich ein Wesen darstellt, sondern wie es in Wirklichkeit beschaffen ist. Mein Ansatz bezieht sich darauf, es in genau seinen Ressourcen zu stärken und nicht, wenn vorhanden, weiter an den Symptomen einer Anpassungsstörung zu basteln.

Bei den vorwärtsdrängenden, extrovertierten Hunden habe ich bisher drei verschiedene Typen voneinander abgrenzen können:

- einen autonomen Entscheidungsträger, den ich »vorderen Leithund« nenne und der den Job eines Beurteilers und Außenministers erfüllt,
- einen halbautonomen Mitarbeiter, auf den der Begriff »Kundschafter« ganz gut passt, weil er, von einem Entscheidungsträger geschickt, sehr gut auch selbständig etwas auskundschaften kann,
- und einen Hund, der als »Wächter« auf klare Entscheidungen und Bewertungen angewiesen ist, weil er keine Autonomie besitzt. Interessanterweise erledigt

er einen Job als Bodyguard und Schlichter, für dessen Ausübung es auch ganz ungut wäre, wenn er sich selbständig von der Gruppe entfernen könnte, die er beschützt.

Dieselben Jobs wiederholen sich bei den nachschwingenden, introvertierten Hunden – nur eben mit allen Eigenschaften der langsamen Wesen.

Schlussendlich gibt es einen Hund mit einer pulsierenden Energie, der das alles miteinander verbinden und lenken kann. Wegen seiner zentralen Funktion nenne ich ihn »Zentralhund«.

Mit den Tempobegriffen »schnell« und »langsam« sind nicht die Beschleunigungen durch Druck und Aufregung gemeint. Es geht dabei um einen natürlichen Lebensausdruck, der sich überwiegend immer wieder in allen Dingen zeigt.

Auch die Rasse kann diese Tempi zwar forcieren oder abschwächen, ist aber nicht ursächlich für einen schnellen, langsamen oder pulsierenden Hund. In jeder Rasse gibt es immer alle drei Temperamente und alle drei Autonomiezustände. So benötigt ein autonomer Entscheidungsträger stets die Möglichkeit, sein Umfeld in Ruhe erfassen zu können. Ein halbautonomer Kundschafter braucht ein klares Ziel, das er dann selbstständig umsetzen darf. Ein nichtautonomer Wächter muss jeden Zwischenschritt kommuniziert bekommen, weshalb der Entscheidungsträger in der Nähe bleiben sollte.

Teil 3 – Erkennen

Vorwärtsdrängende Hunde – die Extrovertierten

Der autonome Leithund

Ein Leithund wird Ihnen bereits in vielen unterschiedlichen Gestalten begegnet sein. Unter den temperamentvollen Rassen wie zum Beispiel dem Border Collie oder Jack Russell gibt es immer einen auffällig gelassenen Buddha. Und unter den Charmeuren wie zum Beispiel dem Airedale Terrier und dem Magyar Vizsla findet sich stets auch eine distinguierte Majestät, die mit hoch erhobenem Kopf an Ihnen vorbeiläuft.

Vielleicht haben Sie auch schon unter den Wirbelwinden wie dem Bichon Frisé oder dem Prager Rattler einen stoisch in sich ruhenden Zeitgenossen angetroffen.

Das heißt nicht automatisch, dass Sie einem Leithund gegenübergestanden haben – aber die Wahrscheinlichkeit dafür ist groß.

Wenn Sie mit einem Hund vom Urtyp einer sehr alten Rasse zu tun haben, wie zum Beispiel dem Akita oder dem Alaskan Malamute, oder wenn Sie einen (ehemaligen) Straßenhund treffen, der die Erfahrung gemacht hat, sich selbständig durchzuschlagen, dann könnte die beschriebene Souveränität jedoch auch einfach Ausdruck einer großen Authentizität sein, die im Verhältnis zu vielen anderen angepassten Haushunden eben sehr auffällt.

Auch kann sich die Autonomie eines hündischen Entscheidungsträgers durch die besonderen Eigenschaften seiner Rasse abschwächen oder verstärken.

Raida ist zum Beispiel ein marokkanischer Herdenschutzhund, ein Aïdi. Seine Autonomie als Leithund erfährt durch seine Zugehörigkeit zu dieser ohnehin autarken Rasse deshalb noch eine kräftige Zugabe.

Eine meiner Freundinnen lebt hingegen mit einem Golden Retriever, und obwohl auch dieser Leithund eine große Souveränität ausstrahlt, ist er doch von Natur aus sehr viel entgegenkommender, bedingt durch die Freundlichkeit seiner Rasse.

Bereits mehrfach beschrieb ich das Bedürfnis der Leithunde, alles selbst beurteilen zu wollen. Sie fragen also viel weniger beim Menschen nach als die hündischen Mitarbeiter.

In einer Hundeschule fallen sie dadurch auf, dass sie anderen nur zusehen müssen, um ein Kommando zu verstehen – aber keinen Sinn darin sehen, es jederzeit zu erfüllen.

Leithunde scheinen ein Radargerät zu besitzen, das dem Halter mitunter unheimlich verkommt, wenn er bemerkt, dass das aufmerksame Innehalten und Aufhorchen seines Hundes vor fünf Minuten etwas mit dem Fahrradfahrer zu tun hatte, der jetzt gerade in einer einsamen Gegend um die Ecke kommt, woraufhin der Leithund sich nun endlich auch wieder aus seiner Starre löst.

Auch Pünktlichkeit erhält im Zusammenleben mit ihnen eine neue Bedeutung. Während wir Menschen in Deutschland mit dem akademischen Viertel gut leben können und uns fünfzehn Minuten Toleranz bei einem Termin einräumen, drängt ein Leithund auf das korrekte zeitliche Einhalten aller Rituale. Geht man immer gegen zwanzig Uhr hinaus, wird er bereits kurz vor dieser Zeit darauf aufmerksam machen und spätestens um zwanzig Uhr darauf drängen.

Auch andere Hunde besitzen eine innere Uhr oder drängeln einmal, weil sie rauswollen. Bei den Leithunden fällt jedoch ein regelrechter Hang zur Pedanterie auf. Das macht auch Sinn, weil sie alle neuen Umstände ja wieder neu beurteilen müssen, während ein Mitarbeiter sich darum nicht scheren muss, wenn ihm eine Abänderung als Entscheidung kommuniziert wird. Aus diesem Umstand heraus ist vielleicht auch verständlich, warum sie zu viele Programmabweichungen ablehnen. Raida quittiert mir Hektik stets mit einer späteren Reaktion, bei der er dann den aufgestauten Druck wieder ablässt. Weiß man das, kann man auch ein abweichendes Verhalten des Hundes besser in Kauf nehmen.

Häufig können sich Leithunde mit nur einem einzigen Eindruck beschäftigen und sind nicht multitaskingfähig. Vielleicht lieben sie auch deshalb Ruhe und Struktur.

Das Schwierigste im Zusammenleben mit einem Leithund ist wohl, zu einer gemeinsamen Richtung zu finden, in die man gehen will, weil genau das ja eigentlich die Aufgabe des Leithundes ist. Oft besitzt er also ganz andere Vorstellungen davon, wo es langgehen soll, und kann dem auch Nachdruck verleihen.

Eine frühere Mitarbeiterin, die noch nie mit einem Leithund gelebt hat, gestand mir einmal nach einem Spaziergang mit Raida, dass sie unfreiwillig immer in die Richtung hatte gehen müssen, die der große Blonde gewählt hatte, weil sie ihn trotz Leine keinen Millimeter in ihre Wunschrichtung bewegen konnte. Die Hundesitterin, die während eines Filmdrehs mit Raida dreißig Minuten lang auf einer Straße in Berlin-Schöneberg auf ihren Einsatz warten sollte, tauchte mit einem seligen Raida wieder auf. Er hatte sie während der Überbrückungszeit in jedes Café der Straße hinterhergezogen und war dort kostenlos einer Fußbodenreinigungsarbeit nachgegangen. Auch handgereichte Kekse und andere Leckereien waren abgefallen.

Man kann also einem Leithund, der in eine bestimmte Richtung strebt, ab einer gewissen Größe nicht mit physischer Kraft beikommen, sondern nur mit eigener innerer Präsenz und mit einem fairen Ausgleich im Alltag, bei dem man ihn auch einmal den Weg vorgeben lässt.

Verwehrt sich ein Leithund entschieden gegen ein Weitergehen, so ist es das Verkehrteste, ihn an der Leine hinterherziehen zu wollen, selbst wenn das möglich ist, weil er noch jung oder von kleinerem Wuchs ist. Es ist dann gut, die Leine locker zu lassen und ihn freundlich, aber bestimmt einzuladen. Zieht er in die andere Richtung, kann man als Mensch einfach stehen bleiben und warten, bis er damit aufhört. Dann gibt man etwas Leine nach und lädt ihn in die eigene Wunschrichtung ein. Leithunde besitzen Geduld und Gelassenheit, und so können Sie diese Situation am besten auch mit der »Gebetsmühle« lösen, die immer wieder »Leine locker, Hund einladen« mahlt.

Es bedarf einer eigenen inneren Festigkeit und Unerschütterlichkeit, damit der Hund seine Entscheidung ändert, und das Wichtigste dabei ist vielleicht: Auch das muss er selbst entscheiden, und dazu braucht er mitunter etwas Zeit.

Leithunde möchten nicht nur fremde Hunde, sondern auch fremde Menschen identifizieren. So musste ich Raida gleich zu Anfang untersagen, an meinen eigenen Artgenossen aufzusteigen und seine Nase zwischen ihre Lippen zu schieben, um an ihren Zähnen zu schnüffeln. Er erledigt seine Beurteilung jetzt, weiter intensiv in Richtung Gesicht schnüffelnd, vom Boden aus.

Leithunde sind zu Fremden freundlich bis gleichgültig. Raida hört nicht auf Fremde, nutzt aber sehr gern deren Hände als Massageinstrumente.

Mit Bestechungsversuchen entlarvt man sich bei diesen Hunden als schwacher Bittsteller und wird das spätestens dann zu spüren bekommen, wenn man etwas von ihnen will, was sie selbst gerade nicht wollen. Soeben war man noch ein toller Futterautomat, jetzt ist man plötzlich Luft für sie.

Fremde werden von einem Leithund stets so lange sehr dezent, aber aufmerksam beobachtet, bis ihnen der Status eines Freundes verliehen wird.

Sie können einem Leithund – egal, welcher Rasse er auch angehört – in sehr vielen Situationen besser sagen, was er nicht tun soll, und dann einfach abwarten, wie seine Korrektur ausfällt, als ihm vorzuschreiben, was er tun soll.

Eine befreundete Theaterregisseurin berichtete mir

Raida lässt sich bedienen 1

dazu ein schönes Beispiel mit menschlicher Besetzung. Der Hauptdarsteller ihres letzten Stückes, ein junger, ernsthafter Mann, spielte bei den Proben für das Empfinden meiner Freundin einen bestimmten Gefühlsausdruck etwas zu übertrieben. Sie sagte ihm, wie sie es gern hätte, und spürte, wie schwierig es für ihn war, das Vorgeschlagene umzusetzen.

Am nächsten Tag wiederholte sich das Ganze bei einer anderen Szene, und wieder erklärte ihm meine Freundin ihre Vorstellung von einer gelungenen Umsetzung. Plötzlich sah der junge Mann ruhig auf und sagte: »Weißt du, es würde mir mehr helfen, wenn du mir nicht sagst, *wie* ich es umsetzen soll, sondern wenn du mir nur sagst, *wie nicht*. Dann kann ich dir etwas anderes anbieten.« Tatsächlich gelang den beiden dann auf genau diese Weise eine hervorragende Zusammenarbeit.

Raida lässt sich bedienen 2

Wichtig ist aber – nicht nur bei Leithunden – auch der Tonfall, in dem eine Regel oder ein Verbot erklärt wird.

Ein »Lass das! Pfui! Aus!« klingt anders als ein »In unserer Gruppe wird nicht gejagt«.

Besonders hilfreich ist es, einer Aussage die Formel »Die Regel ist…« voranzustellen: »Die Regel ist: In unserer Gruppe wird nicht gejagt«, oder: »Die Regel ist: Wir gehen nicht zu fremden Menschen.« Diese Formel bewirkt automatisch, dass man einen friedfertigen, aber bestimmten Tonfall anschlägt; einen Tonfall, auf den meiner Erfahrung nach auch Entscheidungsträger gut reagieren können.

Mit dieser Voranstellung »Die Regel ist…« wird man auch gezwungen, selbst sinnvolle Leitlinien für bestimmte Situationen zu finden. Klarheit ist sehr kostbar im Umgang mit einem klaren Hund.

Zwingt man einen Leithund mit Gewalt, seine Natur aufzugeben, um es als Mensch »leichter zu haben«, dann erschafft man ein Wesen mit wenig Lebensfreude und vielen Symptomen einer Anpassungsstörung wie Ängsten, Aggressionen oder Unruhe.

Am schwersten haben es dabei Welpen und Miniaturzüchtungen, die dem wenig Widerstand entgegensetzen können. Es ist leicht möglich, diese an der Leine festzuhalten oder hinter sich herzuzerren, sie einfach vom Boden hochzunehmen, wenn ein anderer Hund sich nähert oder sie in einer Tasche zu tragen. Nicht ohne Grund kommen in meine Seminare seit Jahren höchstens 5 Prozent Halter mit kleinen Hunden.

Vor Jahren machte mir ein Chihuahua deutlich, was es heißt, nicht in seiner Natur wahrgenommen zu werden. Jimmy war mit seinen riesigen Puppenaugen, den tippelnden Spinnenbeinchen und seinem Handtaschenformat fast allen anderen Hunden körperlich unterlegen. Als ich ihn zum ersten Mal zwischen Labradoren, Salukis, einem Dalmatiner und anderen größeren Hunden in der Dogwalk-Gruppe einer Bekannten sah, musste ich an ein Aufziehspielzeug denken. Er stakste steif und unbeholfen über eine Wiese. Die dichten Grashalme versperrten ihm mitunter derart die Sicht, dass er sich mit weit nach hinten gebogenem Kopf hindurchkämpfen musste, um sehen zu können, was ihn erwartete. An den flacheren Grasstellen, aus denen kurze, abgemähte Unkrautstümpfe ragten, zog Jimmy beim Laufen abwechselnd zuckend die Pfoten nach oben, um über die stachelige Unterlage zu kommen.

Nach einiger Zeit legte er sich auf den Schoß der Dogwalkerin, die sich auf die Wiese gesetzt hatte, um sich eine weichere Unterlage zu sichern. Mir fiel auf, dass er dabei weder ein unterwürfiges Schwänzeln noch eine beschwichtigende Bedürftigkeit ausstrahlte. In seiner sachlichen Art, sich hinzulegen, zeigte sich eher ein gewisser Pragmatismus.

Nach ein paar Wochen kletterte Jimmy auf dieser Wiese zum ersten Mal auch auf meinen Schoß. Tief gerührt versuchte ich ihn zu streicheln, aber Jimmy sprang sofort von mir herunter und musterte mich so starr und fassungslos, dass ich betroffen eine Entschuldigung murmelte. Ich hatte mir nicht klargemacht, dass ich für ihn zwar als Unterlage gedacht gewesen war, er aber nicht betatscht werden wollte.

Mich beeindruckten seine klare Energie und Ausstrahlung in diesem Moment sehr. Zum ersten Mal nahm ich wahr, dass hinter seiner körperlichen Kleinheit eine große Kraft lebte und ich mich von seiner Optik hatte täuschen lassen.

Wenige Tage später erlebte ich, wie sich er und ein großer Labrador aus der Gruppe gegenüberstanden und reglos anstarrten. Man hätte die Luft zwischen ihnen schneiden können. Jimmy baute sich zu einem kleinen quadratischen Kasten auf und wuffte einen hohen, aber so energischen Warnton, dass der Labrador nachgab und sie friedlich auseinandergingen.

»Das kann er«, kommentierte die Dogwalkerin schmunzelnd, und ich sah ihr an, dass sie diese Fähigkeit des kleinen Hundes bereits kannte.

Ich rieb mir verwundert die Augen und sagte: »Das ist ja ein Leithund!« Jimmy drehte sich daraufhin langsam zu mir um und sah mich mit seinen großen Augen ernsthaft an.

Das Band, welches in dem Moment entstand, als Jimmy sich von mir gesehen fühlte, riss nie wieder ab.

Mitunter werden kleinwüchsige Leithunde auch von größeren Mitarbeiterhunden gemobbt. Würde ich also dauerhaft mit Jimmy leben, wäre es mir eine Ehre, mich bei solchen Hundebegegnungen wie ein großer Zinnsoldat neben ihn zu stellen und mich zur Sicherung anzubieten.

Will Raida einen neuen Eindruck beurteilen, stelle ich mich ebenfalls in seine Nähe und sichere ihn, weil er oft vollkommen in dem versinkt, was er wahrnimmt. Sieht er aber zwischendrin zu mir, möchte er meine Hilfe haben. Ich blicke dann in die Richtung dessen, was er aus Menschensicht eingeschätzt haben möchte, und drücke ihm aus, ob eine Gefahr davon ausgeht oder nicht.

Das kann ich einfach mit meinem Körperausdruck tun, der dann angespannt oder entspannt ist. Vielen Menschen hilft jedoch auch, das Richtige zu sagen, um eine überzeugende Stimmung für den Hund herzustellen. Damit meine ich keinen Vokabelwirrwarr – sondern es geht darum, dass sich der Mensch mit den richtigen Worten und dem richtigen Tonfall in eine aussagekräftige Stimmung verhilft, an der der Hund eine Bewertung ablesen kann.

Sehe ich also etwas, das ich kenne und für nicht gefährlich halte – wie zum Beispiel einen Pilzsammler, der durch das Unterholz schleicht –, und Raida sieht erstarrt dorthin, sage ich entspannt: »Raida, der Mann sammelt im Wald etwas zu essen, wir müssen ihn dabei Gott sei Dank nicht beaufsichtigen.«

Würde ich sagen: »Komm weiter. Nicht dahin gehen«, so

wäre das eine ganz andere Aussage, und damit entstünde auch eine andere Stimmung. Das ist leicht nachzufühlen: Probieren Sie beide Varianten einmal ganz ungezwungen laut aus.

Verwarnt man einen Leithund, wie das bei einem Mitarbeiter möglich ist, um ihn von etwas abzuhalten, was er betrachtet, kann man diese Mahnung auch an einen Baum hin aussprechen. Die Reaktion wird dieselbe sein.

Blickt man jedoch ebenfalls an, was der Leithund ansieht, und äußert dann seinen eigenen Eindruck dazu, kann sich der Hund mit dem Menschen in diesem gemeinsamen Interesse verbinden und wird kooperativ.

Einmal begegnete uns auf dem Mauerweg ein äußerst angespannt wirkender Mann, der in Straßenschuhen und Jackett den Weg entlangrannte. Alarmiert blieb Raida stehen und starrte ihn an. Auch ich selbst hatte eine Gänsehaut und sagte zu Raida: »Du hast Recht, der ist unheimlich. Wir bleiben alle hier, das scheint mir zu gefährlich.« Raida sah mich aufmerksam an, und ich fühlte, wie er meine Energie spürte.

Im Nachhinein war es vielleicht lebenswichtig gewesen, dass Raida und die anderen Hunde eng bei mir blieben. In den Abendnachrichten wurde nämlich berichtet, dass dieser Mann aus einer Justizvollzugsanstalt geflohen war und eine Waffe dabeigehabt hatte.

Beginnt ein Leithund trotz seines friedfertigen Wesens seinen Halter körperlich zu maßregeln, sind seine Grenzen entweder sehr lange respektlos verletzt worden, oder er erlebt seinen Halter nicht als charakterstarkes Gegenüber, sondern als willenlose Marionette seiner Wünsche. Häufig beginnt das mit einem maßregelnden Anspringen, bei dem die Vorderpfoten mit Nachdruck verwendet werden. Eine Steigerung stellt das Zufassen mit den Schneidezähnen dar. Ein Höhepunkt, dem einiges vorausgegangen sein muss, sind echte Bisse.

Als ich Raida kennenlernte, drückte er mit dem Zufassen der Zähne bereits deutlich seine Erfahrung aus, die er als junger Hund einmal mit Menschen gemacht haben muss.

Weil Leithunde Beurteiler sind, fällt es ihnen schwerer als anderen Hunden, ihre Meinung wieder zu korrigieren, wenn sie etwas bereits abschließend eingeschätzt haben. Für sie scheint es keinen Sinn zu machen, eigene Bewertungen immer wieder neu auf den Prüfstand zu stellen.

Das hat für den Halter den Vorteil, dass Leithunde nicht immer wieder als neu anzeigen, was sie als Eindruck abgehakt haben. Für einen Leithund sind zum Beispiel Kinderwagen abgehakt, wenn er sie einmal beurteilen konnte. Es sei denn, seine Umrisse wirken durch viel Gepäck oder einen Schirm plötzlich anders.

Ein Wächtertyp hingegen soll Gefahren melden und muss die Gefahrenlage deshalb auch immer wieder neu prüfen. Trifft er jeden Tag einen bestimmten Menschen mit immer demselben Kinderwagen, so kann es sein, dass er das auch immer wieder neu meldet, bis er eine Entwarnung von seinem Halter erhalten hat. Dann erst ist dieser Kinderwagen für diesen Tag in Ordnung. Um diesem Hundetypen kurz vorzugreifen, ist es also sinnlos, mit ihm zu schimpfen oder sich darüber zu wundern, dass er das Objekt ja nun kennen müsste. Ein Dankeschön und eine gelassen vorgetragene und eingeforderte Entscheidung wirken dagegen Wunder.

Leithunde sind eine echte Chance für jeden Menschen, wieder wahrhaftig zu werden. Sie verurteilen niemanden moralisch, sie laufen nicht weg, sie bleiben einfach innerlich gerade. Von ihnen kann man lernen, was es heißt, eine friedfertige Präsenz zu haben.

Kommt es einmal vor, dass ich aus irgendeinem Grund vorn laufen muss, ist es ohne Probleme möglich, Raida hinter mir zu halten. Ist das jedoch nicht der Fall, überlasse ich Raida auch an der Leine die Führung. Wir haben uns dabei gut einigen können auf die Abmachung: »Die Regel ist: Nicht ziehen!«

Der halbautonome Kundschafter

Ein junges Mädchen mit einem schokofarbenen Labrador kommt uns entgegen. Ich sehe, wie sie ihren Hund anleint, und gehe deshalb mit meinen Hunden vom Weg ins Buschwerk, damit sie ungestört passieren können. Als sie auf unserer Höhe angekommen sind, hält das Mädchen die Leine des kräftigen Hundemädchens fester und sagt: »Sitz.« Die blitzblanken Augen des Labradors scannen aufgeregt meine Hunde ab, und sein Hinterteil tanzt Salsa.

»Ich halte meine Hunde bei mir, weil ich den Grund ja nicht kenne, weshalb du deinen Hund festhältst«, versuche ich ihr eine Erklärung zu entlocken, denn sie steht nun vor uns und verbaut uns damit den Weg.

»Ach so!« Über das Gesicht des jungen Mädchens huscht ein Lächeln. »Ich halte Mira nur fest, weil sie noch so wild ist und Erziehung braucht. Sie ist erst ein Jahr alt. Sitz, Mira!«, erneuert sie die Aufforderung an den Hund. Dieser beginnt zu fiepen und verstärkt den Zug an der Leine.

Ich sehe Raida und Mitja an, dass sie das Hundemädchen vollkommen harmlos finden, aber die Auffassung der jungen Frau hinsichtlich der noch notwendigen Erziehung teilen. Raida gähnt beruhigend und wendet den Kopf ab. Mitja starrt ungläubig auf den vor Aufregung schnorchelnden Hund und will dringend helfen. Nur Frieda hebt bei so viel Dampf angewidert eine Lefze, und Tinka hat ihre Tarnkappe aufgesetzt und schnüffelt im Gebüsch.

»Wenn du magst, könnten wir ja einmal sehen, was die Hunde für Erziehungsvorschläge haben. Mach Mira ruhig los!«, schlage ich vor, um die Situation aufzulösen.

»Aber sie ist sehr wild«, gibt das junge Mädchen zu bedenken.

»Das macht nichts«, antworte ich, weil ich die Kompetenzen meiner Hunde kenne und einen starken Verdacht habe, was für ein Typ Hund da vor uns sitzt. Ich entferne mich noch ein paar Meter, damit die Wucht des Aufpralles nicht zu groß wird, und das junge Mädchen klickt die Leine ab.

Peng! Wie erwartet schießt der Labrador auf uns los. Seine Sprünge wirken unternehmungslustig, und in seinen Augen glimmt die pure Lust an der Herausforderung.

Raida präsentiert seine Breitseite, Mitja hält sich steif wie ein Brett in Bereitschaft. Ich stehe als Schutzschild vor Frieda.

Die junge braune Hündin dockt zuerst bei Raida an und leckt ihm mit einer Penetranz die Lefzen, dass er abwehrend den Kopf nach oben zieht. Dann wendet sie sich mit Schwung an Mitja und züngelt auch ihm über die Lefzen, schiebt jedoch gleichzeitig ihre Breitseite immer wieder gegen seine. Mitja weicht ihr aus und fordert sie dann zu einem Rennen auf, offenbar in der Hoffnung, der Labrador würde dadurch seine Energie loswerden.

Seine Hoffnung erfüllt sich nicht. Das Hundemädchen ist auch nach dem sportlichen Zweikampf ungebremst wild und möchte nun auch die anderen Hunde kennenlernen. Ich überlasse Frieda jetzt selbst eine Antwort, weil sie inzwischen sehr darauf brennt.

»Kraaaah!« Nicht nur der Labrador zuckt zurück, sondern auch das Mädchen fährt zusammen.

»Sie kann offenbar gut zuhören, wenn es nicht anders geht«, weise ich lachend auf die Labradorhündin, die jetzt wieder Mitja einzuwickeln sucht und genau darauf achtet, Frieda auszuweichen. Mitja lässt die Penetranz der jungen Hündin geduldig über sich ergehen.

»Warum reagieren Ihre Hunde denn so unterschiedlich?«, fragt das Mädchen erstaunt.

Ich sehe auf Mitja und sage: »Dieser Hund ist selbst so ein kontaktfreudiger, offener Hund, deshalb geht ihm dieselbe Betriebstemperatur nicht auf den Zünder. Meine Hündin dagegen ist in ihrer Natur eher zurückhaltend, und auf sie scheint diese zündende Energie wie ein zu starker Stromstoß zu wirken. Deshalb möchte sie stets, dass sie sofort aufhört.«

Das Mädchen sieht mich zum ersten Mal direkt an, und

unter zwei übereinandergesetzten Mützen und einem zusätzlich darübergebundenen Tuch nehme ich jetzt zwei ungemein blaue Augen wahr. »Also das geht mir mit einigen lauten Mädchen ähnlich«, sagt sie bedächtig. »Aber bei unserem Hund denke ich, dass es das Alter ist.« Fragend sieht sie mich an.

»Das Temperament meiner Hunde hat sich nie verändert, seit ich sie habe«, antworte ich. »Ihre Natur wird im Alter nur gedämpfter, weil sie ja Kräfte sparen müssen.« Scherzhaft füge ich hinzu: »Deine Großeltern werden sicher auch nicht mehr wild um die Häuser ziehen, oder?«

Das Mädchen schüttelt entsetzt den Kopf.

»Habt ihr das Zwergschnauzermädchen hier aus der Siedlung schon einmal getroffen, das gerade sechs Monate alt ist?«, frage ich nach. Das Mädchen bejaht.

»Und welchen Eindruck hast du von ihm?«

Das Mädchen denkt nach, und plötzlich erhellt sich ihr Gesicht. »Stimmt, die Kleine sitzt immer nur da und guckt, obwohl sie auch jung ist. Sie hat übrigens Angst vor Mira, deshalb gehen wir immer weiter.«

Die Labradorhündin hat es inzwischen geschafft, dass es selbst Mitja reicht, weil sie mit ihrem ganzen Körper immer wieder wie eine Wuchtbrumme an ihn heranballert. Er starrt die Hündin streng an und grollt ihr seinen Unmut ins Gesicht. Die Hündin wirft sich daraufhin auf den Rücken, zappelt aber in dieser Lage weiter und putzt den Waldweg mit ihrem Hinterteil.

»Sie legt sich immer gleich hin, wenn ihr einer so eine Ansage macht – aber irgendwie hört sie trotzdem nicht auf«, sagt das Mädchen und sieht ratlos auf ihren Hund.

Ich zeige auf die Beine, die der Labrador jetzt von unten starr gegen Mitja stemmt, um sich gegen ein Nachgeben zu verwehren. »Nun, sie ist eine tolle Schauspielerin und meint diese ganzen Respektgesten wie das Hinlegen und das Lefzenlecken nicht wirklich ernst«, sage ich. »Sie erinnert mich an ein kleines Mädchen aus meinem Freundeskreis, das bei unserer ersten Begegnung einen übertrieben artigen Knicks zu machen wusste, aber etwas verdächtig Schalkhaftes im Blick behielt. Während wir Erwachsenen uns auf der Terrasse niederließen, verschwand sie irgendwann unauffällig in meinem Haus, und ich folgte ihr kurze Zeit darauf neugierig. Im Türrahmen stehend beobachtete ich, wie sie mit ihren kleinen Fingern gerade das Innenleben eines Muffins herauspopelte und sich dann bemühte, seine äußere Form wieder so herzustellen, dass das Delikt nicht sichtbar schien.«

»Und was haben Sie dann gemacht?«, fragt das junge Mädchen interessiert.

»Ich habe mich geräuspert, und als sie erschrocken herumfuhr, habe ich ihr gesagt, dass sie den Muffin gefälligst ganz aufessen soll. Das hat sie überrascht.« Wir lachen beide. »Fantasie und Überraschungen helfen übrigens auch bei so einem Hund wie dem deinen«, füge ich hinzu und zeige auf die Hunde.

Der Labrador liegt noch immer unter Mitja und ist jetzt ruhiger geworden. Mitja gibt ihn frei, weil er wohl spürt, dass der Hund mehr Ruhe noch nicht aufbringen kann.

Die Hündin versucht daraufhin noch einmal, Raida mit viel Lefzenlecken auf sich aufmerksam zu machen. Der hebt den Kopf in die Höhe, wie eine alte Dame im Schwimmbad, die kein Wasser an ihre Frisur lassen möchte.

Ich lade das junge Mädchen ein, mit uns zusammen weiterzulaufen, weil dann erfahrungsgemäß etwas schneller Ruhe unter den Hunden einziehen kann, als wenn man an einer Stelle verharrt. Nach gefühlt einhundert verschiedenen Grenzsetzungen meiner Hunde lässt das Labradormädchen von ihren körperlichen Zudringlichkeiten ab und interessiert sich nun für die Schnüffelstellen der anderen. Sie ist immer noch temporeich, aber innerlich angekommen in dieser Gruppe und hat die Begrenzung angenommen, die sie ihr gesetzt hat.

Meine Kollegin Christine lebt mit einem Jagdhund genau dieses Typs. Sie sagt dazu: »Spezi moniert, wenn jemand nicht auf sein extrovertiertes Gehampel einsteigt, dann bellt er ihn an. Am Anfang habe ich das immer als Hilflosigkeit interpretiert und gedacht, er bellt, weil er nicht weiterweiß. Aber das Bellen ist nur eine Aufforderung, dass der andere nun endlich etwas tun soll. Er kann es nur schwer aushalten, wenn der andere cool bleibt.«

Zur Verzweiflung der Halter eines solchen Typs will dieser bei jedem Hund, den er trifft, auskundschaften, was für Qualitäten er hat. Er benimmt sich wie ein »Vorkoster«, der für seine Gruppe in Erfahrung bringt, wie ein fremder Hund beschaffen ist. Seine oft charmanten Herausforderungen sind so hartnäckig, dass er zuverlässig Antworten erhält, die er offenbar braucht, um zu wissen, mit wem er es zu tun hat. Wie reagiert der andere Hund – souverän, kämpferisch, scharf, ausweichend? Das sind wichtige Auskünfte, die dieser Hundetyp auch täglich von seinem Halter oder den Hunden, mit denen er lebt, immer wieder neu abfragt.

Obwohl dieses Verhalten anstrengend sein kann, haben diese Anfragen auch etwas von einer Qualitätsschulung für die eigene Gruppe. Besser ein Insider prüft und trainiert die Fähigkeiten aller regelmäßig als überraschend ein Outsider.

Bei meinen russischen Hunden waren es rückblickend gleich zwei dieser Wirbelwinde, die die Gruppe schulten: Felix und Bambino zeigten sich beide sehr kreativ darin, stets einen »Rummelplatz« zu schaffen, wenn es ihnen zu ruhig war. So bellten sie andere Hunde gern spielerisch und auffordernd an und machten auffällig viele Spielverbeugungen. Zudem waren sie Meister darin, sich als Hasen zu präsentieren und einen anderen Hund als Jäger zu aktivieren, indem sie ihn immer wieder umkreisten oder überrannten.

Ihre Beschleunigungen wurden begrenzt durch Anton, Husar, Wanja, Laska und Wasja. Am effizientesten jedoch konnte ihnen der vordere Leithund, Anton, durch seine buddhistische Ruhe Einhalt gebieten. Jedes kleine Fünkchen zu viel reicht bei den vorderen Kundschaftern nämlich aus, um sie wieder neu zu zünden: »Juchu, gib mir eine Grenze, an der ich rütteln kann!«

Ein schneller Kundschafter braucht deshalb ganz klare Richtlinien für seine »Flugbahn«, möchte diese Aufgaben dann aber selbständig umsetzen. Er will also nicht zu einer ständigen Rückversicherung aufgefordert werden.

Durch seine halbautonome Wesensart benötigt er keinen so engen Kontakt zu seinem Halter oder Leithund wie der Wächter, der seine Aufgaben ausschließlich »am Entscheidungsträger« hat. Der schnelle Kundschafter wird eine ihm gestellte und verstandene Aufgabe, zum Beispiel als Suchhund auf weite Distanzen, mit Freude umsetzen, wenn er für alles einen Startschuss und ein fest definiertes Ziel erhält.

Hat er diese disziplinierte Führung nicht, lässt sich erahnen, was passiert, wenn er einer »Rakete« gleich ungebremst die Welt erobert und im Vorbeifliegen Dinge beurteilt, um selbst Entscheidungen zu treffen. Er muss zwangsläufig über das Ziel hinausschießen.

Wird er nicht spätestens dann sofort ruhig und angemessen eingegrenzt, erinnert er schnell an einen Menschen, der in einer untergeordneten Führungsposition bei der Umsetzung seiner Aufgaben ständig Kompetenzen überschreitet, weil er der Meinung ist, er könnte eigentlich alles besser. Häufig entsteht diese Annahme, wenn der übergeordnete Auftraggeber keine klaren Grenzen kommunizieren kann.

Diese Konstellation findet sich auch in sehr vielen Mensch-Hund-Beziehungen. Obwohl der Mensch selbst keine Grenzen zu setzen vermag, erwartet er, dass sein Hund sich begrenzen kann.

Extrovertiert heißt nach außen gerichtet und damit offen, und ein Charakter, der in seinen Grundzügen offen ist, hat auch nicht das Bedürfnis oder die Fähigkeit, sich zu verschließen oder zu begrenzen. Wenn man so einem Hund die Wahl lässt, wird er aus seiner Natur heraus immer das Grenzenlose bevorzugen (müssen). Das heißt jedoch nicht, dass es gut für ihn ist.

Vielleicht fühlt er sich aus diesem Grund auch besonders zum Buddha unter den Hunden, dem Leithund, hingezogen. Obwohl der extrovertierte Leithund auch einen starken Vorwärtsdrang in sich hat, wirkt er wie eine ruhige Wand, die sich nach vorn schiebt, während der Kundschafter wie ein Münchhausen erscheint, der zu seiner Beschleunigung jederzeit auf einer Kanonenkugel reisen kann.

Lebt man als Mensch mit einem solchen Hund, ist Strenge nutzlos. Trotz seiner Hartnäckigkeit ist diesem Hundetyp etwas sehr Weiches und Kindliches zu eigen, und man erreicht ihn nur, wenn man genau die Form der Grenzsetzung und Energie herausfindet, die er auch annehmen kann.

Häufig ist das eine friedfertige Unerschütterlichkeit und Klarheit.

Letzten August lebte Peppino bei uns, ein Hund mit tollen Kundschafterqualitäten, den ich als Pflegestelle aus dem Tierschutz aufgenommen hatte und dann weitervermittelte.

Meine gesamte Gruppe veranlasste diesen noch jungen Hund immer wieder, sich hinzulegen und Entspannung zu üben. Ich übernahm diesen Vorschlag und fand heraus, dass der sensible, kindliche Hund Begrenzungen von Menschen nicht so nah möchte und sie am besten aus etwas mehr Entfernung annehmen kann. Stand Peppino also bei einer solchen Übung zum Beispiel von seinem Platz auf, obwohl ich ihn noch nicht freigegeben hatte, bewegte ich mich selbst nicht, sondern räusperte mich nur, fixierte ihn und wendete meinen warnenden Blick so lange nicht ab, bis er sich wieder auf seinen Platz gelegt hatte. Das konnte am Anfang mitunter bis zu einer Viertelstunde dauern.

Ich kann jedem Hundehalter jedoch versichern, dass es mit direkten Ansprachen oder Berührungen länger dauert oder gar nicht klappt, weil dieser Hundetyp auf jede aktive Reaktion eines anderen wie auf ein Karussell aufspringt und es dann weiter in Schwung hält.

Spurtete Peppino ohne Erlaubnis voraus und Raida hatte keine Lust, diesen Rennwagen, der ihn überholte, zu ermahnen, blieb ich einfach stehen, fixierte Peppino fest von hinten und dachte: »Du kommst zurück!« Weil diese Hunde hochsensible Antennen haben, war Peppino dieser Bannstrahl im Rücken offenbar so unangenehm, dass er sich stets nach Kurzem umsah und langsam zurückkam, wenn ich meine aufgebaute Haltung beibehielt.

Weil sich dieser Hundetyp hochnervös gegenüber fremden Dingen zeigen kann, hilft als Beruhigung oft, sich in so einem Moment neben ihn zu hocken und ihn ganz ruhig zu rahmen. Das heißt nicht, ihn festzuhalten, sondern einfach den Arm um ihn zu legen, um ihm eine körperliche Begrenzung spürbar zu machen. In seiner Aufregung fühlt dieser Hund oft nicht mehr, wo er beginnt und endet. Um nicht mit in die Unruhe des Hundes hineinzugeraten, kann man sich an ruhig gesprochenen Sätzen wie an einem Seil festhalten: »Dieser Hund gehört nicht zu unserer Gruppe. Er geht jetzt einfach weiter. Wir gehen auch weiter, und zwar jetzt.« Es ist letztlich egal, was man sagt, wenn es einen nur in einer ruhigen Verfassung hält, die man dem Hund dann anbieten kann.

Peppino wäre stets Wild gefolgt, ohne sich abhängen zu lassen, weshalb es sehr wichtig war, ihn nie etwas ohne Freigabe tun zu lassen. Dadurch konnte er sich auch nicht selbst zur Jagd freigeben.

Es ist ebenfalls wichtig, diesem unternehmungslustigen, durchaus selbstbewussten Hund auch Aufgaben zu geben, die er selbständig erfüllen kann.

So ist zum Beispiel jede Art von selbständiger Suche eine

tolle Sache. Man kann sich dazu mit anderen Haltern zusammenschließen oder dieses Hobby allein umsetzen. Bereits mehrere Halter nahmen die Idee auf und baten auf einem sicheren Weg ohne Autoverkehr einen Jogger, eine bestimmte Beute, wie ein kleines Stück Fell, dreihundert Meter mitzuführen und dann im Gebüsch fallen zu lassen. In dieser Zeit wartet man mit dem Hund und schickt ihn dann los. Das setzt voraus, dass der Hund Aufgaben zuverlässig umsetzt und nicht unterwegs einen selbständigen Ausflug unternimmt. Dies wiederum setzt voraus, dass man ihm stets Start und Ziel vorgibt, sonst rennt der Kundschafter schnell an jedem Ziel vorbei.

Dauerhaft braucht er einen vorgegebenen Radius, den er so lange einhalten muss, bis er eine andere Aufgabe erhält. Gibt man diesen Hund einfach frei, im Sinne von: »Hab Spaß!«, kreiert man eine immer schneller werdende »Rakete«, auf deren Umlaufbahn man kaum noch Einfluss hat. Häufig nehmen Hundehalter an, ihr Hund würde sich in ihrem Umkreis langweilen und müsse deshalb zur Beschäftigung überall hinlaufen, wo es ihn hintreibt. Leider wissen sie nicht, dass sie den Hund genau damit arbeitslos machen, denn in einer Hundegruppe besteht die Arbeit eines Mitarbeiters ja genau darin, immer standby zur Verfügung zu stehen, falls es etwas für die Gruppe zu tun gibt. Auch in der menschlichen Arbeitswelt können sich zum Beispiel die Mitarbeiter eines Callcenters nicht einfach freigeben, nur weil gerade das Telefon nicht klingelt, und dann fehlen, wenn sie gebraucht werden.

Obwohl der expressive Kundschafter draußen selbst schnell ist, kommt man bei ihm gegenüber mit Rasanz nicht weit. Der extrovertierte Leithund und der Zentralhund nehmen sich beide viel Zeit für diesen Hundetyp.

Lässt ein Mensch sich auf diese Aufgabe ein, kann er viele nützliche Lektionen fürs Leben lernen. Zum Beispiel geduldig, aber unverrückbar zu sein, sich innerlich nicht provozieren zu lassen und jede Herausforderung als Schulung der eigenen Fähigkeiten zu sehen.

Der nichtautonome Wächter

Mitja zählt zu den Hunden, die beim Laufen nur so »dahinfliegen«. Er liebt es, sich flink zu bewegen, und ich bewundere seine zupackende Art, wenn es gilt, schneller zu sein als irgendwas und irgendwer.

Ein extrovertierter Wächter besitzt, wie der Kundschafter, einen starken Drang, den Raum vor der Gruppe zu sichern, kehrt jedoch immer wieder schnell zu seinem Entscheidungsträger zurück. Zum einen, weil er als Bodyguard fungiert, der »am Mann« bleiben muss, zum anderen, weil er schnell verunsichert ist, wenn er keine Rückmeldungen über sein Tun von einem anderen erhält.

Auch in menschlicher Form gibt es diesen Typ, der dazu drängt, alle Aufgaben erledigen zu wollen, aber alle zehn Minuten fragt, ob es so richtig ist, wie er das tut.

»Ist hier was? Ist da was?« Diesen Zickzackgang legt ein Hund ein, wenn er nicht weiß, ob er handeln soll oder nicht; aber diese Handlungsweise kann auch Ausdruck des Körperschutzes für einen Entscheidungsträger sein, den der Wächter mit seiner Breitseite abdecken will.

Zudem ist er sehr gut darin, Provokateure zu stoppen, die in die Gruppe hineinpreschen wollen, und blitzschnell zwei Streithähne zu splitten, ehe ein Streit eskaliert.

Wächter können in ihrem Wesen wie »Streber« wirken, weil sie stets zur Stelle sind. Wird ein anderer Hund gestreichelt, schieben sie sich dazwischen, wird eine Aufgabe vergeben, sind sie die Ersten, die sich anbieten. Sie können sich jedoch in ihrem Übereifer schnell selbst durcheinanderbringen und erledigen dann eine Aufgabe nicht konzentriert, sondern hektisch und ungenau.

Jeder Wächter braucht deshalb einen Entscheidungsträger, der ihm sagt, wann er seinen Turbo zünden soll und wann nicht, damit er nicht ständig überhitzt wird und seine innere Ausgeglichenheit nicht verliert.

Deshalb ist dieser Hundetyp nicht geeignet für eine Aufgabe, bei der er sich weit vom Halter entfernen oder selbständig Entscheidungen treffen muss.

Einmal kam ein Mann mit einem Deutsch-Kurzhaar zu mir, dessen Hund vom Jagdverein als »Memme« verschrien war. Immer wenn er sich weit entfernen sollte, um Wild aufzuspüren und durch Vorstehen anzuzeigen, entfernte er sich bis zu einer gewissen Distanz, konnte sich dann aber nicht überwinden, ohne seinen Halter weiterzugehen. Obwohl seine Rasse für fast alle Aufgaben eines Jagdhundes gezüchtet ist, bat er mit flehendem Blick darum, nicht weiterlaufen zu müssen, auch wenn sein Halter ihn dazu aufforderte.

Sein Verhalten änderte sich schlagartig, als ich vorschlug, den Hund zur Schweißarbeit einzusetzen, bei der ein Jäger ihm an einem zehn Meter langen Lederriemen folgt. Mit großem Eifer nahm er nun die Spur eines durch Schuss oder

Unfall verletzten Tieres auf und konnte es ohne Probleme auch über eine große Distanz auffinden. Daraufhin wurde er für diese Aufgabe eingesetzt und erfüllt sie seitdem ausgezeichnet.

Auch als Personenschützer oder Polizeihund ist ein hündischer Wächter gut geeignet. Allein gelassen auf einem Grundstück dagegen, informiert er zwar die Gruppe von jedem potentiellen Eindringling, braucht dann aber einen Entscheidungsträger, der die Sache bewertet, um wieder zur Ruhe zu kommen.

Als Blindenhund ist er ungeeignet, weil er viel zu unsicher in Situationen ist, die er weder kennt noch einschätzen kann.

Begrenzt man einen Wächter nicht, wirkt er desorientiert und fahrig, und seine Qualitäten als Schlichter können sich in eine unangemessene Schärfe wandeln. Er wirkt dann so, als sei er der Hauptdarsteller in einem Rambo-Film und müsse ständig zu einem Zweikampf antreten.

Neben Peppino lebte in derselben Zeit noch die Pflegehündin Dakota bei uns, ein Zentralhund wie Wanja. Egal, was Mitja machte, sie gab ihm stets eine Rückmeldung für sein Handeln. So lobte sie ihn zum Beispiel mit einem zarten Lecken seitlich am Fang oder tadelte ihn mit einem strengen Gouvernantenblick.

Dakota zeigte mir viele wertvolle Dinge, wie nicht zu enge Grenzen zu setzen und Mitja auch ein schnelles Tempo zu ermöglichen, das in eine Aufgabe eingebunden ist. Sie schickte ihn häufig zu Hunden zum Splitten oder verwendete ihn als Mitarbeiter, wenn ihr etwas mit Peppino oder Raida nicht allein gelang.

Seither versuche auch ich, Mitja Aufgaben zu geben, die ihm entgegenkommen und dabei gestatten, sein schnelles Tempo beizubehalten. Wenn ich überblicke, dass er die Situation leisten kann, darf er bei anderen Hunden splitten, und für seine Spurts, die er so liebt, habe ich Varianten gefunden, die auch bei beiden Kundschaftern und den langsamen Wächtern variabel mit Futterbeutel oder anderen Dingen einsetzbar sind. Wichtig ist bei diesen Aufgaben stets, dass es eine Vorgabe für einen Anfang und ein Ziel gibt:

1. Ich halte Mitja beim Laufen an, gehe mit den anderen Hunden weiter und werfe irgendwann einen Ball von mir weg, und erst auf meinen Zuruf hin darf Mitja losspurten und danach suchen.
2. Ich halte ihn an, gehe weiter, rufe ihn nach hundert Metern und werfe den Ball erst, wenn er mich schon fast erreicht hat. Dann kann er in einem Zug hinter dem Ball her rennen und diesen noch in der Luft oder nach seinem Aufprall fangen.
3. Am beliebtesten ist bei uns das »Buchtenhopping« am See in Arkenberge. Ungefähr alle fünfzig Meter kommt eine Sandbucht mit einem Zugang zum Wasser. Ich stelle Mitja an einer Bucht ab und gehe mit den anderen Hunden zur nächsten Bucht weiter. Dann rufe ich ihn und werfe den Ball in das Wasser. So ist Mitja immer eine Bucht hinter uns, um dann ungebremst der Flugbahn des Balles zu folgen.

In dieser Weise können wir alle unsere Bedürfnisse leben.

Raida kann viel beurteilen und stehen, die Hündinnen

Mitja im Flug

und ich dürfen gemächlich laufen, und Mitja hat die Möglichkeit, zu einem Ziel zu »fliegen«.

Weil hündische Entscheidungsträger einen Hund abstellen, indem sie ihn fixieren und somit eine mentale Präsenz schicken, tue ich es ihnen gleich und muss beim Gehen einfach nur zu Mitja sehen, ihm gedanklich ein Stopp schicken, und er bleibt stehen.

Will ich ihn dann zum Ball schicken und habe Sichtkontakt zu ihm, folge ich auch hier den hündischen Verhaltensmustern: Hunde sehen den an, der etwas tun soll, und schauen dann dahin, wo etwas getan werden soll. Ich mache beides mit einem Blick, sehe Mitja an und dann in die Richtung des Balles, und schon fliegt er los.

Obwohl Wächter und Kundschafter auch auf eingeübte Signale wie »Sitz«, »Bleib« und »Hol/Bring« ansprechen, weil sie ja Aufgabenerfüller sind und es in ihrer Natur liegt,

Aufträge umsetzen zu wollen, macht es mir persönlich mehr Freude, auch mit ihnen wertschätzend in ihrer eigenen Ausdrucksweise umzugehen, wenn das möglich ist.

Als Junghund begann Mitja irgendwann, nach vorn zu drängen. Ich hielt ihn dennoch hinter mir wie alle meine Mitarbeiterhunde. Während Frieda und Tinka damit vollkommen zufrieden sind, lief Mitja wie jemand, der innerlich die Handbremse angezogen hat und nun langsam heißläuft.

Also probierte ich, was passiert, wenn er vorn läuft, und erwartungsgemäß brachte er sich in eine große Unruhe. Er rannte vor, zu mir zurück, vor, zu mir zurück... und wurde immer hektischer dabei.

Ich schickte ihn deshalb wieder hinter mich, wo er zumindest nur angespannt war – aber es fühlte sich nicht gut an. So versuchte ich etwas anderes: Ich ließ Mitja vor mir laufen, begrenzte aber seinen Radius auf zehn Meter. Das ist ungefähr die Distanz, die auch oft zwischen den Hunden in Lipowka lag, wenn sie nicht jagten oder anderweitig agieren mussten.

Wollte Mitja über diese Begrenzung hinauslaufen, wies ich ihn mit einem Räuspern oder einem anderen Geräusch darauf hin, dass er meine Begrenzung verletzte.

Das erwies sich für ihn und mich als beste Form des gemeinsamen Laufens. Als die Zentralhündin Dakota hier bei uns zu Gast war, bestätigte sie diese Herangehensweise. Zuerst übte sie mit Mitja über mehrere Wochen, ihre Begrenzungen anzunehmen und hinter ihr zu laufen. Als sie offenbar das Gefühl hatte, sich auf ihn verlassen zu können, ließ sie ihn vor sich laufen, und tatsächlich blieb Mitja dort genauso ansprechbar wie bei mir.

Diese Herangehensweise habe ich inzwischen bei allen Zentralhunden erlebt, und es ist auch in der Menschenwelt nicht anders: Man schickt Mitarbeiter erst dann voraus, wenn man sich wirklich auf sie verlassen kann und sie sich an einen Entscheidungsträger gebunden fühlen.

Es entlastete mich, dass auch Dakota Mitja jeden Tag aufs Neue darin ermahnen musste, den von ihr bestimmten Radius nicht eigenständig zu verlassen, weil ich anfangs dachte, ich würde einen Fehler machen, wenn er immer wieder neu anfragte.

Die Unermüdlichkeit von Dakota und anderen Zentralhunden, mit denen Mitja im Zuge meiner Arbeit zusammenkam, zeigte mir, dass es unter Hunden überhaupt nicht darum geht, das Wesen eines anderen Hundes zu verändern und wie eine »Software« zu bespielen. Die anderen Hunde hatten kein Interesse daran, Mitja in seiner offenen, vorwärtsdrängenden Natur zu korrigieren. Ihnen war ganz offensichtlich daran gelegen, ihm nur immer wieder einen äußeren Rahmen durch Begrenzungen zu geben, aber die Ressource seiner Flinkheit und Beharrlichkeit, die er in eine Gruppe einbringen kann, zu erhalten.

Es ist also weder einer schlechten Erziehung noch ungenügenden Fähigkeiten zu danken, wenn Sie als Halter(in) eines vorwärtsdrängenden Hundes täglich neu Begrenzungen kommunizieren müssen.

Dies war auch für mich eine neue Einsicht, hatte ich doch vorher nur mit introvertierten Hunden wie Viktor, Frieda und Tinka gelebt, die sich hinter mir am wohlsten fühlten.

Die extrovertierten Hunde jedoch laufen lieber vorn, brauchen dann jedoch eine strikte Anbindung nach hinten. Diese gehört zum Dialog und Umgang mit einem solchen Wesen, damit es seine Natur behalten kann, aber auch nicht im Rausch der Geschwindigkeit verloren geht.

In der folgenden Fotogeschichte sieht man, wie die Zentralhündin Anima, ein brauner Ridgeback, Mitja als ihren persönlichen Mitarbeiter zu einer Aufgabe einsetzt, die genau seiner Kompetenz entspricht. Weiterhin ist ein schneller Kundschafter namens Spezi zu sehen, der herausfordernd die Fähigkeiten der fremden Zentralhündin anfragt und seinem Ruf als Qualitätstester alle Ehre macht. Auch Raida ist als beruhigender Beurteiler passiv anwesend.

Alle Hunde haben sich bereits einander vorgestellt und sich als authentisch bestätigt.

Raida, der Leithund – Spezi, ein schneller Kundschafter

Spezi prescht herausfordernd auf die zentrale Entscheidungsträgerin Anima zu und starrt ihr keck ins Gesicht. Weil sie nichts von ihrer Souveränität verliert, hakt er sich mit der Vorderpfote bei ihr ein und überprüft ihre Standfestigkeit. Als ihm nicht gelingt, sie umzureißen, gibt er Gas und testet, wie schnell sie ist.

Anima versucht ihn festzuhalten, aber er kann ihr entwischen. Als zentrale Entscheidungsträgerin, die den »Puls« jedes Hundes fühlen kann, weiß sie, dass sie keine Chance hat, als »Geländewagen« ein »Rennauto« einzuholen. Deshalb entscheidet sie klug und beauftragt einen anderen »Ferrari«. Sie bleibt stehen, sieht Mitja an und schickt ihn dem fliehenden Spezi hinterher.

Mit sichtlichem Genuss wirft Mitja seinen Turbo an, und während die beiden Rüden ein Wettrennen veranstalten, beobachten die Entscheidungsträger Anima und Raida ein-

Mitja, der schnelle Wächter – Anima, die Zentralhündin

trächtig den Fortgang. Mitja schafft es nach vielen Runden, Spezi von vorn zu begrenzen und anzuhalten. Sobald Spezi stehen geblieben ist, wird Mitja zum Schlichter und fährt sich beschwichtigend mit der Zunge über das Maul.

Jetzt kommt Anima hinzu, und nach freundlichen Sozialgesten schnüffelt sie Mitjas Stimmungsbarometer ab, Spezi hingegen prüft das ihre. Schließlich muss man genau wissen, wie es allen nach einer gemeinsamen Herausforderung geht.

Spezi sammelt sich, und man könnte meinen, die Grenze wäre angekommen – aber als echter Qualitätstester möchte er jetzt auch Mitja noch einmal selbst überprüfen, und man sieht ihm den Übermut und die Lust an, die ihm alleine die Vorstellung davon schon bereitet.

Nachschwingende Hunde – die Introvertierten

Es ist durchaus möglich, dass es auch für ein inneres Grundtempo ein Belohnungssystem gibt und sich einige Hunde deshalb wunderbar fühlen, wenn sie schnell sein dürfen, es für andere hingegen ganz schrecklich ist, wenn sie sich ständig beeilen sollen. Zum Überleben von Gemeinschaften braucht es sowohl schnelle Handler wie auch ruhige Bewahrer. Würden sich also alle nur in einem Tempo wohlfühlen, wäre eine Gemeinschaft starr und nicht mehr anpassungsfähig. Sie könnte sich weder auf langsame noch auf schnelle Lebensimpulse und Prozesse beziehen.

So ist es kein Zufall, dass unsere Gesellschaft, in der alles auf ein immer höheres Tempo zugetrieben wird, auch immer unbeweglicher geworden ist. Um gegenzusteuern, bräuchte es hier viele mutige Menschen, die zu ihrem langsamen Grundtempo stehen und sich der Beschleunigung verweigern.

Auch langsame Hunde benötigen mehr als einen kurzen Eindruck von einer neuen Sache. Sie möchten fremde Erscheinungen erst einmal fühlen und in sich nachschwingen lassen, bis sie in Resonanz damit gehen können. Sie brauchen also Zeit sowie oft auch die mehrfache Wiederholung des Neuen.

Während den Schnellen jede Abwechslung zum Ausleben ihrer offenen Natur willkommen scheint, warten die Langsamen lieber ab, bevor sie Veränderungen integrieren.

In einer Gruppe mit beiden Naturellen können sie damit zu Bewahrern von Bewährtem werden.

Ich erinnere mich an eine Gruppe von Großmüttern in Lipowka, die mich über zwei Jahre lang skeptisch beobachtete, ehe sie mich akzeptierten. Diese Frauen reagierten auch bei anderen Fremden, wie den Künstlern, die im Sommer ins Dorf kamen, misstrauisch und verschlossen, bis sich die Fremden im Umgang bewährt hatten. War das nicht so, weigerten sie sich, ihnen Lebensmittel zu verkaufen. Das war ihre einzige und sehr pragmatische Möglichkeit, Grenzen zu setzen, um die Gemeinschaft mit allen geschaffenen Strukturen zu erhalten.

Wird ein neues Mitglied in eine kleine Gruppe aufgenommen, müssen alle Mitglieder das oft mühevoll aufgebaute Gefüge ihres Zusammenhaltes aufbrechen, um das neue Mitglied zu integrieren. Eine nicht ungefährliche Situation, weil das Ergebnis vorher nicht feststeht. Bei guter Besetzung ergänzt das neue »Puzzleteil« das Gesamtbild zum Positiven, bei schlechter Besetzung macht es aus einem bisher harmonischen Bild ein Zerrbild. Oft stecken viel Zeit, Diplomatie und Kompromisse hinter dem Einvernehmen einer Gruppe. Das alles gerät durcheinander, wenn das innere Gleichgewicht durch eine neue Kraft gestört wird und wieder auf den Prüfstand muss.

Das ist immer mit Unruhe, Instabilität und Anstrengung verbunden.

So wussten die Babuschkas damals zum Beispiel nicht, ob ich überhaupt leisten konnte, was sie von mir verlangten. Sie mussten probeweise in Kauf nehmen, dass ich statt Unkraut Nutzpflanzen herauszupfte oder etwas zusammenbaute, was gar nicht zusammengehörte. Nur durch dieses Ausprobieren konnten sie herausfinden, wo meine Fähigkeiten lagen und wie gut diese waren.

Auch ein neues Mitglied unter Hunden bricht das bisherige Gefüge auf und wird ein anderes hervorbringen. Dieses kann noch schöner werden als das Alte, aber auch Flickwerk, das ständige Reparaturen braucht.

Um eine gewisse Stabilität zu halten, sind die zurückgenommenen Bewahrer also genauso wichtig wie die offenen Hunde als Initialzünder für nötige Erneuerungen.

Der autonome Leithund

Alle Wesen mit ein und derselben Kompetenz kann es in verschiedenen Ausgaben geben. Die cholerische Führungskraft ist in der Menschenwelt genauso vertreten wie ein gütiger, ruhiger Entscheidungsträger.

Der menschlichen Idee von den schier unbegrenzten Möglichkeiten scheint auch die Annahme zu entspringen, jeder könne alles sein, wenn er nur will oder muss.

Das ist insofern richtig, als dass wir und auch die Hunde das evolutionäre Werkzeug der künstlichen Anpassung erhalten haben, mit dem es uns möglich ist, uns auch an Bedingungen anzupassen, die nicht unserer Natur entsprechen. (Für alles, was unserer Natur entspricht, haben wir natürliche Fähigkeiten der Anpassung.)

Ein Wesen, das in seiner Kernkompetenz kein Entscheidungsträger ist, weil es ganz andere Ressourcen besitzt, muss eine größere Anpassungsleistung erbringen, um die Arbeit eines Entscheidungsträgers zu erfüllen, als ein Wesen, das die dazu von Natur aus geeigneten Ressourcen besitzt. Kann diese Leistung nicht mehr erbracht werden, dann werden sich Symptome der Überforderung zeigen.

Bei den introvertierten Leithunden wird die Grenze der Anpassungsfähigkeit häufig überschritten, wenn sie zu viele Reize auf einmal beurteilen sollen. Sie sind – wie der vorwärtsdrängende Leithund – Beurteiler der Lage und haben eine ausgezeichnete Ortung. Weil sie in ihrem Wesen jedoch noch viel langsamer und introvertierter sind, brauchen sie wie alle nachschwingenden Hunde auch mehr Zeit und Ruhe für ihre Aufgaben.

Im besten Falle sind sie Majestäten, die einem die Sprache verschlagen, so beeindruckend treten sie auf.

Im schlimmsten Fall sind sie ängstlich, unsicher, zornig, hysterisch und panisch. Dann sind sie nicht mehr »Herr der Lage«, kommen einfach nicht hinterher. Die Welt läuft wie zehn übereinandergelegte Filme im Schnelldurchlauf vor ihnen ab, und es gelingt ihnen nicht, sich einen Überblick, geschweige denn ein Urteil zu bilden.

Halter eines solchen Hundes vermuten oft Antriebslosigkeit, Lustlosigkeit, Sturheit oder Desinteresse in dessen Neigung, hartnäckig an einer Stelle ausharren zu wollen.

Starke Rassen haben Glück und können einfach die Zeit aussitzen oder ausliegen, die sie brauchen, um einen Eindruck zu verarbeiten, ohne weitergezogen zu werden. Welpen und zarte Rassen haben dem Leinenzug des ungeduldigen Halters keine Körperlichkeit entgegenzusetzen und verschwinden dadurch schneller im Tunnel der Überflutung. Auch wenn es sich um vollkommen harmlose Dinge handelt, können sie das Gefühl entwickeln, ständig in eine Gefahr hineinlaufen zu müssen, wenn sie diese nicht beurteilen können.

Nachschwingende Leithunde möchten sich selbst ein fundiertes Bild machen, die Einschätzung ihres Menschen hilft ihnen zwar, reicht aber nicht immer aus. Das ist auch aus menschlicher Sicht nur allzu verständlich: Kein Entscheidungsträger ist auf Dauer bereit dazu, fremde Beurteilungen einfach hinzunehmen und stets als Grundlage seiner eigenen Urteilskraft anzuerkennen.

Noch mehr als die extrovertierten Leithunde verschwinden die Introvertierten in dem, was sie gerade beurteilen wollen.

Häufig zeichnet sich dieses nach innen gerichtete Verarbeiten sogar auf ihrem Gesicht ab. Menschen mit einem derartigen Gesichtsausdruck bezeichnen wir als »Mondgesicht« oder »Träumer«.

Sehr nachdrücklich zeigte ein achtjähriger Shiba Inu die Unfähigkeit dieses Leithund-Typs, mehrere Reize gleichzeitig verarbeiten zu können.

Hunde dieser Rasse sind als eigenwillig bekannt. Interessanterweise gestehen wir vielen Tieren urtümlicher Rassen eine Selbstbestimmtheit zu, die wir anderen Hunden nicht zubilligen. Zum Shiba Inu steht unter dem bekannten Internetportal www.tierfreund.de/shiba-inu: »Die Rasse gilt als sehr eigenständig, dickköpfig und nur bedingt erziehbar. Ein Shiba Inu lässt sich nur bestechen, wenn ihm gerade danach ist, und auch mit Härte kommt man in der Erziehung kaum weiter. Es ist nicht so, dass der Shiba nicht schnell lernt, das tut er, aber er entscheidet selbst, wann er das Gelernte auch umsetzt.« Dasselbe könnte man von allen anderen urtümlichen Rassen, vielen Straßenhunden und fast allen Leithunden jeglicher Rasse behaupten, die sich noch ein recht authentisches Wesen bewahren konnten.

Die Halterin besagten Shiba Inus erklärte in meinem Seminar, dass sie bereits viele Abstriche mache wegen der Rasse und gar nicht erwarte, ihr Hund solle perfekt hören – aber es stimme sie traurig, wie wenig Kontakt sie von seiner Seite her spüre. Seit acht Jahren bemühe sie sich um den Hund, habe aber draußen häufig das Gefühl, er lebe nur in seiner eigenen Welt, und sie sei darin gar nicht vorhanden. Auf ihr Rufen hin höre er nicht, und sie komme auch nie vorwärts mit ihm, weil er so viel stehen bleibe: »Ich sollte in Hundeschulen bereits alles durchziehen: Bestechung – erfolglos. Gewalt – abgelehnt. Dann musste ich einen Futterbeutel werfen, den er apportieren sollte, um an sein Fressen zu kommen, aber auch das interessierte ihn nicht. Er wurde als stur, dominant und auch dumm bezeichnet, und ich musste ihn dann mehrere Tage lang hungern lassen, damit er den Futterbeutel doch bringt. Das hat er zwar gemacht – aber als er satt war, eben wieder nicht. Ich habe nun das Gefühl, er findet alles dämlich, was er mehr als zweimal machen soll. Es ist also egal, was ich ihm anbiete, es interessiert ihn nicht. Wie also soll ich draußen im Kontakt mit ihm bleiben?«

Ich sah an der skeptischen Mimik einiger Seminarteilnehmer, dass sie offenbar die Frau für dieses Manko verantwortlich machten, und ein Mann bestätigte den Eindruck mit der Äußerung: »Aber habt ihr denn keinen Bindungsaufbau durchgeführt?«

Die Frau sah ihn mit großen Augen an und sagte: »Meinst du damit positive Verstärkung, hohe Töne und Motivationsspiele?«

Der Mann nickte erfreut.

»Weil ich das ja jetzt schon in etlichen Schulen durchgemacht habe, demonstriere ich es gleich mal am Anfang«, sagte die Frau resigniert und holte ein paar Leckerchen aus ihrer Tasche. Sie warf dem Hund einen Brocken vor die Füße, und dieser schnappte sich erfreut den Bissen.

Dann ließ sie die Leine fallen und ging vom Hund weg. Dieser blieb noch kurz unschlüssig stehen, wendete sich dann ab und begann, entspannt über das Gelände zu wandern. »Mori«, rief die Frau ihn daraufhin freundlich an und hielt ihm aus einem Abstand von vielleicht fünf Metern lockend ein Leckerchen auf der ausgetreckten Hand entgegen. Der Shiba Inu schnüffelte konzentriert weiter an einem Busch. »Mori, komm hierher«, erneuerte die Frau ihren Versuch. Der Hund schien noch immer über seine Nase mit einer anderen Welt verbunden zu sein und reagierte nicht.

»Bitte«, sagte die Frau und hielt dem Mann, der nach dem Bindungsaufbau gefragt hatte, ein paar Leckerchen hin. »Versuchen Sie es ruhig mal.«

Der Mann nahm das Futter und näherte sich dem Hund. »Mori! Hmmmmm, feines Leckerli. Komm, hol es dir!«

Der Hund steckte den Kopf in die Wiese und wendete dem Mann sein Hinterteil zu. Nun schon verhaltener ging der Mann etwas dichter heran und warf ein Leckerchen neben den schnüffelnden Hund. Dieser ging langsam weiter und entfernte sich vom Futter.

Ratlos ließ der Mann die Arme hängen. »Aber vorhin hat er es doch genommen, als Sie es vor ihn hingeworfen haben!«

Auch den anderen Hundehaltern war ihr Erstaunen anzumerken.

Meinem Verdacht auf einen introvertierten Leithund folgend, ließ ich mir die Leckerchen geben und ging dicht an den Hund heran. Ich hielt ihm das Futter mit der geschlossenen Faust genau vor die Nase. Er betrachtete gerade hochkonzentriert einen Hund in der Ferne, und eine Falte der Anspannung, die senkrecht in der Mitte seiner Stirn verlief, ließ ihn wie einen nachdenklichen Philosophen wirken. Dann verschwand der fremde Hund aus seinem Blickfeld, und plötzlich begann sich die Nase des Shiba Inu in der Luft zu bewegen, um den Duft des Futters zu orten. Als er meine Faust als Behältnis der Leckereien identifizierte, öffnete ich sie kurz, damit er sich einen Brocken nehmen konnte, dann schloss ich sie wieder, während er fraß. Der Hund setzte sich hin und starrte nun gebannt auf meine Faust.

Ich wandte mich an eine Kollegin: »Sprich ihn bitte einmal an und halte ihm jetzt auch Futter hin, aber auf deiner geöffneten Hand.«

Die Mitarbeiterin folgte meiner Bitte, sprach den Shiba Inu an und bot ihm mehrere Futterstücke auf ihrer Handfläche dar. Obwohl sie nur eine Armlänge von ihm entfernt stand, sah der Hund weder in ihre Richtung, noch zeigte er überhaupt eine Regung. Wie in einem Tunnel gefangen, starrte er stattdessen weiter auf meine Faust, die das Futter umschloss.

Um herauszufinden, was diesen Hund in so einem

Moment in Kontakt mit seiner Halterin bringen könnte, bat ich diese, sich ihm zu nähern. Erst als sie in seinem Gesichtsfeld auftauchte und ihn ansprach, schrak er zusammen und sah sie an. Auf ihre Bitte, mit ihr mitzukommen, reagierte er abschlägig, weil die Futterquelle vor ihm ja noch nicht versiegt war. Aus Hundesicht macht es keinen Sinn, einen Ort zu verlassen, an dem noch Ressourcen zu holen sind.

Ich zeigte der Halterin jetzt, wie man ein Störfeld aufbaut und sich präsent neben den Hund stellt. Dazu erlernte sie die »Gebetsmühle« und wiederholte mehrfach friedfertig und bestimmt: »Mori, lass das bitte, wir müssen jetzt gehen.«

Nach nur drei Versuchen erhob sich der Shiba Inu und folgte seiner Halterin.

Wir wiederholten dieses Experiment mehrfach im Laufe des Seminares in anderen Situationen, und obwohl es immer besser gelang, ihren Hund zu erreichen, sagte die Halterin erschüttert: »Ich habe mich acht Jahre lang geärgert und umsonst gerufen und kam nie vorwärts mit ihm, nur weil ich dachte, er müsse immer zu mir kommen! Und jetzt ist es so einfach: Ich muss ihn einfach abholen, wenn er mich gerade nicht hört.«

Muss es einmal schnell gehen im Alltag, und die »Festplatte« eines solchen Leithundes hängt gerade wieder, dann gibt es zwei »Affengriffe«, um ihn aus seiner Erstarrung zu holen: ein leichter Stupser in den Nacken oder ein ruhiges, sanftes Herumschieben des Kopfes in eine andere Blickrichtung, mit der Hand – am besten nur seitlich am Hals ausgeführt.

Versuchen Sie diese beiden Methoden erst einmal an sich selbst, mit der Hilfe eines menschlichen Partners, um herauszufinden, wie Sie die beste Wirkung erzielen. Sie können sich dabei etwas vorstellen, das Sie absolut in Staunen versetzt, so dass Sie die Luft anhalten. Dann führt Ihr(e) Partner(in) – und Sie danach bei ihm/ihr – die Handbewegung aus. Versuchen Sie es auf verschiedene Weisen, bis Sie genau die herausgefunden haben, bei der Sie und Ihr(e) Partner(in) sich nicht erschrecken. Erfahrungsgemäß reagiert auch der Hund dann darauf gut.

Langsame Leithunde wollen oft einen großen Bogen um Hunde oder Hundegruppen laufen, denen sie ausweichen möchten. Es ist sehr wichtig, ihnen diesen Umweg nicht zu verwehren, und am allerbesten, neben ihnen mitzulaufen, auch wenn man dazu einmal durch das Unterholz muss. Es ist ein absoluter Vertrauensbonus, den man sich dadurch erwirbt.

Nähern sich ungebremst Hunde, die dieser Leithund nicht kennenlernen möchte, so braucht er einen aufgebauten Zinnsoldaten vor sich, der ihn schützt. Hat er diesen nicht, muss er selbst den respektlosen Besucher loswerden. Ist er noch sehr authentisch und präsent, wird er sich eine unerwünschte Annäherung souverän verbitten. Sein Knurren kann wie ein Donnergrollen klingen und sein Blick beeindruckend präsent sein.

Sind ihm jedoch schon zu viele Respektlosigkeiten begegnet, denen er aufgrund seiner langsamen Verarbeitung von Eindrücken nicht gewachsen war, kommt er einem auch als unsicherer, zart wirkender Hund entgegen, der sein Hinterteil schützend auf den Boden setzt, weil seine Rückfront am sensibelsten scheint.

Oft sehe ich dann, wie Hundehalter weitergehen und ihren Hund einfach sitzen lassen, was mich immer sehr bestürzt, weil sie offenbar einfach nicht wissen, wie sehr dieser unsichere Hund sie jetzt als Schutz bräuchte.

In geschlossenen Räumen liegt ein introvertierter Leithund gern mit einem Rückenschutz und bevorzugt dunklere Stellen. Selten wird er mitten in einem hellen Raum liegen, wie der expressive Leithund es kann, aber nicht muss.

Beide verbindet jedoch das Bedürfnis nach Weite und eine Art Klaustrophobie in zu engen Räumen. Das zeigt sich besonders beim Mitfahren im Auto: An vielen Parkplätzen beobachte ich das Schauspiel, wenn Leithunde nicht in einen engen Kofferraum wollen. Oft zeigen sie schon weit vor dem Erreichen des Autos ein Meideverhalten und versuchen das Einsteigen hinauszuzögern. Sie trödeln oder bleiben stehen und weigern sich.

Fast immer ist es dann einen Versuch wert, einmal die Rückbank herunterzuklappen und hinten eine große freie Fläche zu schaffen. Alle Leithunde, die ich mit diesem Problem kennenlernte, konnten so neu einsteigen lernen.

Dass eine solche Majestät gepaart mit der richtigen Rasse auch Humor haben kann, hat der Beagle Aansi bei einer Ressourcenkontrolle in einem Seminar bestens gezeigt. Mit dem unverwechselbaren Gesichtsausdruck der distinguierten Leithunde betrachtet er bereits den Übungsaufbau.

Dabei stehen sich in einem Abstand von ungefähr sechs Metern Hund und Mensch gegenüber. In der Mitte ist eine

Aansi

Schüssel mit Futter platziert, an der der Hund vorbeigehen soll. Wir arbeiten in mehreren Gruppen, jeweils unter der Anleitung einer Trainerin aus meinem Team. Aansi ist gerade in einer Gruppe mir gegenüber an der Reihe, und ich werde aufmerksam, weil sich alle Zuschauer bei ihm versammelt haben.

Aansi sitzt neben der Futterschüssel und nimmt das Futter zwar nicht, weigert sich aber auch, daran vorbeizugehen. Das ist offenbar der äußerste Kompromiss, den er eingehen kann.

Die Trainerin stellt sich daraufhin neben den Hund und baut ein Störfeld auf. Aansi kann jedoch offenbar auch neben einem Störfeld sehr gemütlich sitzen. Vorsichtig schiebt die Trainerin daraufhin ihre Zehenspitzen unter den Hund, um ihn vom Boden hochzuhebeln. Was dann folgt, ist interessant: Ich meine, im Gesicht des Hundes ein Aufleuchten zu sehen, bevor er sich auf den Rücken wirft und plötzlich laut losschreit und wild um sich beißt. Die Trainerin zieht erschrocken den Fuß weg.

»Er ist traumatisiert«, ruft der Mann, dem der Hund gehört, »das hat er schon oft gemacht in so einer Situation!« Dann erzählt er den Umstehenden die Geschichte, durch die der Hund seiner Ansicht nach das Trauma davongetragen hat. Die Umstehenden sehen mit mitleidigen Blicken auf den Hund, der sich jedoch – nach meiner Auffassung – erstaunlich schnell von seinem Trauma erholt hat und nun bereits wieder zufrieden neben der Schüssel sitzt.

Die Trainerin einer anderen Gruppe schaltet sich ein und versucht nun ihrerseits, die Übung zu gestalten – mit demselben Ergebnis: Der Hund geht bis zur Mitte, setzt sich neben die Schüssel und wartet.

Die Trainerin versucht eine neue Taktik und verwendet die Hand, um den Hund wegzuschieben. Aansi nimmt auch das zum Anlass, sich sofort wieder auf den Rücken zu werfen und um sich zu beißen.

Ich liebe Hunde, die tolle Einfälle haben. Sie bringen auch mich immer wieder auf neue Ideen. Deshalb mache nun auch ich die Übung mit ihm. Ich habe dabei noch keinen Plan, sondern verlasse mich auf eine Eingebung im persönlichen Kontakt. Zumindest aber weiß ich, was ich gar nicht erst zu versuchen brauche.

Auch bei mir setzt sich Aansi auf halbem Weg neben die Schüssel und starrt Buddha-ähnlich geradeaus. Als ich auf ihn zulaufe, hellt sich sein Blick auf, und ich könnte schwören, dass er innerlich grinst. Dass ich bereits weiß, wie er mit der Situation umgehen wird, ahnt er nicht.

Mit allen Sinnen spürt er nun hin, wann er von mir berührt wird. Bei ihm angekommen, tue ich ihm den Gefallen und tippe ganz leicht mit dem Finger an seine Schulter. Zack, legt er den Schalter um, schmeißt sich auf den Rücken und beißt laut fiepend um sich. Dabei nehme ich etwas wahr, das ich aus der Distanz nicht hatte sehen können: Der Hund beobachtet mich während des hysterischen Anfalles sehr konzentriert aus den Augenwinkeln, und seine Pupillen sind nicht angstgeweitet, sondern vollkommen normal. Als ich mich leicht bewege, verstärkt sich sein Anfall, obwohl ich ihn gar nicht wieder berührt habe – wie in einer Szene eines frühen Tonfilms, in der eine Schauspielerin aus der Stummfilmzeit sehr theatralisch erschrickt, bevor das Geräusch ertönt, vor dem sie sich eigentlich erschrecken sollte.

Am liebsten würde ich vor Lachen über diesen herrlichen Hund laut losprusten, aber ich will ja herausfinden, wie er sich an der Schüssel vorbeilotsen lässt. Einem Impuls folgend, schmeiße ich mich auf dem Höhepunkt seines Anfalles genau neben ihn auf den Rücken und spiele ebenfalls einen Anfall. Ich wedele mit Armen und Beinen in der Luft und mache hysterische Geräusche.

Den Ausdruck in dem Gesicht des Hundes werde ich nie vergessen. Plötzlich vollkommen ruhig geworden, wendet er mir sein fassungsloses Gesicht zu, in dem mit Großbuchstaben geschrieben steht: »DAS KANNST DU MIR JETZT NICHT ANTUN! DIESE NUMMER KLAPPT SEIT JAHREN!«

Ich verstärke meinen Anfall. Offenbar angewidert von meiner Vorstellung, springt Aansi auf und schüttelt sich. Flink erhebe auch ich mich und stehe nun neben dem verdutzten Hund. »Komm, mein Lieber!« In weichem, freundlichem Tonfall nutze ich den Überraschungseffekt und winke Aansi an der Schüssel vorbei hinter mir her. Noch unter dem Eindruck des Unerwarteten setzt er die Pfoten voreinander und folgt. Als er genau da sitzt, wo er nie hinwollte, nämlich auf der gegenüberliegenden Seite des Futters, sieht er mich überrascht an.

»Dankeschön«, sage ich, weil ich ihn weder vorführen noch lächerlich machen, sondern ihm nur eine ebenbürtige Spielpartnerin für seine Inszenierung sein wollte. »Ich habe viel von dir gelernt!«

Aansis Halter, Michael, ist heute ein Kollege von mir, und deshalb sehe ich Aansi oft auf meinen Seminaren. Während er mit einem unnachahmlich gleichgültigen Gesicht jeden Annäherungsversuch eines Fremden an sich vorbeirauschen lässt, bekomme ich seit der gemeinsamen Wälznummer von ihm mitunter immerhin einen kurzen Gruß unter Entscheidungsträgern zugeworfen. Darauf bin ich sehr stolz.

Leben Sie mit so einem sensiblen und würdevollen Hund, brauchen Sie weder zum Yoga zu gehen noch meditieren zu lernen. Bleiben Sie einfach neben Ihrem Hund stehen, wenn er etwas begutachten möchte, und lassen Sie die Welt einmal ganz langsam auf sich wirken. Das kann eine erstaunliche Erfahrung sein.

Der halbautonome Kundschafter

Introvertierte Kundschafter mögen keine hektische Betriebstemperatur. Sie versuchen alles an Energie, was zu plötzlich aufschießt, einzudämmen und umgehend zu beenden. Auf sie zurasende, herumhampelnde, fiepende, wuselnde, sich wälzende und tobende Hunde – all diese Störfaktoren können für sie einen Anlass zum unverzüglichen Handeln bieten.

Auch Menschen, die eher zurückgenommen in ihrem Wesen sind, fühlen sich häufig von Hektik, Lärm und einem zu hohen Energielevel genervt.

Lässt man einen langsamen Kundschafter in seiner Entscheidungsfreiheit gewähren, kann er sich zu einem Wesen mit einer äußerst kurzen Zündschnur entwickeln, dem immer schneller etwas auf die Nerven geht. Mitunter wird er mit dem zentralen Entscheidungsträger verwechselt, weil es ihm oft gelingt, andere Hunde nachhaltig mit einer Ansage zu beeindrucken.

So kam zum Beispiel eines Tages eine Schnauzerdame zu einem Seminar, die bisher erfolgreich alle neuen Hunde in der Trainingsgruppe ihrer Halterin unterworfen hatte. Waren die Hunde eingeordnet, kümmerte sie sich nicht mehr um sie. Das unterschied sie vom Zentralhund, dessen ganzes Wesen danach strebt, sich und andere zu einer Gemeinschaft zu verbinden und der viel Arbeit und Zeit in diese Aufgabe steckt.

Kundschafter erinnern hingegen an erfahrene Chefsekretärinnen, die auch mal in Abwesenheit des Chefs eine kleine

Firma aufrechterhalten können, bei denen sich aber die Mitarbeiter auf einen gestrengeren Ton und weniger Spielräume einstellen müssen.

Auch Frieda, mein griechischer Herdenschutzhund, ist eine sensible Hündin, die Neuem langsamer und skeptischer gegenübersteht als Raida und Mitja. Sie ist unser lebendes Hinweisschild für alle Veränderungen und gäbe in menschlicher Gestalt eine ausgezeichnete Politesse oder eine gefürchtete Mitarbeiterin beim Ordnungsamt ab.

Selbst Kreidezeichnungen von Kindern auf dem Fußweg werden von Frieda kritisch und lange begutachtet. Ihre Missbilligung ist ihr dabei deutlich anzusehen.

Stelle ich ihr nach einer Wanderung zum Beispiel ihren gewohnten Wassernapf im Auto hin, trinkt sie nach wenigen Sekunden daraus, weil sie den Napf und das Auto kennt. Stelle ich ihr denselben Napf während eines Spazierganges auf den Waldboden, braucht sie sehr viel länger, sich ihm zu nähern, weil er sich nun in einem fremden Umfeld befindet.

Auch ein neuer Knochen wird erst gefressen, wenn Frieda ihn vorher lange betrachtet, probeweise abgeleckt und etwas liegen gelassen hat.

Eine Freundin von mir lebt mit einer fröhlichen, stürmischen Boxerhündin, ebenfalls einer langsamen Kundschafterin, die gegenüber Frieda aber vollkommen extrovertiert wirkt. Erlebt man sie jedoch mit anderen Boxern, kann man den Unterschied zu wirklich extrovertierten Hunden sehen, denn dort wirkt die Boxerhündin wiederum zurückgenommen.

Neben der Rasse beeinflussen auch Lebenserfahrungen, wie ein erlebtes Trauma, den Ausdruck eines Wesens. Ohne-

Frieda betrachtet Kreidezeichnung

hin etwas langsamere Hunde können dann schnell zwanghafte Züge entwickeln und innerlich immer unbeweglicher werden.

Wie der extrovertierte Kundschafter sind sie sehr selbständig, aber durch ihre bedächtige Art leichter durch den Menschen zu führen. Wird ihnen nicht ständig ein Hundekontakt zugemutet, der ihnen auf den Zünder geht, behalten sie ihre soziale Ader und ihr gutes Gespür für ein Gleichgewicht in einer Gruppe. Sowohl von der erfolgreichen Schnauzerdame als auch von einer fantastischen »Chefsekretärin« namens Chilli gibt es höchst anschauliche Sequenzen unter meinen Lehrfilmen zu sehen.

So bringt sie einer Führungskraft, wie Raida, zwar keinen Stift, als ihm dieser fehlt, aber einen Stock. Im Film sieht man, wie der expressive Kundschafter Spezi gerade Raida den Schneid abzukaufen sucht, indem er ihn mit einem Rennen herausfordert, dem Raida durch seinen schweren Körperbau gar nicht gewachsen sein kann. Plötzlich läuft Chilli energisch zu den beiden Hunden hinüber. Beim Laufen sieht sie sich hilfesuchend um, entdeckt dabei einen Stock und wirft ihn Raida mit Nachdruck vor die Füße. Dass dies keine Aufforderung zu einem Spiel ist, kann man sowohl an ihrem Verhalten vorher ablesen als auch daran, dass sie nun wieder vom Stock zurücktritt und weggeht, als Raida ihren Vorschlag aufgreift. Aus der Distanz heraus beobachtet sie zufrieden, wie Raida ihr Arbeitsmittel zur Ressourcenarbeit benutzt und sich nun als Entscheidungsträger durchsetzen kann. Mit Leichtigkeit erklärt er den Stock in den nächsten Minuten zum Tabu, als Spezi diesen immer wieder haben will.

In einem Märchen würde ich die introvertierten Kundschafter nicht als Chefsekretär(innen) darstellen, sondern als Berater(innen) bei Hof. Ich sehe sie dabei hinter dem König stehen und ihm immer ins Ohr raunen, was es noch zu bedenken gäbe.

Lebt man also mit einem solchen Hund, kann man von seiner Feinfühligkeit und Intelligenz viel lernen. Sind sie nicht mehr oder waren sie noch nie so in ihrer Mitte wie Chilli, brauchen sie Ermutiger, die ihnen mit sanfter Bestimmtheit durch die Welt helfen.

Weil alles, was schnell von vorn kommt, für die nachschwingenden Hunde eine große Herausforderung darstellt, ist es gut, sie hinter sich zu halten. Es gibt viele Hunde mit diesem Charakter, die selbstgewählt vor ihren Menschen laufen und deshalb missverständlich für extrovertiert gehalten werden. Wenn die Hunde sich jedoch bisher gar nicht auf einen Menschen beziehen konnten, dann laufen sie aus ihrer Sicht auch weder vor noch hinter ihm, sondern einfach mit sich durch die Welt.

Es ist nicht von Nutzen, Hunde statisch mit einem Kommando oder Warngeräusch hinter sich zu bringen, wenn man im Alltag nichts von dem lebt, was den Hund dazu veranlassen könnte, sich auf den Menschen als Entscheidungsträger zu beziehen. Auch habe ich von dem Warngeräusch »Scht!« als Empfehlung wieder Abstand genommen, weil viele Hundehalter es zu scharf und ohne die nötige Modulation anwenden. Lange suchte ich nach einem Laut, mit dem das nicht passieren kann, bis ich auf »Phhh!« kam. Ich lernte noch niemanden kennen, der in der Lage war, dieses Geräusch schneidend oder aggressiv zu formen. Es erfüllt dennoch denselben Zweck, weil es auch bei ihm nicht auf das Geräusch selbst ankommt, sondern auf die Präsenz und Gelassenheit des Halters, mit der es vorgetragen wird.

Auch langsame Kundschafter brauchen einen vorgegebenen Radius, sind durch ihre viel ruhigere und bedachtsamere Art aber besser als Servicehunde und Therapiehunde geeignet als ihre schnellere Variante. Sie haben Freude daran, auf eine Freigabe hin Aufgaben zu erfüllen, besitzen darin aber auch genügend bedachtsame Selbständigkeit, um einem Menschen zu helfen, der Unterstützung braucht.

Diese Fähigkeit zeigen sie auch in der Hundewelt. Obwohl sie am stärksten mit dem Zentralhund zusammenwirken – wie auch bei den russischen Hunden Laska stets Wanja zuarbeitete –, assistieren sie auch allen anderen Entscheidungsträgern, die ihnen sympathisch sind.

In Menschenhand sind die introvertierten Hunde viel weniger als die unternehmungslustigen extrovertierten Hunde darauf aus, neue Beziehungen mit einem zweiten oder dritten Hund einzugehen. Eine Ausnahme können Welpen darstellen, weil besonders Hündinnen dieses Typs sich oft rührend um die Aufzucht eines jungen Hundes kümmern. Das muss aber, wie alles, nicht auf jeden Kundschafter zutreffen.

Während fast alle Zentralhunde, die wir unterwegs treffen, sofort Mitja als Mitarbeiter abwerben wollen, lassen sie Frieda nach einer kurzen Anfrage sofort in Ruhe, weil sie spüren, dass diese Hündin eine solche Beziehung nicht möchte.

Gerade weil das Naturell der langsamen Kundschafter Veränderungen nicht so sehr schätzt, legen sie auch kei-

Frieda zeigt dem jungen Mitja etwas

nen Wert darauf, ihre Bezugsperson zu tauschen. Dieses Phänomen haben wir bei sehr vielen Begegnungen innerhalb der beobachteten Hundegruppen erlebt. Während die Zentralhunde beim aktiven Wächter auf Mitarbeit und Kontakt bestanden, ließen sie die langsamen Kundschafter vollkommen in Ruhe, wenn diese den Kontakt ablehnten. Kein Zentralhund hielt es für sinnvoll, diesen Hundetyp mit Zwang zu unterwerfen und zum Kontakt zu zwingen.

Obwohl sie aus der Distanz einiges aktivierten, um auch das Interesse eines solchen Kundschafters zu zünden, gaben sie ihm immer genügend Raum und erkundigten sich nur ab und zu, ob sich etwas an der Haltung dieses skeptischen Wesens verändert hatte. Sie liefen dann etwas dichter an ihm vorbei und testeten die Reaktion. Häufig wurden die Kundschafter dadurch deutlich milder gestimmt, was nicht hieß, dass sie den Kontakt vertiefen wollten.

Auch hier wurde deutlich, dass Hunde die Natur eines anderen nicht zu verändern suchen. Warum auch – ihnen würde sonst eine wichtige Ressource für das Überleben der eigenen Art verloren gehen.

In Menschenhand kann aus diesen sanften, selbstbewussten und bedächtigen Wesen leider auch schnell ein Schattenwesen werden. Wie introvertierte Menschen neigen sie eher dazu, Enttäuschung, Frustration, Langeweile oder zu viel Druck in sich hineinzufressen. Sie wirken dann in sich verhangen, und selbst ihre Augen erscheinen häufig verschwommen, wie hinter Milchglas. Sie sind Meister darin, sich ganz in sich selbst zurückzuziehen. Nach außen funktionieren sie und schleichen ihrem Menschen hinterher, innerlich jedoch scheint ihre Welt immer kleiner zu werden.

Sie erleben häufig das Schicksal eines guten Nebenschauspielers, mit dem sich der Regisseur am wenigsten befasst, weil es keine Probleme mit ihm gibt. Erst wenn sie Störungen zeigen, die in den Alltag ihres Menschen eingreifen, werden sie wieder zu Hauptdarstellern.

Auch ich selbst war in der Zeit, in der ich mich sehr intensiv um Raida kümmern musste, dankbar, dass Frieda den Abzug an Aufmerksamkeit vollkommen klaglos hinnahm. Es war jedoch sehr wichtig, sie bald darauf doppelt und dreifach wieder in den Kontakt zu holen, was sie mit großer Begeisterung quittierte.

Was das Halten des Kontaktes betrifft, so ist es nicht sinnvoll, sich ständig kontrollierend nach seinem Hund umzudrehen, weil dieser dann lernt, dass der Mensch schon dafür sorgt, dass der Hund den Anschluss nicht verliert. In der

Folge achtet der Hund dann im ungünstigsten Falle nicht mehr selbst auf den Kontakt.

Wir kennen das auch aus menschlichen Beziehungen: Werden wir überbehütet und ständig kontrolliert, ist das wie eine Observierung des eigenen Seins, die wir dadurch zu relativieren suchen, dass wir selbst den Kontakt zurückfahren.

Bei der Beobachtung der Hundegruppen und in den neun Wochen mit Dakota als Zentralhund erlebte ich jedoch, dass Zentralhunde sich in anderer Form nach Mitgliedern aus ihrer Gruppe umsehen. Man könnte ihren Ausdruck umschreiben mit: »Braucht jemand Hilfe? Ist alles in Ordnung? Sind alle zusammen? Tut ihr alle das Richtige?« Dahinter steckt also eher eine weiche und freundliche Nachfrage denn eine Überwachung.

Auch Frieda freut sich sehr, wenn ich mich immer einmal umdrehe und sie entweder anlächle oder anspreche, ohne dass dies als Kontrolle gemeint ist. Im Zusammenleben mit ihr habe ich gelernt, Zurückgenommenheit nicht als Zeichen für Anspruchslosigkeit zu werten und ihr genauso viel Beachtung zu schenken wie der leidenschaftlichen Ausdrucksweise der vorwärtsdrängenden Hunde.

Der nichtautonome Wächter

In dem Film »Gremlins – Kleine Monster« von Joe Dante wird ein Mogwai (Monster) namens Gizmo vorgestellt, ein sanftes und freundliches kleines Wesen aus Chinatown. Kommt es jedoch mit Wasser in Berührung, vermehrt es sich durch Sprösslinge, die deutlich gemeiner sind. Füttert man diese Dämonen dann noch nach Mitternacht, verpuppen sie sich und werden zu Gremlins – schuppigen, fledermausähnlichen, kleinen Monstern. Sie zeigen eine große Vorliebe für Zerstörung, Panik, Vandalismus und Chaos.

Die introvertierten Wächter erinnern mich sehr an diese beiden Ausgaben desselben Wesens. Ich kenne sie als sanfte und als Panik verbreitende Seelen.

Tinka zählt zu den Wesen, die fast unwirklich scheinen. Im Märchen würde sie mit einem Zauberstab durch die Gegend laufen und etwas Liebe hierhin und dahin sprühen. Selten geht ein Spaziergänger an ihr vorbei, ohne »Oh, ist die süß!« zu sagen und ihr seidiges Fell zu kraulen. Tinka ist inzwischen eine neunjährige Hundedame und ganz gewiss nicht mehr süß – aber von ihr geht ein unerklärlicher Zauber aus.

Es muss sehr viel passieren, dass dieser Wächtertyp sich von selbst weiter als ein paar Meter entfernt. Sie laufen wie der extrovertierte Wächter hierhin und dahin, aber ihr Gang ist viel tippliger und langsamer. Sie kleben an ihren Menschen, denn auch sie sind zum einen Bodyguards, zum anderen aber auch auf die Nähe eines Entscheidungsträgers angewiesen, der bei der Beurteilung einer Lage die Ruhe behält. Werden sie mit Entscheidungen ständig alleingelassen, wirkt das wie das Wasser, das aus dem lieben Mogwai einen tyrannischen Gremlin machen kann.

Während die extrovertierten Wächter über eine schnelle Reaktionsfähigkeit verfügen, wenn etwas Unerwartetes oder Neues auf sie einströmt, scheinen die introvertierten, langsameren ein anderes Instrument zur Verfügung zu

Tinka

haben, das auch sie auf Trab bringt, wenn es schnell gehen muss: Hysterie.

Diese schießt blitzschnell auf und kann ebenso schnell wieder verschwinden. Sie scheint wie eine geborgte Emotion, die nur an der Oberfläche stattfindet und der sie auslösenden Situation vielmals nicht angemessen ist. Auf Außenstehende wirkt sie deshalb häufig befremdend.

Tinka ist noch nicht so oft »nass« geworden, deshalb gerät sie nur wenige Male im Jahr in diese Verfassung.

Ich erinnere mich, wie ein großer Schäferhund einmal um die Ecke schoss, der sie wohl mit einem Beutetier verwechselte, als sie durch das hohe Gras einer Wiese taperte. Ich hatte keine Chance mehr, sie zu erreichen und zu schützen, und so blieb mir gerade das Herz stehen. Im selben Moment sah ich Tinka den Kopf heben, einen halben Meter hoch in die Luft und dem Schäferhund hysterisch aufkreischend direkt ins Gesicht springen. Der Laut, den sie dabei machte, erinnerte an eine sehr hohe Quietsche, die man schnell hintereinander drückt. »Wiwiwiwiwi!«

Der Schäferhund erschrak so sehr, dass er kehrtmachte und mit eingeklemmtem Schwanz zu seiner Halterin lief, um bei dieser Schutz zu suchen.

Wird Tinkas Welt nicht durcheinandergebracht, geht sie wie ein kleines »Om« auf vier Pfoten durch die Gegend. Im Gegensatz zu Raida jedoch, der dabei kräftig die Pfoten aufsetzt, scheint sie immer ein wenig über dem Boden zu schweben, nicht ganz auf dieser Erde zu sein – ein Seelchen eben.

Richtet man in einer Aufregung ein lautes Wort an sie, zündet man auch ihre Hysterie, die sich dann in einem Hin- und Hergerenne äußert, weil sie den Druck anders nicht loswird.

Als ich mit Tinka gelegentlich in das Altenheim »Haus am Park« im Prenzlauer Berg ging, brachte ich ihr immer wieder ein paar Kunststücke bei, die ich mit ihr als Therapiehund dann dort verwenden konnte. Sie war, wie alle Mitarbeitertypen, mit Freude dabei, diese Aufgaben zu erfüllen, doch im Gegensatz zu Frieda und Viktor konnte sie sich in ihrem Feuereifer so aufregen, dass es mehr Zeit in Anspruch nahm, sie zu beruhigen, als ihr einen neuen Trick beizubringen.

Anstatt erst einmal darauf zu achten, was man von ihr wollte, spulte sie vorsichtshalber rasch alles ab, was sie gelernt hatte.

Wenn Sie sich einen Menschen vorstellen, der am Telefon davon berichten will, was er gerade kocht, so würde er mit der Natur eines solchen Wächters sagen: »Ich will heute einen ... warum geht die Platte ... wo ist das ... ich habe doch gerade ... vielleicht mache ich ... o je, nichts gelingt ... was soll ich ... sag mir, wie mache ich ...«

Während die extrovertierten Wächter bei Aufregung Hilfe durch einen gelassenen und sehr bestimmten Tonfall brauchen, ist es fast eine musikalische Leistung, die richtige Intonation für einen introvertierten Wächter mitten in seiner Hysterie zu finden. Es ist jedoch möglich.

Was hilft, ist dann eine sehr weiche Präsenz, frei von jedem Druck. Kein Trösten, kein Schimpfen, sondern es empfiehlt sich, innerlich gerade zu bleiben, damit dem Gegenüber etwas zum Festhalten bleibt. Ich habe mir, als ich noch nach dem richtigen Tonfall suchte, vorgestellt, ich sei ein kleiner, von sehr sanft schimmerndem Moos bewachsener Felsen. Mit diesem Bild im Kopf wurde meine Stimmung genau so, wie Tinka es brauchte, um sich zu beruhigen.

Gerät ein Wesen zu häufig in die Betriebstemperatur der Hysterie, kann daraus auch ein ganzes Betriebssystem werden. Die hinteren Wächter unter den Hunden sind dafür prädestiniert, wenn sie zu viele Entscheidungen selbst treffen müssen und nie zur Ruhe kommen, zum Beispiel, weil sie die Wege ihres Menschen auf Schritt und Tritt kontrollieren müssen, ohne je zu erfahren, wann eine Eskorte nötig ist und wann nicht. Da ihre Natur als Wächter diese »Anhänglichkeit« auslöst, können diese Hunde sich auch nicht von allein sagen: »Gut, mein Mensch ist ja jedes Mal aus der Küche wiedergekommen, also warte ich einfach im Wohnzimmer, bis er zurückkehrt.« Stattdessen tapern sie eben stets hinterher.

Diese Eigenschaft teilen sie mit ihren extrovertierten Wächterkollegen. Beide entwickeln sich zu dauerangespannten Bodyguards mit sehr überreizten Nerven, wenn sie sich nie ausruhen können.

Bei unseren Beobachtungen konnten wir sehen, dass Wächtertypen nichts ohne die Anweisung eines Entscheidungsträgers ausführen. Wenn kein Auftrag vorliegt, halten sie sich einfach im Standby, wie echte Sicherungsfachleute das eben tun. Sie sind dabei wachsam und melden, wenn ihnen etwas ungewöhnlich vorkommt. Bleibt für sie jedoch die ganze Welt beunruhigend, weil kein Entscheidungsträger die täglich auftauchenden Dinge bisher als harmlos abgesegnet hat, verfallen sie in eine Dauerhysterie.

Sie sind im engen Kontakt mit ihrer Bezugsperson oder mit einem ebenfalls introvertierten Leithund und vollkommen auf dessen Entscheidungen und körperlichen Schutz angewiesen. Fehlt dies, können sie in vielen Situationen zu »Gremlins« mutieren, die sich die Seele aus dem Leib bellen, panisch geifern und mit diesen Drohgebärden ihr Bestes geben, um fernzuhalten, was der Mensch gar nicht bedrohlich findet, aber vergisst, auch ihnen zu sagen, wie sie damit umgehen sollen.

Geht man mit einem solchen Hund dann in eine Hundeschule, die ihm durch Leckerchen oder Gewalt das Maul verschließt, hat das etwas von einem Korken, den man auf eine Flasche steckt, in der viel Sprudelwasser ist.

Diesen Hunden etwas zu erlauben, was nicht nötig ist, wirkt bereits wie ein Einverständnis. Wenn der Hund in der gefahrenfreien Zone der Wohnung immer hinterhergehen darf, heißt das für ihn, dass er alles richtig macht. Ich sage immer, wenn ich nur kurz den Raum verlasse: »Komme gleich wieder«, und keiner der Hunde folgt mir dann. Anfangs musste ich jedoch darauf bestehen, denn stets hörte ich ein paar Wächterpfötchen vorsichtig hinter mir herklackern. Ich räusperte mich dann oder begrenzte Mitja und Tinka mit Blick und Präsenz, bis sie wieder kehrtmachten.

Schimpft man mit einem Wächter, weil er Besuch hysterisch anbellt oder von hinten in die Wade zwickt, so heißt das für ihn, dass seine Drohgebärden noch zu schwach sind, um den Eindringling zu vertreiben. Offenbar ist der Mensch nicht zufrieden mit ihm, sonst würde er ja nicht schimpfen. Deshalb ist es wichtig, sich immer zuerst zu bedanken, wenn ein Wächter – aber auch ein Kundschafter – etwas anzeigt, und dann die Situation zu übernehmen. Auf diese Übernahme muss man mit souveränem und vor allem ruhigem Nachdruck bestehen.

Auch in der freundlichen Fassung überprüfen Wächter Fremde sehr genau. Sie verwenden dabei meist viele, nett wirkende Beschwichtigungen wie Dauerschwanzwedeln und nahen Körperkontakt, was viele Menschen mit einem Bedürfnis des Hundes, gestreichelt zu werden, verwechseln. Der Hund zeigt hier jedoch sein Bestreben, sich zu vergewissern, mit wem er es zu tun hat, da ihm kein Entscheidungsträger kommuniziert hat, wie er mit der Situation umgehen solle.

Tinka würde sicher auch morgen noch ein Erdmännchen vor einem Passanten machen, der sie beunruhigt, wenn ich ihr nicht sagen würde: »Danke, dass du mich darauf aufmerksam machst, aber nichts ist gefährlich, wir gehen weiter.«

Als Besucher ist es übrigens keine gute Idee, einen Hund wie Tinka mit Streicheleinheiten beruhigen zu wollen.

Jeder kann das gern einmal an seiner Partnerin bzw. seinem Partner ausprobieren, wenn diese(r) sich gerade aufregt. Streicheln Sie einmal Ihren Partner, wenn er gerade Fußball sieht und begeistert ruft: »Ja, ja, los ran, hau das Ding rein!« Oder Ihre Partnerin, die gerade Besuch erwartet und noch nicht mit den Vorbereitungen fertig ist.

Der Effekt ist das Gegenteil des Gewünschten: Das Streicheln wirkt nicht besänftigend, sondern verstärkt nur die Stimmung.

Wächter, die in ihrer Hysterie bereits verschwunden sind, brauchen sowohl vor sich als auch hinter sich einen Körper, der sie schützt. Draußen in der Natur reicht es, einfach temporär hinter sie zu treten, wenn ein Jogger oder ein Radfahrer sie beunruhigt.

Im Stadtverkehr aber halten viele Hunde die Luft an, weil einfach zu viel auf sie einstürmt. Sie haben kein angemessenes Repertoire zur Verfügung, um auf eine solche Menge an Reizen reagieren zu können. Der Mensch sieht dort dann weniger Handlungsbedarf als bei einem vereinzelten Reiz, auf den der Hund reagiert. Es fühlt sich für die Wächter jedoch sicherer an, in der Stadt zwischen zwei Menschen laufen zu können oder eine Hauswand auf der einen Seite als Begrenzung und auf der anderen Seite einen Menschen zu haben, damit sie ihre innere Ruhe zurückgewinnen können.

»Gremlins« in Hundegestalt brauchen einen Menschen mit ähnlicher Ausstrahlung von Ruhe und Sensibilität, die auch der nachschwingende Leithund besitzt.

Der pulsierende Zentralhund

Der Akita nähert sich der Wiese wie ein durchgegangenes Pferd und schleift einen Mann an der Leine hinter sich her. Mit weitaufgerissenen Augen blickt er, laut fiepend, hektisch um sich.

Entgeistert sehe ich auf das Paar, das sich so uneins ist, denn der Akita schnappt nun nach den Händen seines Halters, weil dieser ihn am Geschirr zurückziehen will. Beide nehmen an einem Workshop teil, den ich mir zum Modell der Hundetypen erstmalig ansehe.

Als der Halter die Erlaubnis bekommt, seinen Hund auf der eingezäunten Wiese frei laufen zu lassen, schießt der Akita in einem Kreis um seinen Menschen herum und versucht in Windeseile zeitgleich ihn, das Gelände, die umstehenden Menschen und entfernte Reize im Blick zu halten. Jetzt, wo der Akita frei laufen kann, wirkt er deutlich souveräner, ist aber immer noch angespannt und deutlich missgestimmt. Ihn scheinen die umstehenden Zuschauer zu stören, denn er plustert verärgert die Lefzen auf, wenn er in ihre Richtung sieht.

In der Ferne taucht jetzt ein Hund auf, den der Akita offenbar näher betrachten will. Er umläuft den Mann zweimal hintereinander und blickt sich dann kurz nach ihm um, während er nun vorantrabt.

Diesen Versuch, einen Menschen mit sich zu ziehen, kenne ich von vielen Spaziergängen mit Wanja, wenn ich nach seiner Auffassung trödelte. Hatte er mich umlaufen und ich ging schneller, stupste er mich bestätigend an die Hand und widmete sich wieder anderen Dingen. Mir wird heiß, als ich dieses Verhalten nun bei einem Hund erlebe, der keinerlei Hütetrieb besitzt. Offensichtlich hat dieser Akita jedoch dennoch dieselbe Kernkompetenz wie Wanja, denn laut Modell ist er der Schlussentscheider in einer Hundegruppe und hat noch vor den Leithunden den höchsten Rang.

Weil der Mann nicht schneller läuft, lässt der Akita ihn schließlich hinter sich und prescht nun allein in die Richtung des Hundes, der mit seiner Halterin auf das Gelände zugeht. Es ist ein junger Huskyrüde, der jetzt zu dem Akita auf die Wiese gelassen wird. Mir ist von Akitas über die üblichen Rassebeschreibungen her bekannt, dass sie eine große Individualdistanz haben und fremden Hunden gleichgültig bis freundlich gegenüberstehen, solange sie in ihrer Dominanz unangefochten bleiben.

Die Ankunft des Huskys macht aus dem hektischen Riesen so plötzlich eine echte Majestät von der Ausstrahlung Wanjas, dass mir der Atem wegbleibt.

Es ist schwierig, so etwas wie eine Aura zu beschreiben. Ich kann es nur versuchen: Das Auftauchen des jungen Hundes scheint einen magischen Mantel über den Akita geworfen zu haben, unter dem dieser plötzlich von innen heraus zu strahlen beginnt. Er hat sich zu seiner ganzen Größe aufgebaut, schiebt aber den Körper nicht nach oben, wie Raida es tun würde, sondern steht einfach nur gerade und würdevoll da. Wie ein Denkmal seiner selbst empfängt er den Husky, der ihm mit abgeducktem Kopf entgegengeht und die Lefzen leckt.

Dem Akita schießt plötzlich Speichel aus dem Maul wie aus einer Spritzpistole – ein Phänomen, das ich bisher einige Male beobachtete, aber nie erklären konnte. Damit meine ich jedoch kein Speicheln, das seinen Ursprung rassebedingt hat oder von Hunden gezeigt wird, wenn eine Hündin heiß ist.

Offenbar taucht dieses plötzliche Speicheln immer dann auf, wenn ein Hund einen anderen anwerben will, egal ob als Langzeitmitarbeiter oder als Kurzzeitkraft. »Du würdest super in mein Team passen«, schießt es in Form von Speichel aus dem Hund heraus. Auch umgekehrt speicheln die Mitarbeiter mitunter, wenn sie auf einen Entscheidungsträger treffen, den sie toll finden. Im Kontext dieser Begegnung wäre das eine Antwort wie: »O ja, ich bin dabei!«

Der Husky macht jetzt ein paar verwegene Bocksprünge, die Freude und Übermut ausdrücken, dann will er über die Wiese laufen. Der Akita setzt sich in Bewegung, überholt den jungen Hund und grenzt ihn ruhig und souverän von vorn mit seiner Breitseite ein.

Auch diese Vokabel kenne ich gut von Wanja. Ich nutze sie seit Langem in menschlicher Handhabung mit Hunden, wenn es der Kontext erlaubt.

»Stillgestanden, bis ich dir sage, wann du die Pfote wieder hebst«, drückt der Akita so präsent aus, dass der junge Hund beeindruckt innehält.

Auch in der Menschenwelt wäre es unklug, einen neuen Mitarbeiter ohne Einweisung sofort agieren zu lassen.

So wären weder die Kompetenzbereiche geklärt noch die Firmenphilosophie, in der der Firmenchef die Dinge umgesetzt haben will. Chef und neuer Mitarbeiter hätten ihre Fähigkeiten nicht überprüft und wüssten sich deshalb auch nicht gut zu ergänzen.

Der junge Hund jedoch entzieht sich der Begrenzung, stürmt über die Wiese und freut sich an einem neu entdeckten Stock.

Das ist genauso unhöflich, als würde der gerade eingestellte Mitarbeiter aus dem Büro des Firmenleiters rennen und den Kaffeeautomaten suchen, ohne sich zuvor verabschiedet zu haben.

Daraufhin setzt der Akita dem jungen Husky mit kraftvollen Sprüngen nach und versucht, ihn am Hals nach unten zu drücken.

Viele hündische Entscheidungsträger erwarten, dass sich ein Mitarbeiter freiwillig vor sie hinlegt, um die Verbindung zu besiegeln. Wenn Mitarbeiter sich auf den Rücken legen, drückt das ihr Vertrauen aus, es ist aber auch eine Respektsbekundung an den Entscheidungsträger. Auch wir Menschen machen uns mit einer Verbeugung oder einem leichten Absenken des Kopfes etwas kleiner, wenn wir einem anderen Respekt zollen wollen.

Weil der Akita diese Geste jedoch erzwingen will, verwehrt sich der Husky und läuft angstvoll quietschend davon. Der Akita ändert daraufhin seine Herangehensweise und legt mit dem Husky eine Rennrunde ein. Beide spurten jetzt über die Wiese, und dem Husky ist die Freude am gemeinsamen Laufen anzusehen. Seine Jugend verleiht ihm noch den Ausdruck eines extrovertierten Hundes, obwohl er das nicht ist.

Den Unterschied kann ich später bei einem jungen expressiven Wolfsspitz sehen, gegen den der Husky geradezu langsam wirkt.

Der Akita versucht nun, den jungen Hund aus dem Laufen heraus noch einmal zu stoppen und zum Hinlegen zu bewegen. Als dies wieder nicht gelingt, läuft er weiter neben ihm her und wiederholt seine Versuche. Immer wenn der Eindruck entsteht, der Husky hätte genügend Druck abgelassen und wäre nun aufnahmefähig für ein ernsthaftes »Gespräch«, stoppt ihn der Akita. Er legt dabei eine Geduld an den Tag, die ich weder seiner Rasse noch seinem anfangs so missmutigen Wesen zugetraut hätte.

Mich erinnert sein Vorgehen an eine Situation, in der Wanja den auf Krawall gebürsteten Terrier Felix an einer Stelle halten wollte, um ihn zu beruhigen. Weil dieser jedoch gerade vollkommen übergeschnappt war und die Grenzsetzung nicht in einem Rutsch ableisten konnte, begann er Beschwerde führend zu bellen. Als Wanja immer noch nicht von ihm abließ, entlud Felix seine Anspannung, indem er ein paar Runden über den Hof raste. Anstatt den Hund massiver zu stoppen und darauf zu bestehen, dass er sofort wieder seine Pfoten still zu halten habe, wechselte Wanja in die Betriebstemperatur des aufgeregten Hundes. Er rannte mit ihm ein paar Runden und nahm seine überdrehte Energie auf, um ihn erst dann allmählich in die Ruhe zu führen. Mehrfach pendelte er Felix zwischen Laufen und Ruhe hin und her, bis sich der junge Hund innerlich gefangen hatte. So verwirklichte Wanja sein Ziel, indem er beachtete, was sein Gegenüber leisten konnte, und nicht, indem er die Verfassung des Hundes bekämpfte oder korrigierte.

Diese Vorgehensweise erlebe ich nun wieder hier bei dem Akita, und mir wird klar, dass auch sie nicht nur eine individuelle Herangehensweise Wanjas sein könnte. Ich werde sie später »Pendeln« nennen, was bedeutet: Ist ein Wesen zu aufgeregt und kann gar nicht zuhören, nehme ich erst einmal seine Energie auf und pendele dann zwischen der hohen Energie und einer Begrenzung so lange hin und her, bis es sich beruhigen kann.

Auch bei dem jungen Husky zeigt das Pendeln Wirkung, und er hat sich jetzt auf den Bauch gelegt. Der Akita versucht nicht, ihn auf den Rücken zu drehen, sondern stupst den Husky zart seitlich an den Fang, was wie eine anerkennende Geste wirkt. Dann nimmt er einen Stock auf, um ihn als Ressource interessant zu machen.

Im Laufe der Zeit wird meine wichtigste Erkenntnis sein, dass die hündischen Entscheidungsträger knappe Korrekturen oft nur verwenden, wenn sie schon länger mit einem Hund oder mehreren zusammenleben und keine Neuverhandlungen mehr nötig sind oder wenn sie, wie meine russischen Hunde, noch vollkommen authentisch sind und den Umgangston einwandfrei beherrschen. Dann ist diese Anfangsphase kürzer, und sie erreichen schneller den Status eines »alten Ehepaares«, das sich mit knappen Kommentaren zu verständigen weiß.

Finden Haushunde gerade erst zusammen, werden die Kompetenzen mit viel Sorgfalt und Zeit ausgefochten und überprüft, ähnlich wie in der Menschenwelt, in der sich ein Paar nach der ersten Verliebtheit erst einmal richtig zusammenraufen muss.

Um langfristig miteinander zu leben, muss man sein dürfen, wie man ist, und selbst einen Weg finden, sich an eine Beziehung anzupassen. Hündische Entscheidungsträger setzen auf diesem Weg hilfreich Grenzen und zeigen die Richtung dessen, was sie wollen. Der Rest bleibt ein Handlungsspielraum für die jeweilige Kompetenz des anderen.

Wir schreiben den Hunden dagegen häufig von außen übergestülpte Handlungen vor, zu denen wir sie auch immer wieder aktiv bringen müssen, solange sie leben, weil sie nicht von selbst in diese hineingefunden haben. Das ist viel Arbeit für wenig Nutzen.

Nach dem Hinweis der Haushunde in den letzten beiden Jahren, den ich durch die russischen Hunde nicht erhielt, bevorzuge ich jetzt dieses Maß an Zeit. Es ist erstaunlich, wie nachhaltig viele Dinge dadurch im Zusammenleben mit Hunden werden konnten, die bisher auch für den Menschen sehr mühevoll blieben.

Hunde haben wie wir Regeln, und diese Regeln sind dazu da, ihre Art zu erhalten und Gemeinschaften zu ermöglichen. So lautet eine Regel, dass kein Hund unerlaubt die Gruppe verlassen darf, denn man muss sich aufeinander verlassen und bei Außenreizen gemeinsam handeln können. Nur in Ausnahmefällen würden sich Hunde um das versprengte Rudelmitglied kümmern. Diese Energie würde ihnen ja später beim Überleben fehlen – zum Beispiel bei der Flucht, Verteidigung oder Jagd. Kehrt der Ausreißer zur Gruppe zurück, kann man gut beobachten, wie er fast immer beschwichtigend und abgeduckt auf genau den Hund zuläuft, der ihm eine Lektion zuteilwerden lässt. Er weiß also sowohl, dass er einen Fehler gemacht hat, als auch, wer ihn bewertet. Die Lektion ist dann häufig eine Wahl aus strengem Blick, Abschnappen und/oder knappem Aufbellen. Der hündische Lehrer führt diese Handlungen nicht statisch aus, sondern er beobachtet dabei genau, ob sich bei seinem Gegenüber auch innerlich etwas verändert.

Hundehalter sind jedoch oft zufrieden damit, wenn der Hund äußerlich ein Kommando ausführt, und beendet dann den Dialog, in der Meinung, einen Erfolg erzielt zu haben, weil der Hund jetzt zum Beispiel brav »Sitz« ausführt. Hat sich aber im Hund nichts verändert, erreicht der Halter auch nicht, dass er sich beim nächsten Mal selbst korrigieren kann, also in diesem Falle erst gar nicht wegläuft oder auf Zuruf dableibt.

Hunde sind bemüht, durch genaues Anfühlen in so einer Situation Nachhaltigkeit zu erzielen. Wenn ich das Ganze mit Schachspielen vergleiche, so nehmen sie sich bei ihren Zügen Zeit, und beide haben die Gelegenheit zum Zug. Das bedarf verschiedener Verarbeitungsprozesse, die die Hunde sich untereinander gewähren. Kommt ein Hund also von einem unerlaubten Ausflug zurück, muss er sich so lange der Präsenz eines Entscheidungsträgers aussetzen, bis er seine Haltung geändert hat. Geht der Kopf zurück? Wird die Körperspannung weicher? Wie Sie auch bei Ihrem menschlichen Partner einschätzen können, ob sie oder er zu einer Einsicht gekommen ist oder diese nur vorgibt, können Sie das Anfühlen auch an Ihrem Hund lernen.

Der Husky und der Akita müssen die Wiese jetzt wieder verlassen, weil die nächsten Hunde schon warten. Der Akita entzieht sich jedoch knurrend dem Griff seines Halters am Geschirr. Sein Gesichtsausdruck wirkt sofort wieder missmutig und verstimmt.

Der Mann zückt plötzlich ein Wienerwürstchen und hält

es dem Hund vor die Nase. Als der Akita danach schnappen will, rennt der Halter mit dem Würstchen unvermutet los, und der Akita folgt ihm. An einem Auto angekommen, reißt der Mann die Hintertür auf, wirft das Würstchen hinein, worauf der Hund hinterherspringt und der Mann die Autotür zuschlägt. Kurze Zeit darauf ertönt ein lautes Bellen im Wechsel mit einem Jaulen aus dem Fahrzeug, welches in den nächsten drei Stunden auch nicht mehr verstummt.

Dieses Ereignis bestürzt mich.

Es ist klar, dass dieser autarke Hund sich weiter gegen jeden Zwang und jede Künstlichkeit verwehren wird und gar nicht anders kann, als um seine Würde zu kämpfen.

Auch Wanja wollte sich nicht einer für ihn unerträglichen Situation beugen und wurde deshalb erschossen. Der Täter, ein betrunkener Bauer, hatte ihn zuvor schlagen wollen und war der Meinung, dass ein Hund sich nicht zu wehren hätte, egal was man mit ihm tut – oder ihm antut. Wanja aber hatte sich angemessen mit einem Zuschnappen gegen den tätlichen Angriff gewehrt und seine Würde verteidigt – bis in den Tod.

Mich trifft die Erkenntnis, dass ich entgegen meiner bisherigen Auffassung offenbar schon viele »Wanjas« im Training gehabt hatte, sie jedoch, als Einzelhunde und an der Leine geführt, nicht hatte erkennen können, weil sie sich so aufgeregt, aufgebracht und hektisch gezeigt hatten wie im Vorfeld der Akita. Wanja, den freilebenden und ursprünglichen Hund, hatte ich in all unseren gemeinsamen Jahren nie so erlebt.

Später wird mir klar, dass auch die Rassen, deren Selbständigkeit zurückgezüchtet wurde, dafür gesorgt hatten,

Zentralhunde nur in einem Zerrbild ihrer selbst kennenzulernen. Zusätzlich kam noch die Dressur dazu, also die Anpassung an künstliche Umgangsformen und Abläufe, denen der junge Hund in seiner Abhängigkeit vom Halter oft nichts entgegensetzen kann.

All diese Faktoren vermengt, ergeben einen Hund, der oft besonders gut ableistet, was seine Menschen von ihm verlangen, weil seine ganze Natur nach Harmonie strebt, der aber auch viele Fragezeichen bei seinem Halter hinterlassen kann. Häufig drückt sich das in Bemerkungen aus wie: »Eigentlich habe ich keine Probleme, die ich genau benennen könnte. Es passiert immer überraschend, dass mein Hund plötzlich überhaupt nicht mehr hört«, oder: »Ich habe das Gefühl einer ganz engen Verbindung mit ihm und kann es mir nicht erklären, warum mein Hund mich dennoch für jeden anderen Hund stehen lässt.«

Ist die Beziehung bereits gekippt, weil der Hund den Grad der Anpassungen überschritten hat, den er leisten kann, kommen Beschreibungen wie: »Er ist verrückt.« – »Er hat ADHS.« – »Er ist süchtig nach einem Ball.« – »Er hütet Autos.« – »Er lässt alle in einen Raum hinein, aber nicht wieder heraus.« – »Er maßregelt Besuch, fremde Hunde oder Passanten.« Diese Symptome einer Anpassungsstörung können auch bei anderen Hundetypen auftauchen, weshalb nicht jeder, der eine oder mehrere davon zeigt, ein Zentralhund ist. Aber auf sie treffen diese Symptome häufig zu und sind dann oftmals auch gekoppelt mit einem Suchtfaktor.

Wenige Wochen nach dem Erlebnis mit dem Akita melden sich seine Halter bei mir und bitten um Hilfe. Ich freue mich nicht nur darüber, Gelegenheit zu bekommen, sie vielleicht unterstützen zu können, sondern auch darauf, den Akita wiederzusehen.

Bei unserem Treffen beginnt das Ehepaar erst einmal eine lange Liste von ihrer Meinung nach unmöglichen Verhaltensweisen aufzuzählen: »Er zieht wie ein Ochse an der Leine. Er reagiert auf alles und jeden. Er lässt sich nichts sagen. Er maßregelt uns.« Je mehr Beschwerden aus ihnen herausfließen, umso zorniger wird ihr Tonfall, wobei der Mann auf mich eher zurückhaltend wirkt, die Frau hingegen sehr angespannt und aufgeregt.

Der Hund läuft währenddessen über mein Gelände und wirkt missmutig und schlecht gelaunt. Hätte ich ihn nicht mit dem Husky erlebt, wäre ich nie darauf gekommen, wie strahlend und zugewandt er sein kann.

»Sind Sie denn bereit, dieser Beziehung überhaupt noch einmal eine Chance zu geben?«, frage ich nach. »Im Augenblick wirkt es so, als wären Sie bereits so im Zorn auf Ihren Hund verschwunden, dass Sie sich gar nicht mehr in eine andere Richtung bewegen können. Ich würde gern mit Ihnen einen neuen Schritt gehen, kann das aber nur, wenn Sie dazu bereit sind.«

Während der Mann betroffen schweigt, bricht ein neuer Schwall an Erklärungen und Anschuldigungen aus der Frau heraus.

»Das meine ich«, unterbreche ich sie. »Ich verstehe, dass es belastend für Sie sein muss, mit einem Hund zu leben, der nicht in unsere Welt zu passen scheint, weil er den Gehorsam verweigert und Sie ihn führen müssen. Aber wenn Sie Ihr Herz nicht öffnen können, wird es keine Einigung geben zwischen Ihnen und ihm. So fühlt es sich für mich an.«

Die Frau schluckt und sagt: »Wir lieben ihn ja. Zu Hause ist er der tollste Hund überhaupt. Es ist, wie Sie sagen, wir schaffen es draußen nicht mit ihm. Nicht nur, dass er alle Hunde dominieren will, er hat ja auch noch einen starken Jagdtrieb. Deshalb müssen wir ihn an der Leine führen. Damit er dennoch einen Bewegungsspielraum hat, nehmen wir ihn an eine zehn Meter lange Leine. Das geht nun auch nicht mehr, weil er sich eine Nummer ausgedacht hat, die uns schon Verletzungen beigebracht hat. Wir können das ja einfach mal vormachen.«

Bereits als der Mann nun die Leine an das Geschirr klicken will, versucht der Akita nach ihm zu schnappen, und es ist nur der noch vorhandenen Beißhemmung des Hundes zu danken, dass er seinen Halter nicht verletzt.

Ganz am Anfang meiner Begegnung mit Wanja wollte ich auch ihm ein selbstgefertigtes Halsband umlegen. Wanja wehrte sich jedoch mit so einer Vehemenz, dass ich davon ablassen musste, um nicht gebissen zu werden. Später hätte ich es ihm umlegen können – aber mir wäre bei diesem Hund immer bewusst gewesen, dass ich ihn nie gegen seinen Willen hätte festhalten können.

Auch der Akita in seiner alten, ursprünglichen Rasse und zusätzlich dem höchsten Rang unter den Hunden kann weder seine Natur abschaffen noch den Umstand, dass er in einer Kultur lebt, in der Hunde auf Menschen hören sollen, egal welches Wesen und welche Fähigkeiten diese Menschen besitzen. Von den Hundehaltern wiederum wird verlangt, dass jeder Hund gleich gut und schnell hören soll. Ein

Kreislauf, den wir endlich durchbrechen müssen, weil niemand außer uns so lebensfremd funktionale Ideen hat.

Die Halter des Akitas erzählen mir, dass ihr Hund im ganzen Viertel als aggressiv verschrien ist, nur weil er sich an der Leine so wild gebärdet. Warum er das tut, wenn er einen anderen Hund sieht, spielt dabei keine Rolle. Er gilt als schlecht erzogen, und die Halter müssen mit diesem Stigma leben, obwohl sie bereits seit Jahren Hundeschulen besuchen und ihr Bestes geben, wie sie erzählen.

Nach einigem Hin und Her zwischen Halter und Akita ist die Schleppleine jetzt befestigt, und der Mann nimmt das Ende in die Hand und geht los. »So viel Spielraum gebe ich ihm extra, damit er Auslauf hat, aber er weiß auch das nicht zu schätzen und moniert die Leine«, ruft er verzweifelt.

Mir wird himmelangst, als ich mir vorstelle, der Akita presche nun los und katapultiere den Mann nach einem Anlauf von zehn Metern hinter sich her.

Das tut er jedoch nicht. Zuerst schnüffelt er etwas herum und beobachtet die Dinge um sich herum aus den Augenwinkeln. Dann erst startet er durch, und ich halte die Luft an. Obwohl der Akita den Mann durch einen Spurt mit Leichtigkeit von den Beinen reißen könnte, rennt er nun einfach nur im Kreis um ihn herum. Nach seiner dritten Runde sehe ich auch, warum. Von Runde zu Runde schnürt sich die Leine fester um die Füße des Mannes, bis er gefangen dasteht.

Diese Antwort des Hundes auf sein eigenes Festgehaltenwerden ist so frappierend und auch so humorvoll, dass mir vor Bewunderung der Mund offen stehen bleibt.

Eher durch die Einengung als durch aktive Einwirkung

des Hundes verliert der Mann schließlich das Gleichgewicht und kippt mit dem Oberkörper nach vorn. Er stützt sich mit den Händen auf dem Boden ab und befreit sich dann von der Leine.

»Deshalb können wir nur noch an der kurzen Leine gehen und müssen die auch noch zu zweit festhalten, damit wir ihn überhaupt halten können. Das macht ihm keinen Spaß und uns auch nicht«, fasst die Frau das Ganze zusammen.

Der Mann reicht mir das Leinenende und sagt: »Nun können Sie sich ja mal daran versuchen! Ich bin gespannt, was Sie da für eine Lösung haben, damit er damit aufhört.«

»Wenn Ihr Hund etwas so Fantasievolles anbietet, könnte man ihm vielleicht einfach auch mit Fantasie antworten«, mache ich einen ersten Vorschlag.

Beide sehen mich mit einem abwehrenden Ausdruck an, warten jedoch ab, wie ich weiter verfahre.

Die Variante, die ich anzubieten habe, ist einfach und wäre den Haltern sicher auch eingefallen, wenn sie nicht schon so resigniert wären.

Ich nehme im Vorbeigehen das Ende der Schleppleine auf und warte.

Der Akita hat mich bisher nicht ein einziges Mal angesehen und lässt mich deutlich seine Geringschätzung spüren. Als er den persönlichen Eingriff bemerkt, wandert sein Blick fassungslos und wie in Zeitlupe die Leine entlang, hinauf zu meiner Hand und dann langsam weiter zu meinem Gesicht.

»Ich will dich nur kennenlernen und dich nicht ärgern«, sage ich lächelnd zu ihm. »Gib mir eine Chance.«

Wieder beginnt der Hund den Boden abzuschnüffeln, als

würde er sich für mich gar nicht interessieren, ehe er blitzartig losrennt, um mich mit seinen Kreisen in die Leine einzuschließen.

Bei jeder seiner Runden wechsle ich die Leine nun hinter meinem Rücken in die andere Hand und wieder nach vorn und kann so ruhig und entspannt stehen bleiben, ohne eingewickelt zu werden.

Obwohl der Akita mich mit einem einzigen Spurt aus dem Kreis heraus umreißen könnte, tut er das nicht, sondern schaut irgendwann überrascht auf und bleibt tief atmend stehen.

Unsere Blicke begegnen sich.

Demonstrativ lasse ich das Ende der Leine fallen, um ihm zu zeigen, dass ich ihn nicht festhalten will, sondern es mir nur Freude gemacht hat, an seiner tollen Nummer auf meine Weise mitzuwirken.

Verdutzt und misstrauisch betrachtet er mich.

»Was bist du doch für ein toller Hund«, sage ich bewundernd und erinnere mich im Nachhall dieses Satzes, dass ich fast den gleichen Satz zu Wanja sagte, als ich ihn das erste Mal sah. Als würde meine Erinnerung auch dem Akita ein neues Stimmungsbild schicken, wird sein Blick plötzlich weicher und klarer.

»Schau, wir können uns einmal gemeinsam das Gelände auf der anderen Seite des Zaunes ansehen«, sage ich und zeige auf ein großes eingezäuntes Nachbargebiet.

Ich öffne das Tor, sehe ihn an und dann in die Richtung, in die wir gehen könnten. Einem Impuls folgend, möchte ich ihm den Vortritt lassen, um ihm meine Wertschätzung und mein Vertrauen auszudrücken.

Prüfend betrachtet der Hund aus der Distanz die Toröffnung und sieht dann noch einmal zu mir.

»Bitte!«, ermutige ich ihn und zeige abermals auf das neue Gelände.

Den Hund durchfährt plötzlich ein Ruck, und mit großen Sätzen läuft er durch das Tor. Neugierig nimmt er die Gerüche der Hunde auf, die schon vor ihm dagewesen waren, markiert einige Bäume und Büsche und läuft die Ränder des Geländes ab, an denen Mäuse ihre Gänge haben. Dabei sieht er sich immer wieder zu seinen Haltern und zu mir um, und weil ich seinen Blick als eine Aufforderung deute, hinterherzukommen, fordere ich das Ehepaar auf, mit mir gemeinsam dem Akita zu folgen.

Wir sind sicher ein seltsamer Anblick, wie wir nun im Gänsemarsch neben dem Hund über das Gelände gehen. Die Frau ist sehr schnell in ihrem Schritt, der Mann eher langsam. Weil ich in unserer kleinen Reihe die Mitte einnehme, habe ich das Gefühl, die Frau rennt mir davon, und der Mann bleibt zurück. Es ist anstrengend, herauszufinden, auf welches Tempo ich mich nun einstellen soll. Ich will die Frau gerade bitten, etwas langsamer zu laufen, als der Akita plötzlich an ihre Seite kommt, den Kopf zur Seite wendet und sie mit seiner Schnauze von vorn an den Oberschenkel stupst.

»So bremst er mich oft aus!«, ruft die Frau mir zu, und ich bin erstaunt, wie gut sie ihren Hund lesen kann. Um sicherzugehen, dass der Hund tatsächlich das Tempo der Frau regulieren wollte, bitte ich sie, einmal wegzurennen. Mit energischen Sprüngen setzt der Akita ihr nach und reißt an ihren Sachen, als er sie eingeholt hat. Er ist deutlich verstimmt über diesen plötzlichen Ausbruch und läuft, nachdem die Frau wieder bei uns angelangt ist, misstrauisch unsere Reihe ab, durchquert und umkreist sie. Ich komme mir vor wie ein Schaf in einer Herde, die nun streng bewacht wird, weil ein anderes Schaf aus der Reihe getanzt ist.

Hier jedoch verweist dieses Verhalten nicht auf einen Hütehund, sondern einen Hund mit einem starken Jagd- und Schutztrieb. Das verwundert mich. Erst später werde ich durch die Beobachtungen der Hundegruppen verstehen, dass diese Verhaltensweise einfach zum Repertoire der Zentralhunde gehört. Wir erleben und filmen dieses aktive Zusammenhalten einer Gruppe auch bei dem Mops Angelika, dem Galgo Angelina, dem Dackel Balduin, dem Jack Russell Anton, dem Foxterrier Jana, dem Ridgeback Anima, dem Neufundländer Miro und vielen anderen Rassen, die eben keine Hütehunde sind.

Wir haben dieses Experiment ungefähr zweihundert Mal gemacht, und alle Zentralhunde setzten dieses Stoppen und Zurückführen auf ihre ganz persönliche Weise um.

Auch früher hatte ich ein derartiges Verhalten auf Hundewiesen erlebt, wenn manche Hunde andere anzuhalten versuchten oder ihnen immer wieder den Weg versperrten. Häufig wurden sie von den anderen Hundehaltern als Spaßbremsen oder Mobber empfunden. Inzwischen ist mir klar, dass die »Stopper« das wilde Toben der Hunde, das wir oft als Lebensfreude deuten, ganz offenbar als Ausdruck innerer Unruhe werteten, die sie hilfreich beenden wollten.

Auch Leithunde können Menschen und Hunde energisch stoppen, setzen dann aber keine Energie hinein, sie wieder an die Gruppe anzubinden, aus der sie weggelaufen sind.

Sie wollen einfach nur ein schnelles Herumrennen oder ein Überholen unterbinden.

Während der expressive vordere Leithund das körperlich aktiv macht, bleibt der introvertierte Leithund häufig stehen und fixiert Menschen wie Hunde nur von hinten, um sie zu stoppen. Leider haben wir, im Gegensatz zu den Hunden, hinten nur noch selten »mentale Augen«, die einen fremden Blick wahrnehmen.

Es ist jedoch durchaus interessant, sich dabei filmen zu lassen, wenn man plötzlich und, ohne seinen Hund anzusehen, einfach losrennt, und dann zu studieren, wie der Hund sich dabei verhält.

Im Falle des Akitas nun nehme ich dieses Stoppen, Ordnen und Zusammenhalten zum ersten Mal auch als bewusste Handlung an Menschen wahr und setze das Aus-der-Reihe-Scheren selbst aktiv ein, weil es sich als Katalysator in unserer Kontaktaufnahme erweist. Während der Hund an der Leine nur damit beschäftigt war, der Begrenzung zu entkommen, und die Halter damit befasst waren, die Begrenzung aufrechtzuerhalten, entsteht plötzlich ein echter Kontakt, als wir den Akita in seiner Kompetenz herausfordern und wertschätzen.

Abwechselnd entfernt sich nun eine Person aus unserer Gruppe schnell oder langsam, und je öfter wir das tun, umso mehr Feinheiten nehmen wir in den Signalen des Akitas wahr.

Das hat zur Folge, dass auch der Akita immer weniger ausdrucksstark handeln muss. Während er uns am Anfang noch sehr rüde stoppte, maßregelnd an uns hochsprang oder an der Kleidung riss, reagiert er nun selbst viel feiner.

Als wir beginnen, bereits auf einen Blick von ihm im Laufen anzuhalten, sieht er auch von seinen Maßregelungen ab.

Seither haben mir viele weitere Erfahrungen mit hündischen Entscheidungsträgern, die ihre Menschen maßregeln, dasselbe Ergebnis gezeigt. Hört man ihnen einmal zu, nimmt man ihre Kritik an und versucht man einen Weg zu finden, der für Mensch und Hund gangbar ist, hört die Maßregelung auf. Bekämpft man die Maßregelungen mit eigenen Maßregelungen, beginnt man einen Kampf, den beide verlieren müssen, weil keine Einigung gewonnen werden kann.

Als der Akita bemerkt, dass unsere Reaktionen auf ihn kein Zufall sind, sondern wir tatsächlich auf ihn achten und uns bemühen, uns in seiner hündischen Welt zurechtzufinden, scheint eine Tür in ihm aufzugehen. Dieselbe Magie, die ich an ihm im Kontakt mit dem Husky wahrnahm, lässt mich nun in seiner Nähe eine so große Klarheit spüren, dass ich mich selbst als diffus und nur schemenhaft empfinde.

Am Ende dieses Erlebnisses fasse ich den Haltern des Akitas meinen Eindruck zusammen: »Wenn Sie die Kraft haben, sich für diesen Hund zu öffnen und auf seine Signale, sein Wesen und seine Bedürfnisse einzugehen, dann – denke ich – tut er auch alles für Sie. Ihr Hund kennt den Kontext für Ihre Unzufriedenheit mit ihm ja nicht. Er spürt aber, wie ablehnend Sie ihm in vielen Bereichen inzwischen gegenüberstehen. Ich durfte mit so einem Hund auch einmal leben, und Wanjas Bemühung um die Gruppe war wie eine Lebenstankstelle, die er zwar selbst kreierte, an der er sich aber auch auftankte.

Wenn ich mir vorstelle, er hätte mit seinem Verhalten ständig Ärger in mir gezündet, weil ich ihn zum Beispiel nicht zu anderen Hunden hingelassen hätte, dann wäre er ganz sicher von mir weggegangen, das weiß ich. Er hätte ja keine Lösung zwischen seinen Bedürfnissen und den Möglichkeiten, die ich ihm zur Verfügung stelle, finden können. Wir müssten jetzt also nach diesen Möglichkeiten suchen und einen Kompromiss finden, wie er die Regeln einhalten kann, die unsere Kultur vorgibt, für die er aber seine Natur nicht vollkommen verleugnen muss. Das kann und will ein so autarker Hund wie er nicht. Warum sollte er einen Sinn darin sehen, sich selbst abzuschaffen?«

Der Mann räuspert sich und sagt plötzlich mit fester Stimme: »Ich denke, dass ich diesen Weg probieren möchte.«

Als auch seine Frau zustimmend nickt, sage ich zur Verabschiedung: »Dann gehen wir gemeinsam einen neuen Weg.«

Inzwischen sind ihn bereits viele Hundehalter gegangen, und jeder machte andere Erfahrungen. Was alle dabei verbindet, ist Belebung. Viele Menschen berichten von einer anfänglichen Krise, Ohnmacht, Panik, die sich nach und nach auflöste in ein Gefühl neuer innerer Bewegung.

Besonders das Zusammenleben mit einem Zentralhund zwingt Menschen, ihre Starrheit aufzugeben. Die Natur eines solchen Hundes hat etwas Pulsierendes, das sich jeder Lebenssituation geschmeidig anpassen kann.

Die Fähigkeiten eines Zentralhundes sind darauf ausgerichtet, die unterschiedlichen Temperamente anderer Hunde miteinander zu verbinden und sie sinnvoll einzusetzen. Er verweigert sich deshalb jeder übergestülpten stupiden Unbeweglichkeit – oder er zerbricht daran.

Meine Freundin, die Theaterregisseurin, berichtete mir von einer Begebenheit, die kennzeichnend dafür ist, was auch in der Menschenwelt passiert, wenn niemand zur Verfügung steht, der unterschiedliche Temperamente verbinden kann.

Die Theaterregisseurin selbst ist ein langsamer und bedächtiger Mensch, auch wenn es, wie sie sagt, über fünfzig Jahre in Anspruch nahm, zu dieser Natur zurückzufinden. »Weißt du, früher habe ich immer eine Extrovertierte gespielt«, erzählte sie mir einmal. »Warum?«, fragte ich erstaunt. »Weil man damit einfach besser durch die Welt kommt«, antwortete sie.

Während einer Probe nun kam eine Schauspielerin zu ihr, die ein expressives, vorwärtsdrängendes Wesen hat, und sagte ungestüm: »Wann machen wir heute noch etwas Zielführendes? Wir haben noch gar nichts hingekriegt. Ich bin schon ganz kribbelig. Ich würde jetzt gern etwas haben, wo ich ein Resultat sehe.«

Meine Freundin erstarrte daraufhin innerlich, weil sie den Tag mit einem Prozess gestalten wollte, bei dem das Ziel für sie noch gar nicht absehbar war. Sie hatte es im Ausprobieren herausfinden wollen. So ärgerte sie sich nicht nur darüber, dass die junge Frau alles schnell und ihrer Meinung nach oberflächlich machen wollte, sondern sie fühlte sich von der Forderung nach Schnelligkeit so unter Druck gesetzt, dass sie sich krampfhaft an ihrem Zettelblock festhielt und die Buchstaben darauf vor ihren Augen verschwammen. Erst das Hinzukommen eines anderen Schauspielers holte sie aus dieser inneren Lähmung heraus. Und erst dann bemerkte sie, dass sie den Zettelblock verkehrt herum hielt.

Als ich ihr nach diesem Bericht mein Mitgefühl ausgesprochen hatte, äußerte ich aber auch mein Verständnis für die junge Frau, die ihrem inneren Drang nach einem Ziel und mehr Tempo Ausdruck verliehen hatte.

Meine Freundin brüskierte das für einen Moment, und sie sagte abwehrend: »Das ist aber doch oberflächlich, immer nur Sachen mit einem sofortigen Ergebnis tun zu wollen. Dabei ist es doch viel interessanter, etwas erst einmal zu erforschen!«

Um mich nicht in subjektiven Bewertungen zu verzetteln, erzählte ich ihr von der Mentalität des schnellen Kundschafters unter den Hunden, der ähnlich wie die junge Schauspielerin stets an anderen Hunden rüttelt und Aufmerksamkeit, aber vor allem auch Aufgaben verlangt. Seine Unbedingtheit ist dabei eine wichtige Ressource für eine Gruppe, wenn etwas wirklich schnell erfasst und zupackend umgesetzt werden muss.

Dann bat ich meine Freundin, einmal in Betracht zu ziehen, dass ein Wesen mit dieser Natur vielleicht gar keine Lust habe, etwas zu durchdenken, sondern eher lieber zügig handle. Für die Mentalität meiner Freundin als Entscheidungsträgerin eines zurückgenommenen Typs bedeutet das bedächtige Beurteilen und Erforschen jedoch ihre wichtigste Qualität. Sie sah mich daraufhin aufmerksam an und fragte: »Aber was hättest du denn gemacht, wenn du dabei gewesen wärst?«

»Ich hätte der stürmischen jungen Frau einfach ein paar kleine Etappenziele vorgegeben, durch die sie aktiv werden kann, damit du in Ruhe über den großen Zieleinlauf nachdenken kannst«, antwortete ich schmunzelnd und fügte hinzu: »Vielleicht solltest du dir beim nächsten Mal einen Zentralhund in dein Team holen, der macht das mit links.«

Daraufhin lachte meine Freundin und sagte: »Okay, dann schaue ich mir das zuerst einmal bei den Hunden an.«

In der Menschenwelt symbolisiert ein Netzwerk eine Gruppe von Personen, die zueinander in Beziehungen stehen und sich privat, vor allem aber beruflich unterstützen, helfen oder kooperieren, ohne dass dabei Leistung und Nutzen für Dritte – wie Kunden, Unternehmen, Gesellschaft oder Staat – relevant sind.

Auch ein Zentralhund betreibt sein »Netzwerk« nicht, um sein Ego zu stärken, sondern um ein »Wir« unter den Hunden zu schaffen. Er hat die Fähigkeit, Ressourcen zu vereinen, um sie der Gruppe nutzbringend zur Verfügung zu stellen. Ob die Lebensumstände es erfordern oder nicht – er hat diesen Drang und will ihn einsetzen. Genauso wie ein Jagdhund, der als Familienhund lebt, sein Interesse am Jagen nicht verlieren kann, genauso wird auch der Zentralhund seine Lust am Vernetzen nicht verlieren. Vielleicht hat er deshalb den höchsten Rang unter den Hunden, weil er auch entscheiden und durchsetzen muss, wann welche Ressource einzusetzen ist.

Wie ein Komponist am Klavier kennt er die schwarzen und weißen Töne der Hunde und versteht mit ihnen je nach Situation umzugehen. Immer darauf bedacht, keine Ressourcen zu zerstören, entscheidet er sensibel und durchsetzungsstark, wie sie verwendet werden. Das macht ihn zu einem pulsierenden Magier unter den Hunden, aber auch zu einem Wesen, das am wenigsten in der funktionalen und starren Welt der Menschen zurechtkommt.

Zentralhund zieht fremden Hund heran

Ein Wächter assistiert in Warteposition

Oft missverstanden wird seine permanente Unruhe, mit der er für alles, was ihn umgibt, nach Lösungen sucht, ohne sie finden zu können. Ein Beispiel dafür ist die schwarze Labradorhündin, die wir auf einem Spaziergang treffen.

Sie ist sehr dünn, hat schuppiges Fell und humpelt auffällig. Ihre Hüfte ist schief, und sie wirkt abgearbeitet und ausgezehrt. Als sie uns erblickt, rennt sie dennoch freudig herbei und legt sich drei Meter entfernt vor Mitja flach auf den Boden. Dann sieht sie ihn konzentriert an und zieht ihn nur mit ihrem Blick an sich heran – ähnlich wie auf dem vorhergehenden Foto, auf dem ein Shar Pei einen fremden Golden Retriever zu sich heranzieht, während sein Bodyguard und Wächter im Standbymodus neben ihm sitzt. (Auch hier sei erwähnt: Nicht alle Hunde, die sich so hinlegen, sind Zentralhunde, und nicht alle Zentralhunde legen sich so hin.)

Die Labradorhündin beginnt Mitja nach der Begrüßung immer wieder im Lauf zu stoppen und will ihn in ihre Führung einweisen. Irritiert schaut er zu mir, weil er sich ja an mich angebunden fühlt, und ich gebe ihn frei, damit die Hündin ihn übernehmen kann.

Obwohl der Labrador Mitja sehr freundlich und geduldig in einen Kontakt einzubinden sucht, kann ich kaum hinsehen, weil die Schmerzen, die er beim Laufen hat, so deutlich wahrnehmbar sind.

»Wie alt ist Ihr Hund?«, frage ich seine Halterin, deren Gesicht zum Vorschein kommt, als sie die Kapuze ihres Anoraks zurückschlägt.

»Vier Jahre«, antwortet sie, und ich schweige betroffen. »Wir gehen lieber einen anderen Weg, damit Ihr Hund sich nicht so anstrengt beim Laufen«, schlage ich dann vor.

Die Frau sieht mich erstaunt an und sagt: »Das wäre aber schade, denn sie ist immer noch nicht müde, obwohl ich schon seit vier Stunden hier im Hundeauslauf bin und sie bereits mit vielen Hunden gespielt hat. Wenn ich das nicht täglich mache, kann sie auch zu Hause nicht schlafen.«

Ich überlege, wie ich der Frau erklären kann, dass sie einen Hund hat, der zwar körperlich irgendwann zusammenbricht, aber seine innere Unruhe nicht aufgeben kann, wenn er kein Aufgabenfeld findet, in dem er auch einmal Lösungen schaffen kann.

Ich entschließe mich, es ihr einfach genauso zu sagen, und mache sie darauf aufmerksam, wie ihre Hündin gerade mit Mitja agiert. Auch sie nimmt, als ich ihr ein wenig Übersetzungshilfe gebe, wahr, dass die Hündin Mitja begrenzt und mitzieht, je nachdem, was ihr gerade nötig scheint.

»Und jetzt muss ich mit meinen Hunden zum Beispiel gleich abbiegen, und Ihre Hündin hat sich umsonst gemüht. Sie kann nicht anders. Niemand kann ja seiner eigenen Natur müde werden«, füge ich hinzu und verabschiede mich.

Als ich mich noch einmal umdrehe, sehe ich, wie sie ihren Hund nachdenklich ansieht.

So wie dieser freundliche Labrador werden viele Zentralhunde täglich von ihren Menschen aus Verzweiflung und mit den besten Absichten körperlich bis zur völligen Erschöpfung gebracht, was ihnen oft Krankheiten und ein älteres, abgezehrtes Äußeres beschert.

Häufig werden diese Hunde nach vielen vergeblichen Versuchen, sie ruhig zu stimmen, mit der Trenddiagnose ADHS versehen.

Einer dieser Hunde ist Oskar, ein junger Shar-Pei-Mix,

der mit seinem Halter in ein Seminar ins Dog-Institut kam. Leicht irritiert drehten sich die anderen Hundehalter immer wieder nach diesem fiependen, wie irre um sich blickenden Hund um, der bereits hinter einem Blickschutz saß, damit er die Reize um sich herum nicht sehen musste.

Am nächsten Tag brachten wir Oskar mit der bereits erwähnten Schnauzerhündin zusammen und erlebten ein Wunder, das uns alle nachhaltig bewegte.

Wie auf einer Harfe spielte er mit der Schnauzerdame, die sich ja bereits selbst in die Position eines Zentralhundes zu bringen gesucht hatte, indem sie alle fremden Hunde einordnete. Oskar nun war ihr zwar in der Gewichtsklasse unterlegen, setzte dafür aber sanfte und mental starke Grenzen, pokerte mit Vorschussvertrauen und wertschätzte die Kompetenz der Hündin, als sie ihn bei einem Außenreiz sicherte. Die Schnauzerdame entpuppte sich als fantastische »Chefsekretärin« und verlor im Zusammensein mit Oskar ihre Schärfe der Überforderung.

Oskar kam daraufhin fast vollständig zur Ruhe – nur eine Teilnehmergruppe von Menschen beunruhigte ihn, weil sie auf einem anderen Gelände stand und so seiner Kontrolle entging. Deshalb bat ich sie, zu uns herüberzukommen. Zufrieden holte Oskar die Gruppe am Tor ab und wollte sie gerade zur bereits anwesenden Gruppe führen, als Brigitte, eine Teamkollegin, durchs Tor hinausschlüpfte, um etwas zu erledigen. Obwohl Oskar Brigitte nicht kannte, wartete er mehr als zehn Minuten mit einem großen Leidensdruck auf ihre Rückkehr. Er rannte beunruhigt hin und her, blickte immer wieder in die Richtung, in die sie gegangen war, und rannte sofort zum Tor, als sie endlich zurückkehrte.

Brigitte kam herein, Oskar hielt sie von vorn an und gab ihr eine sanfte, aber deutliche Verwarnung mit der Schnauze an die Hand. Es wirkte wie eine Ermahnung, dass sie so etwas nicht noch einmal tun solle.

Danach saßen wir wie eine große italienische Familie auf der Wiese und wurden beschützt von einem jungen Hund, der jetzt vollkommen ruhig war und eine so starke Ausstrahlung hatte, dass er alle verzauberte. Niemand konnte in ihm mehr den unruhigen, panisch wirkenden Hund vom Anfang finden.

Obwohl Hundehalter, die mit diesem pulsierenden Hundetyp leben, oft die meisten Fragen haben und nach klassischen Tipps verlangen, wie sie den Hund beherrschen und führen können, will ich gerade bei diesen Hunden keine solchen Hinweise geben.

Das hat einen einfachen Grund: Wenn Sie sich einem solchen Hund nicht öffnen und sein Wesen nicht wertschätzen, nützen die besten Hinweise nichts. Öffnen Sie sich ihm jedoch, wird er ohnehin alles für Sie tun.[1]

1 Alle Hundetypen als Filmportrait auf www.vdu-wegbereiter.de

Speed-Dating am Zaun

Hunde temporär in Gruppen zu versammeln, in denen sie sich guttun können, nützt nicht nur ihnen, sondern auch den Menschen. Wir erhalten Hinweise darüber, wer sie außerhalb ihrer Verbindung zum Menschen sind, was ihre Ressourcen darstellen, welche Lebensbedingungen ihnen guttun und wann Anpassungsstörungen auftreten.

Wenn wir Hundegruppen innerhalb eines geschlossenen Geländes versammeln, sind die Hunde darauf angewiesen, welche Voraussetzungen wir für ihr Beisammensein treffen. Wir tragen also die Verantwortung dafür, ob ein Hund mit einem oder mehreren Hunden eine gute Erfahrung machen kann oder nicht. Die Folgen für Fehlentscheidungen können immer nachhaltig sein.

So nützt es einem aggressiv agierenden Hund nichts, wenn er von einem anderen Hund mal »ordentlich eins auf die Mütze« bekommt – falls dieser andere Hund selbst keine Grenzen kennt und einfach nur körperlich stärker ist. Damit kreiert man eine Kultur des »Plattmachens«. Es gibt Hunde, die von solchen Erlebnissen so überwältigt werden, dass sie bei künftigen Hundebegegnungen einfach dissoziieren – sich also innerlich abspalten. Bei künftigen Aufeinandertreffen, die ähnliche Komponenten aufweisen – zum Beispiel dieselbe Rasse oder Größe des anderen Hundes –, erfolgt dann diese Abspaltung erneut wie programmiert.

Man erkennt diese innere Beschädigung oft daran, dass ein Hund die Luft anzuhalten scheint. Dadurch agiert er nach außen nicht mehr aggressiv oder panisch, was für den Hundehalter oft wie eine Verbesserung des Verhaltens wirkt, mit der er dann zufrieden ist.

Solche Ereignisse können in sogenannten Raufergruppen stattfinden, in denen Hunde, die ein aggressives Verhalten gegen Artgenossen zeigen, mit einem Maulkorb aufeinander losgelassen werden, damit sie selbst die Erfahrung machen, wie sich Aggression anfühlt. Aus den bereits beschriebenen Gründen ist die vermeintliche »Erfolgsquote« nach einem solchen »Plattmachen« hoch – aber auch die Wahrscheinlichkeit, dass man mit einem traumatisierten Hund nach Hause geht, der in der Folge Symptome von Trauma entwickelt und ausdrückt.

Das können Anzeichen sein wie: Lärmempfindlichkeit, chronische Muskelverspannung, ein wachsendes Kontrollbedürfnis, Panikattacken, Angstzustände, Depression, Trauer, weitere Aggressionen oder Erstarrung.

Auch wenn der Hund – ebenfalls mit der guten Absicht des Halters, seine Sozialisierung zu fördern – als Welpe Hundekontakten ausgesetzt wird, ohne dass erfahrene hündische Erzieher anwesend sind, können diese Begegnungen traumatisch sein, wenn sie weder lehrreich noch nutzbar gestaltet werden.

Hunde selbst schicken ihre Würfe nicht zum Lernen in eine Schule, in der nur andere Welpen und ein artfremder Elefant die Lehrer sind.

Um auf Ressourcen zurückzugreifen, die jedem Hund als hochsoziales Wesen für ein Miteinander von Natur aus mitgegeben sind, braucht es gute Lehrmeister, die ihm ermöglichen, sich auf die eigenen Kompetenzen zu beziehen und alle Vokabeln der Hundesprache – und das Regelwerk, nach dem sie benutzt werden – zu erlernen.

Wie wir Menschen im Auslandsurlaub auch nicht jeden Deutschen kennenlernen möchten, nur weil er aus unserer Heimat stammt, wollen auch Hunde nicht immer jedem Hund begegnen.

Bleiben wir ungeachtet dessen auf einer Hundewiese stehen, weil es sich gerade so schön mit einem anderen Hundehalter plaudert, und wird währenddessen der eigene Hund von einem anderen Hund vermöbelt oder gemobbt, bereiten wir dem Hund eine Lebenserfahrung, die Auswirkungen auf sein und unser ganzes Leben mit ihm haben kann.

Deshalb ist es wichtig, Hundehaltern mehr Wissen darüber zu vermitteln, was Hunde untereinander tun und wie sie es ausdrücken, und auch darüber, wann Hunde Interesse aneinander haben, wann sie sich egal sind und wann sie Abstand zueinander wünschen.

Weil die menschlichen Interpretationen dazu wie immer auseinandergehen, empfehle ich allen Hundehaltern, auf ihren eigenen Bauch zu hören. Jeder Laie ist in der Lage, die Begrüßungen und das soziale Ausdrucksverhalten der Hunde untereinander zu fühlen. Dies ist kein Privileg, das Hundetrainern oder Verhaltenswissenschaftlern vorbehalten ist.

In seinem Buch »Das Gefühlsleben der Tiere« beschreibt der Verhaltensforscher Professor Mark Bekoff verschiedene Studien und ausgedehnte Forschungen, deren Ergebnisse zeigen, dass Laien – erstaunlicherweise oft im Gegensatz zu geschulten Wissenschaftlern – bei der Einschätzung tierischer Gefühle oftmals richtigliegen: »Wir neigen dazu, zu glauben, unsere persönlichen Eindrücke seien zu subjektiv und müssten aus diesem Grunde falsch sein« – doch wenn es um Emotionen geht, können wir offenbar auf unsere Eindrücke vertrauen.

Im Netz gibt es Videos unzähliger Welpenspielgruppen, auf denen laxe Einschätzungen von menschlichen Lehrern zu hören sind, denen der/die Halter eines gerade gemobbten Hundes mit betroffenem und abweisendem Gesicht folgen, weil sie ein ganz anderes Gefühl zu dem haben, was gerade passiert. In einer dieser Sequenzen sieht man einen mittelgroßen Welpen, der von vier großen Welpen immer wieder scharf attackiert wird und hinter den Beinen der Trainerin Schutz sucht, die allein mit den Hunden in einem winzigen runden Gehege steht, wie in einer Manege. Die Halter sehen währenddessen von draußen zu.

»Er könnte ja weggehen, wenn es ihm zu viel wäre«, beurteilt die Trainerin die Lage, woraufhin einige Hundehalter ungläubig auf den hohen Zaun sehen, der das enge Terrain umschließt.

Wären die Menschen hier ihrem Bauchgefühl gefolgt, hätten sie die Trainerin gebeten, die Bedingungen zu ändern, oder den Welpen einfach herausgeholt und die Schule verlassen.

Wenn wir nicht endlich wieder wagen, für unsere eigenen Wahrnehmungen einzustehen, werden uns stets andere ihre Wahrnehmungen oktroyieren.

In einem anderen Video sieht man einen jungen Hund, der Mühe damit hat, die Grenzen eines hündischen Entscheidungsträgers anzunehmen. Der junge Zentralhund müht sich geduldig mit ihm ab und bekommt zusätzlich Hilfe von einem Schäferhund-Bodyguard, der ihm zur Seite springt. Schließlich gelingt es den beiden, den jungen Herausforderer zum Nachgeben zu bringen. Er liegt auf dem Rücken und wartet, bis der Zentralhund ihm eine Freigabe zum Aufstehen erteilt.

»Das hat er gebraucht«, kommentiert ein Trainer vollkommen richtig. Danach wird die Runde aufgelöst, und der junge Hund läuft zu seiner Halterin und will sich noch unter dem Eindruck der eben stattgefundenen Szene neben ihr Bein auf die Wiese legen.

»Ja, das hast du fein gemacht. Feeeeein, ja, feeeein«, lobt die Frau den Hund und kündigt ein Leckerchen mit einem Knackfrosch an. Von der energetischen Danksagung elektrisiert, fährt der junge, expressive Hund wieder hoch und springt die Frau im Übersprung an.

Für seine Halterin wäre nun hilfreich gewesen, darauf hingewiesen zu werden, wie ruhig der hündische Entscheidungsträger seine Wertschätzung ausgedrückt hatte, als der junge Hund nachgab. Er hatte ihm einen weichen Blick zugeworfen und sich mit der Zunge über den Fang geleckt, um die Ruhe des jungen Hundes zu erhalten.

»Das machen wir jetzt jedes Mal. Je öfter er eine aufs Dach bekommt, umso besser hört er«, verkündet der Trainer.

Die Frau nickt begeistert und streichelnd ihren Hund, der sie gerade maßregelnd anspringt.

Es geht mir hier nicht darum, menschliche Fehler vorzuführen, die wir ja alle haben und machen. Ich möchte nur aus der Sicht der Hunde zeigen, was unsere – manchmal leider allzu falschen – Annahmen und Verhaltensweisen bewirken.

Ein Hund, der einmal in der Woche Anschauungsunterricht von einem Hund darin bekommt, ein guter Mitarbeiter zu sein und Grenzen anzunehmen, wird in große Schwierigkeiten geraten, wenn er dann mit einem Menschen nach Hause geht, bei dem wiederum er führen muss, weil der Mensch es nicht übernimmt.

Vergleichbar ist das mit einem Kind, welches das Glück hat, in der Schule Lehrer zu haben, die gut und angemessen Grenzen setzen können, während zu Hause bei den Eltern jedoch Chaos und Grenzenlosigkeit herrschen und umgekehrt. Zwischen zwei so extrem unterschiedlichen äußeren Bedingungen hin- und herwechseln zu sollen muss die Möglichkeiten jeder Anpassungsfähigkeit sprengen und Störungen auslösen.

Um nun einschätzen zu können, ob Hunde sich miteinander wohl fühlen und/oder ob sie sich überhaupt etwas zu sagen haben, wähle ich bei meinen Veranstaltungen eine Form, die auch beim Speed-Dating verwendet wird. Eine Pufferzone und Grenzen sorgen erst einmal dafür, dass jeder der Beteiligten ohne Druck fühlen kann, wie es ihm mit dem anderen geht. Während in der Menschenwelt der Puffer ein Tisch sein kann, der zwischen den Teilnehmern steht, ist die genau festgelegte, kurze Zeit von häufig drei bis fünf Minuten eine wertvolle Grenze, die niemanden zwingt, länger miteinander auszuharren, als er möchte.

In Bezug auf die Hunde ist die Pufferzone ein Zaun, der sie voneinander trennt, und auch zwischen ihnen sind die ersten Minuten, wenn nicht sogar Sekunden, am aussagekräftigsten.

Man kann Begrüßungen erleben, bei denen sich jeder der

beiden Hunde gleich wieder zurückzieht – eine klare Aussage. Auch in der Menschenwelt gibt es unzählige Begegnungen, die unverbindlich nett sind, aber nur so lange erhalten werden, wie die Situation es erfordert. Ist wie hier eine Begrenzung dazwischen, sparen sich Hunde alle Höflichkeiten und Rituale und gehen einfach weiter, wenn ein anderer sie nicht interessiert. Diese beiden Hunde zusammenzubringen wäre genauso informativ, wie zwei aneinander vorbeifliegenden Flugzeugen zuzusehen.

Zeigen die Hunde auf beiden Seiten des Zaunes freundliche und interessierte Sozialgesten wie Züngeln (sich selbst rasch über die Schnauze lecken), weiches Schwanzwedeln, ruhigen Augenkontakt oder freudige Energie, dann steht einer Begegnung nichts im Wege.

Wie eine Ablehnung kann wirken, wenn ein Hund mehrere Meter vom Zaun entfernt sitzen oder stehen bleibt, obwohl der Hund auf der anderen Seite große Begeisterung an ihm zeigt. Schaut er den an ihm Interessierten unverwandt an und wirkt souverän, ist er häufig bereit zum Empfang.

Einige Entscheidungsträger empfinden es offenbar als unangemessen, einem anderen Hund entgegenzugehen. Lässt man dann den anderen Hund auf das abgezäunte Gelände, dann kann man sehen, wie eine hündische Audienz funktioniert. Der Entscheidungsträger baut sich locker, aber präsent auf, der hündische Mitarbeiter stellt sich mit ergebenen Sozialgesten vor – ein wenig wie im Buckingham Palast bei der Queen.

Auch ihr Missfallen an einem Artgenossen drücken Hunde hinter dem Schutz des Zaunes deutlicher aus, als wenn sie im direkten Kontakt vielleicht eine gefahrenvolle körperliche Auseinandersetzung vermeiden müssen. Hier können sie ehrlich sein und dem anderen deutlich die Meinung sagen, ohne dass ihnen ein Schaden daraus entstehen kann.

Eine logische Schlussfolgerung scheint häufig, dass man Hunde, die Abwehrgesten zeigen, lieber nicht zusammenkommen lässt. Wenn man noch nicht geübt ist in einer Einschätzung, dann ist das auch die bessere und verantwortlichere Entscheidung. Nach längerer Erfahrung jedoch kann man den Kontext einbeziehen, in dem die Drohgebärden stattfinden, und je nach Situation entscheiden.

Provoziert zum Beispiel nur einer der Hunde, kommt es darauf an, wie der andere reagiert. Geht er auf die Provokation mit einer eigenen hysterischen oder aggressiven Kampfansage ein, ist es nicht angebracht, diese beiden Hunde zusammenzubringen. Ist einer der beiden jedoch ein über-

Mitarbeiter starrt Leithund respektlos an

Mitarbeiter verbeugt sich respektvoll

legener Entscheidungsträger und sind seine Drohgebärden souverän und ruhig an einen Mitarbeitertyp gerichtet, den er kennenlernen will, kann die Begegnung zwischen beiden eine gute Erfahrung werden. Mitunter haben hündische Mitarbeiter einfach verlernt, respektvolle Begrüßungssignale zu zeigen, weil sie mit Menschen leben, bei denen sie all diese Gesten nicht mehr zeigen können und zeigen müssen.

Das hoheitsvolle Empfangen eines Entscheidungsträgers unter Hunden gerät in der menschlichen Umsetzung häufig in ein »Ja, wo isser denn, der Kleine? Ja, da freue ich mich ja. Ja, fein!«, so dass der Hund den Eindruck gewinnen muss, er wäre selbst ein Entscheidungsträger, um den hier so aufwendig geworben wird.

Von hündischen Entscheidungsträgern kann ein Hundehalter leicht lernen, wie er seinen Hund begrüßen kann. Es geht dabei nicht darum, keine eigene Freude zu zeigen oder

Leithund blickt bei Zentralhündin respektvoll zur Seite

gar den Hund vollkommen zu ignorieren – was Hunde in einer Gruppe übrigens niemals tun. Es geht nur darum, die Ruhe und Souveränität zu wahren, um dem Hund auszudrücken, dass man trotz Abwesenheit nicht die Fähigkeit verloren hat, ihn zu schützen und zu führen.

Gehen beide Hunde am Zaun mit einer absolut identischen Energie aufeinander los, dann könnte es sich unter Umständen um zwei einheitliche Mitarbeitertypen oder Entscheidungsträger handeln.

Solange kein Außenreiz stattfindet, würde vielleicht nichts passieren, wenn man sie zusammentreffen lässt. Ginge jedoch zum Beispiel ein fremder Hund vorbei, ist die Wahrscheinlichkeit groß, dass es zu Auseinandersetzungen untereinander kommt. Vergleichbar ist diese Situation mit einem Vorzimmer, in dem unpassenderweise zwei Chefsekretärinnen zur Zusammenarbeit verpflichtet wurden.

Maßnehmen zweier Mitarbeiter

Solange nur Akten abzuarbeiten sind – oder es, wie bei den Hunden, einfach gilt, eine Wiese zu erschnüffeln –, können sie sich sicher einigen und die Aufgaben teilen. Klingelt dann aber plötzlich das einzige Telefon oder kommt ein Besucher herein, der Auskunft verlangt, werden Konflikte in der Handlungskompetenz entstehen.

Auch zwei Leiter ein und derselben Abteilung, die zusammen eine Entscheidung treffen müssen, wenn eine Gefahr auftaucht, sind ein ungünstiges Handlungsgespann, denn ihre Entscheidungen können ja ganz unterschiedlich ausfallen, und es gäbe auch keinen Mitarbeiter, der sie umsetzt.

Eine Begegnung in dieser Konstellation zeichnet sich häufig durch viel Wettbewerbsgeist aus: »Ich renne schneller als du. Ich kann alles besser als du«, was jedoch oft in einem Gleichstand endet, den die Hunde nicht akzeptieren können.

Deeskalation der Zentralhündin durch Blickabwenden

Die Vielfalt der Begegnungen zwischen Hunden ist unerschöpflich. Es lohnt sich, genau hinzusehen, um ein Gefühl dafür zu bekommen. Letztlich ist ein Bauchgefühl genau das, was Sie alle selbst haben, wenn Sie Ihrer Wahrnehmung trauen.

Wie bei menschlichen Begrüßungen spüren Sie auch bei den Hunden: Wo viel angespannte Unruhe und Hast auf beiden Seiten ist, scheinen sich auch keine Bande knüpfen zu wollen. Ein erstarrtes Einander-Gegenüberstehen wirkt nicht, als könnte daraus ein lebendiges Miteinander werden. Ein souveränes Empfangen und ein freudiges Sich-Anvertrauen ergänzen sich wie Puzzleteile, die gut ineinanderpassen. Sie müssen nicht jeden fremden Hund lesen können, aber beobachten Sie Ihren eigenen Hund und vertrauen Sie darauf, dass Sie fühlen können, wie es ihm mit der jeweiligen Situation geht.

Machen Sie keine Wissenschaft daraus, wenn Sie mit Ihrem Hund spazieren gehen – hören Sie einfach auf Ihr Gefühl. Es wird Sie leiten.

Übergänge

Es gibt nur je einen Farbwert für Schwarz oder Weiß, zu Grau vermischt halten beide Farben eine unendliche Palette an Schattierungen bereit.

Wenn wir Menschen uns oder andere verändern wollen, neigen wir dazu, ohne Übergang vom Schwarz ins Weiß wechseln zu wollen.

Vielleicht kreieren wir Extreme, um uns über sie wieder in eine ausgewogene Balance zu bringen, die wir in fast allem zu verloren haben scheinen.

Mit ihren wachsenden Symptomen machen Hunde uns darauf aufmerksam, dass sie die Anpassung an ihr Umfeld nicht mehr oder nur noch ungenügend meistern können.

Sie sind ein Spiegel unserer Gesellschaft.

Alle Hunde, die wir von den Straßen anderer Länder retten, besitzen diese besondere Form der Symptome nicht, sondern entwickeln sie erst, wenn sie hier mit uns leben. Unter Straßenhunden gibt es weder ballsüchtige Junkies noch überdrehte, dissoziierte oder depressive Hunde.

Kommen diese Hunde in unsere Menschenhaushalte, müssen sie Anpassungsleistungen an künstliche Lebensformen entwickeln, die für sie vollkommen neu sind.

In einer Betonbox ohne Anbindung an die Natur zu leben ist eine künstliche Bedingung, an die sie sich anpassen müssen. Um in Übereinstimmung mit Menschen leben zu können, die bereits an künstliche Bedingungen angepasst sind, müssen sie sich an diese anpassen. Um sich an Arbeitslosigkeit, nicht passende Aufgaben oder das Zusammenleben mit einem nicht selbst gewählten Artgenossen zu gewöhnen, müssen Hunde eigene Ressourcen aufgeben. Ohne die Möglichkeit dieser Anpassung können sie, wie wir selbst, nicht überleben.

Auf den ersten Blick liegt die Schlussfolgerung nahe, alle Hunde, die bereits schwere Symptome einer Anpassungsstörung zeigen, nicht nur temporär mit Hunden zusammenzubringen, die ihnen guttun, sondern sie dauerhaft mit passenden Hunden zu vergesellschaften.

In Einzelfällen und wenn die äußeren Bedingungen dafür gegeben sind, kann das tatsächlich wunderbar für einen Hund sein, wie ich aus eigener Praxis weiß. Dazu gehörte zum Beispiel ein introvertierter Leithund-Terrier, der sich seit Jahren kratzte und dauerhaft mit einer großen Halskrause leben musste, weil er sich oft schwer am Kopf verletzt hatte. Sein Verhalten war nach der langen Zeit automatisiert und alle Möglichkeiten zu einer Veränderung bereits ausgeschöpft. Ihm half tatsächlich eine Vergemeinschaftung mit einem passenden Wächter-Welpen, der so lange an ihm rüttelte und einen souveränen Entscheidungsträger forderte, bis der Terrier aus seiner fast autistischen Welt hinter der Halskrause auftauchte und sich für die Gemeinschaft mit dem viel jüngeren Hund zur Verfügung stellte.

Beeindruckend an diesem Welpen war, dass er den Terrier stets maßregelnd anbellte, wenn der sich exzessiv kratzen wollte, weil er ganz offenbar auch eine zwanghafte, unnatürliche Verhaltensweise in dem Kratzen sah. Hier gab die Vergemeinschaftung dem Hund und seinen Haltern viel unbeschwerte Lebensqualität zurück.

Viele Halter nun sind der Idee der Vergesellschaftung, die

der Ursprungsverein für das Modell der Hundetypen vertritt, bisher in der guten Absicht gefolgt, ihrem Hund damit zu helfen.

Wenn man, wie ich selbst auch, erlebt hat, wie eine gezielte Zusammensetzung hündischer Gemeinschaft den Hunden ihre Handlungsfähigkeit zurückbringt und die Symptome einer Anpassungsstörung auflösen kann, ist es nur folgerichtig, diesen Weg zu versuchen. Dennoch gerieten viele dieser Versuche auf breiter Ebene wieder in Extreme, die einer neuen Verhältnismäßigkeit bedürfen. Dazu ist die Aufklärung der Hundehalter wichtig, damit sie entscheiden können, was für sie und ihren Hund infrage kommt.

Ich möchte hier auf die wesentlichsten Faktoren aufmerksam machen, die wir bei unseren Seminaren beobachten konnten, wenn Halter kamen, die ihren Hund bereits ohne Kontakt zu uns gezielt mit einem anderen Hund vergesellschaftet hatten.

Hunde, die wie Zahnräder in einem Uhrwerk ineinandergreifen können, gewinnen an authentischer Kraft. Das ist in unserer menschlichen Gemeinschaft ebenso. Kommt einem unschlüssigen Wesen dauerhaft jemand mit Souveränität zu Hilfe, kann aus dem Ratlosen durch die neuen Zielvorgaben ein toller Ausführender werden. Genauso gestaltet es sich auch bei den Hunden.

Mir ist nach einer erfolgreichen Vergesellschaftung keine Hundebesetzung bekannt, die damit einverstanden war, auf ihre so neu erworbene Handlungsfähigkeit zu verzichten und Rücksicht darauf zu nehmen, dass der Halter parallel dazu nicht souveräner geworden war.

Gerade bei den Zentralhunden, die ja fast alle einen anderen Hund zum Zusammenleben brauchen, erwies es sich immer als nötig, zuerst einmal als Mensch zu einer echten Zusammenarbeit mit diesem Hund zu finden. Gab es draußen keine intakte Verbindung zwischen Halter und Zentralhund, wirkte ein hinzugenommener Mitarbeiter wie ein Katalysator für noch mehr Selbständigkeit des Zentralhundes. Das wäre an sich wunderbar, wenn dieser Hund danach frei leben dürfte. Das ist jedoch bei Haushunden nicht der Fall – und so wurden uns einige Vorfälle berichtet, bei denen der Halter verletzt wurde, wenn er im Alltag in einen Ablauf einwirkte, den der Zentralhund anders umsetzen wollte als er.

Grundsätzlich können wir feststellen: Haben die Hundehalter keine gute Beziehung zu ihrem Hund und können sie ihn nicht gut durch den Alltag führen, verschlechtert sich diese Problematik erfahrungsgemäß durch das Hinzunehmen eines zweiten oder dritten Hundes, weil die Hunde sich ja dann miteinander verbinden können und vom Halter immer unabhängiger werden.

Diese Entwicklung der Hunde wäre an sich gut für sie, wenn nicht ihr Halter für sie verantwortlich wäre und sie führen können müsste.

Führung jedoch geht nur über Verbindung und gegenseitige Wertschätzung. Der Mensch ist also ein sehr wichtiger Partner.

Weiter gilt es zu bedenken, dass Hunde, die ihre künstlichen Anpassungen untereinander aufgeben, nicht zugleich im Außen ihre künstlichen Anpassungen unverändert weiterleben können. Wir wissen inzwischen, dass viele von ihnen dann sehr stark auf ein Umfeld reagieren können, das sie bisher gut bewältigt hatten. So wurden mitunter plötzlich alle fremden Hunde moniert, oder Außenreize, die vorher nie eine Schwierigkeit dargestellt hatten, zeigten sich jetzt als problematisch. Je authentischer die Hunde wurden, umso mehr Natürlichkeit verlangten sie auch um sich herum. Das ist bei uns nicht viel anders.

Andere Hunde wiederum lehnten eine Vergesellschaftung von sich aus ab, weil dieser Schritt offenbar ihre Möglichkeit einer rückläufigen Anpassung überschritt. Aus Großstadtwesen ohne Übergang wieder Ureinwohner machen zu wollen, kann häufig weder bei ihnen noch uns gelingen.

Wir können also wichtige Dinge aus diesen Erfahrungen lernen: Zuerst einmal müssen wir auch hinreichend natürliche äußere Bedingungen schaffen, denn Hunde können zwar wieder echt werden, aber die künstliche Welt um sich herum nicht verändern.

Das können nur wir selbst.

Wenn wir wieder stärkende Gemeinschaften bilden und handlungsfähig werden, verbessern sich auch die Haltungsbedingungen für die Tiere und die Natur, weil wir dann das Unechte um uns herum nicht mehr ertragen und abschaffen.

An den unterschiedlichen Bedürfnissen der Hundetypen kann man sehen, wie wenig hilfreich es ist, allgemeine Tipps zu geben. Was beim eigenen Hund funktioniert, kann bei einem anderen Hund vollkommen nutzlos oder sogar falsch sein. Bewusst habe ich keine strukturierte Form bei der Beschreibung der Hundetypen gewählt, sondern auf Portraits und Stimmungsbilder zurückgegriffen, die einfach zu einer erweiterten Wahrnehmung inspirieren sollen. Sie sollen keine Schubfächer liefern, in denen die Hunde dann problemlos neu verstaut werden, sondern auf die Vielfalt ihrer Art und ihres Sozialverhaltens aufmerksam machen.

Es brauchte Geduld, neue innere Bewegung, Einsichten und das Aufgeben von erlernten Glaubenssätzen, die Ressourcen und Kompetenzen der Hunde gemeinsam mit meinen Kollegen und Kolleginnen vom VdU wahrnehmen zu lernen.

Auch Sie dürfen jetzt etwas Forschergeist und Geduld einsetzen und Ihren Hund einfach einmal anders beobachten. Wenn Sie das tun, werden sich nach und nach bestimmte Hauptmerkmale herausstellen.

Mit welchem Temperament geht Ihr Hund an die Dinge heran? Ist er ein expressiver, ein bedächtiger oder pulsierender Typ?

Es hat sich gezeigt, dass es hilfreich sein kann, Eigenschaften, die auf unterschiedliche Typen passen, aufzulisten und nach ein paar Wochen zu sehen, bei welchem Typ sich der Hauptanteil gesammelt hat. Wie bei allem, was man lernt und/oder wo es um lebendige Wesen geht, werden wir Fehler machen. Das sollte niemanden davon abhalten, sich eigene Wahrnehmungen zuzutrauen. Bei allem, was wir bisher mit viel starrem Selbstbewusstsein falsch gemacht haben, dürfen wir jetzt auch aus Unsicherheit, Scham oder Zweifeln lernen und die Dinge neu angehen.

Teil 4 – Weitergehen

Was bin ich?

Ich glaube nicht an Verwandlungen, die in Ratgebern versprochen werden, oder an allgemeingültige Tipps, die auf jeden angewendet werden können. Wir können uns gegenseitig unser Wissen mitteilen, uns vielfältig inspirieren, aber keine Ratschläge für unser persönliches Leben empfangen, denn das müssen wir selbst leben.

Wie soll zum Beispiel eine flinke Methode zum Abnehmen dauerhaft funktionieren, wenn man gar nicht erfährt, wozu man überhaupt jedes überflüssige Kilo bisher brauchte und welche inneren und äußeren Bedingungen nötig sind, damit man darauf verzichten kann? Viele Menschen nutzen Nahrung ja zum Beispiel als Seelentröster bei emotionalem Stress, haben interessanterweise aber keinen derartigen Hunger, wenn sie im Kompetenzstress sind – also gerade etwas erfüllen, was ihre Kernkompetenz berührt.

Ein für jeden gültiger Ratgeber zum Erfolg wurde noch nie geschrieben, sonst hätten wir ihn uns einfach alle gekauft und wären erfolgreich.

Dennoch wurden vielleicht noch nie so viele Ratgeber geschrieben und verkauft wie in unserer Zeit. Seitdem Menschen ihre eigenen Wahrnehmungen aufgegeben haben und einem Heer von Experten die Betrachtung der Welt anvertrauten, hat eine spürbare Entfremdung und Desorientierung Einzug gehalten, die wiederum Orientierung in Ratgebern sucht. Wo man früher Ältere oder einen guten Freund um Rat fragte, vertraut man jetzt den Meinungen von anonymen Usern in einem Internetforum, deren Hintergründe einem nicht bekannt sind.

Einfallslose Autoren picken Wortkörnchen aus der Arbeit anderer auf, um damit ein schales Kabarett zu kreieren, weil sie nichts Eigenes zu berichten haben. Das Netz ist voll von Meinungen, in denen sich Menschen zu Wort melden, die das, worüber sie urteilen, noch nie kennengelernt haben – es aber mit Emotionen aufladen wie einen Heißluftballon. Ihre Behauptungen nehmen nun für ein paar Sekunden Raum ein, bis ein anderer das Gegenteil behauptet.

Wir haben uns ein Leben geschaffen, in dem wir uns offenbar ständig im Außen vergewissern müssen, dass wir noch da sind. Die starre Hülle der Anpassung, die uns umgibt, braucht viele Spiegel. So helfen uns Selfies, die bezeugen, dass wir da waren, wo wir waren, und den trafen, den wir trafen. Wir messen unseren Wert an der Zahl unbekannter Internetfreunde und sind hilflos darauf angewiesen, dass unsere äußere Hülle von außen bestätigt wird.

Dennoch setzen sich die persönlichen Lebenshintergründe immer wieder durch, denn wenn wir aus einer von Kindheit an vorhandenen Schieflage zu einer ausgewogenen Balance und Mitte finden wollen, kann das eine Lebensaufgabe sein, weil wir ja immer wieder die Schieflage anstreben, die unser Normalzustand ist oder war. So schmerzlich sich diese Signale auch immer wieder anfühlen können, sind sie doch unsere wahren Vertrauten, weil sie darauf aufmerksam machen, dass tief in uns noch jemand ist, der Hilfe braucht.

Es ist verstörend, dass wir als einzige Spezies auf der Welt nicht mehr instinktiv darum bemüht sind, unsere eigene Art bedingungslos zu erhalten, sondern uns bereits für einen Blick oder ein Wort gegenseitig hetzen, mobben und bekriegen.

Wir sind inzwischen so verstrickt in das Knäuel unserer Erkenntnisse und Selbstdarstellungen, dass wir die Anfänge unserer Lebensfäden vielleicht nur noch über die Existenzen wiederfinden können, die nichts von dem mitgemacht haben, was wir tun: die Natur und die Tiere.

Am Anfang der Hundebeobachtungen meinte ich, es sei ausreichend, Entscheidungsträger und Mitarbeiter zusammenzuführen, um herauszufinden, was sie für Vorschläge haben. Ich dachte, einem hektischen, unsicheren Leithund würde ein Mitarbeiter guttun, der ihn sichert und ihm damit Ruhe für eine Beurteilung der Lage schenkt. Und einen überforderten, um sich beißenden hündischen Mitarbeiter könnte ein Entscheidungsträger entschärfen, der Gefahren besser beurteilen kann als er. Schnell stellte sich jedoch heraus, dass es einen wesentlichen Part ausmachte, darauf zu achten, in jeder Gruppe und bei jedem Paar einen Lehrmeister zu haben, der überhaupt noch hinreichend authentisch ist.

Ein zum Entscheidungsträger aufgeblasener Mitarbeiter und ein in sich zusammengesunkener Leithund scheitern bei einem Zusammentreffen bereits an ihrem Begrüßungsritual: »Hallo, ich bin der … wer bist du?« – weil dazu mindestens einer wissen müsste, wer er wirklich ist. Treffen zwei Hunde aufeinander, die nur noch ausführen, was Menschen von ihnen erwarten, verstärken sie sich fast immer in ihren Symptomen einer Anpassungsstörung.

Das ist bei uns Menschen nicht viel anders.

Ich erinnere mich an die Begegnung mit einem Leithund-Retriever und einem Kundschafter-Vizsla, bei der mir das zum ersten Mal bewusst wurde.

Obwohl der Vizsla, wie die Halter berichten, alle gängigen Dressurkommandos beherrscht, schießt er über jedes Ziel hinaus. Stundenlang bellt er auf dem Grundstück und stiftet bei jedem Spaziergang durch eine besonders hartnäckige Penetranz mit anderen Hunden Unfrieden an. Weil er als hündischer Mitarbeiter offenbar noch nie mitarbeiten konnte, rechne ich mir eine große Chance für ihn aus, wenn er mit dem Retriever als Leithund zusammenkäme. Vielleicht würde er dann wertvolle Grenzen erleben und gezielt Aufgaben erfüllen können.

Auch der Leithund war von klein auf in vielen Hundeschulen gewesen, obwohl er, wie die Halter sagen, bereits als Welpe ausgedrückt hatte, kein Dienstleister zu sein. In freundlicher, aber bestimmter Weise hatte er es abgelehnt, zum zehnten Male »Sitz« vorzuführen, hatte jedoch dem Druck der harten Erziehungsmaßnahmen als junger Hund nicht standhalten können. So entwickelte er sich zu einem verschlossenen Hund, der zwar ausführte, was man von ihm wollte, aber ansonsten nur noch wenig zugänglich war. Bei ihm verspreche ich mir durch die Herausforderungen, die ihm der Vizsla ganz sicher bieten würde, ein instinktives Herausschießen seiner Führungskompetenz, die er bisher zurückhalten musste, und damit auch eine Stimmungsverbesserung.

Beide Hunde sind also stark angepasst, und schon bei der Begrüßung zeigt sich, dass sie weder wissen, was sie selbst anbieten, noch, wie sie den anderen ansprechen können.

Während der Vizsla laut bellend und mit provokant aufgerichteter Körperhaltung auf den Retriever zuschießt, meldet der sich für sein Umfeld ab und zieht sich mit der Nase in die Wiese zurück. Auf diese Weise ignoriert, flitzt der Vizsla ziellos über das Gelände und bellt herausfordernd seinen Protest heraus. Der Retriever trottet davon unberührt weiter über die Wiese, was den Vizsla so außer sich bringt, dass er während des Laufens Zweige von einem Busch abreißt, um seinen Ärger loszuwerden. Auch noch nach zwanzig Minuten hat er keine weiteren Einfälle, wie er den Retriever aus der Reserve locken könnte. Er bleibt bei seinem wilden Herumgerenne und der Retriever bei seiner Vogel-Strauß-Taktik. Beide Hunde verstärken sich also in genau dem Manko, in dem sie sich eigentlich hatten helfen sollen. Der Leithund setzt keine Grenze und bleibt ohne Kontakt, der Kundschafter fordert lautstark eine Grenze.

Mir wird bei dieser Begegnung klar, dass beide Hunde einen Partner brauchen, der weiß, wer er ist, und sie in genau dem herausfordert, was sie selbst sind.

So wähle ich zunächst einmal für den Vizsla Raida aus, um diese Vermutung zu überprüfen.

Wie zu erwarten, präsentiert dieser sich standesgemäß hoch aufgebaut, als der expressive Vizsla auf ihn zuschießt.

Mit diesem Empfang leitet Raida sehr klar das offizielle Begrüßungsritual ein, im Sinne von: »Ich bin ein Leithund, und wer bist du?«

Der Vizsla bremst überrascht ab, senkt instinktiv den Kopf und wedelt beschwichtigend mit der Rute, bevor er sich in die Brust wirft und Raida freudig umspringt. »Ich bin ein fantastischer Typ und bereit, dich anzuerkennen… unter bestimmten Bedingungen… also vielleicht… eventuell… das muss sich noch klären«, hätte man seinen »Tanz« übersetzen können. Er wirkt diesmal jedoch nicht planlos, sondern als wolle er ganz bewusst Raidas Fähigkeiten überprüfen: Wie reagiert dieser, wenn er, wie gerade, die Etikette verletzt und mit impulsiven, fröhlichen Bocksprüngen um Raida herumkurvt, anstatt die Begrüßung mit anerkennenden Sozialgesten zu beenden?

Weil Raida interessiert, aber gelassen auf den Vizsla blickt und sich in keiner Weise herausfordern lässt, packt der Viszla noch einen drauf und rennt mit hohem Tempo davon. Auch das quittiert Raida mit Ungerührtheit, obwohl er dem Vizsla mit seinem Blick folgt. Als der Herausforderer kurz vor ihm eine Kurve nehmen will, wirft Raida seinen Oberkörper plötzlich nach hinten, um Schwung zu holen, und stößt dann kraftvoll nach vorn. In einer Ecke, die der Zaun bildete, schneidet er dem Vizsla kurz und bündig den Weg ab und baut sich vor ihm auf. Er fixiert ihn mit einer langmütigen, friedfertigen Präsenz, und es vergehen sicher fünf Minuten, in denen beide Hunde sich unverwandt ansehen. Raida mit einem unnachgiebigen Ausrufezeichen im Blick, der Viszla mit zwinkernden Lidern, die auf mehrere Kommas hindeuten, die er noch abarbeiten muss: »Ja aber, ich könnte … ich müsste … ich sollte … was wäre, wenn?«

Dann, durch die Zeit, die Raida ihm gibt, offenbar zu einem Ende gekommen, legt er sich hin und beginnt auf einem Stock zu kauen.

Offenbar zufrieden mit diesem Ergebnis, wendet Raida sich ab und wandert im näheren Umkreis des Hundes schnüffelnd umher. Es ist, als ob er nun etwas Präsenz abziehen will und dem Vizsla sein Vertrauen ausspricht: »Ich entferne mich jetzt zwar von dir, verlasse mich jedoch darauf, dass du weiter ruhig dableibst.«

Sehr oft erleben wir solche Vertrauensbeweise bei den Beziehungsverhandlungen der Hunde als bewusst eingesetzte Maßnahme.

Der Vizsla schleudert nun aus dem Liegen heraus den Stock in die Luft und sieht, als dieser neben ihm auf den Boden fällt, Raida auffordernd an. Wenn ein Mitarbeiter in der Menschenwelt dem Chef seinen Stift hinhalten und sagen würde: »Den musst du jetzt haben wollen«, würde es auch seltsam anmuten, wenn der Vorgesetzte sich dann um diesen Stift bemühte. So ignoriert Raida diesen Stock und schnappt sich seinerseits einen anderen, den er dadurch nun zu einem interessanten Objekt heraufstuft.

Der Vizsla lässt daraufhin seinen Stock fallen und schleicht vorsichtig auf Raidas Stock zu, der jetzt vor diesem auf der Wiese liegt. Kurz bevor der Vizsla ihn erreicht hat, nimmt Raida den Stock wieder auf und rennt los.

Immer wenn der Vizsla ein Stück des überstehenden Stockes an Raidas Maul fast zu fassen bekommt, dreht Raida ruckartig den Kopf in eine andere Richtung und wechselt den Kurs. Der Vizsla schießt mit fliegenden Ohren hinterher, und obwohl er den Stock nie bekommt, macht ihm das Ganze sichtlich Freude. Plötzlich hält Raida inne und spuckt den Stock vor seine Füße. Der Vizsla prescht hin, um ihn zu schnappen, und zuckt zurück, als ihm ein tiefes Knurren dabei entgegenschallt. Überrascht sieht er zu Raida, der vollkommen ungerührt ausdrückt: »Du sollst ihn zwar haben wollen, aber nur, damit ich dir zeigen kann, wie ich ihn beanspruche. Pass also gut auf, wer ich bin.«

Für einen kurzen Moment bringt diese Grenzsetzung den Vizsla in sein altes Verhalten zurück, und er beginnt protestierend zu bellen und seine Vorderbeine in den Boden zu stemmen. Daraufhin wetzt Raida mit dem Stock davon, und die Bewegungen des Vizsla werden beim Hinterherlaufen wieder weich und spielerisch.

Als Raida abermals stehen bleibt, kaut er auf dem Stock herum wie ich als Kind auf einem Kaugummi aus einem Westpaket. Er kann damit zwar keine Blasen machen, um großzutun, schleudert aber mit dem Maul abgerissene Holzstücke in alle Richtungen.

Begehrlich sieht der Vizsla den herumfliegenden Splittern zu und will sein Glück noch einmal beim ersten Stock versuchen. Als er darauf zuspringt, reicht ein einziger warnender Blick Raidas, um ihn zum Zurückweichen zu bewegen. Der Vizsla gibt ein paar kleine Wuffer von sich und legt sich dann in gerader Linie vor Raida, um abzuwarten, wie dieser das Spiel nun weiter gestalten wird.

Ungefähr zehn Minuten lang beobachtet er, wie Raida seine Ressourcen vorführt. Der Halterin des Vizslas entfährt daraufhin: »Er ist jetzt sieben Jahre alt, aber er hat sich noch nie so lange auf eine Sache konzentriert und war auch noch nie so respektvoll bei einem anderen Hund!«

Raida hat uns also zeigen können, was bei dem Vizsla funktioniert: Ein friedfertiger Ausdruck, sanft, aber klar, und viele spielerisch verpackte, nicht zu scharfe Grenzziehungen sind der Schlüssel zu diesem sensiblen, kindlich herausfordernden Hund.

Für den Retriever muss ich etwas länger nach einem passenden Partner suchen. Seit acht Jahren lebte er mit Menschen, die ihn mit Härte und Hysterie geführt hatten, wie sie bedauernd erzählen. Auf den Leithund müssen sie damit wie tyrannische Hochstapler gewirkt haben, weil die Entscheidungsträger unter den Hunden ja weder Härte noch Hysterie einsetzen.

So ist klar, dass es in seinem Falle keinen Sinn hat, ihm noch einmal einen ebenfalls überzogenen Mitarbeiter, wie den Vizsla, vor die Nase zu setzen, der selbst einen authentischen Partner braucht. Die Versuche des Retrievers, sich etwas zu verbitten, waren in der Vergangenheit offenbar so heftig bestraft worden, dass er seine Fähigkeit, Grenzen zu setzen, ausrangiert und durch Apathie ersetzt hat.

Es ist ein ganz junger Hund, der in dem Retriever wieder eine ursprüngliche Seite zum Vorschein bringt. Ein kleiner Spaniel, frisch aus Portugal eingetroffen, der dem Leithund sehr lebendig und echt ausdrückt, was er von ihm erwartet.

Als der Retriever sich wieder zu entziehen sucht, stellt sich der fünf Monate alte Hund vor ihn hin und bellt ihn mit hoher Stimme selbstbewusst und auffordernd an.

Der Retriever ignoriert dieses Bellen wie jemand, der weiß, wie man dichtmacht.

Der junge Hund ist über dieses Verhalten so empört, dass er den vor sich hintrottenden Retriever wie einen kleinen Sputnik umkreist und ihm immer wieder klare Signale seines Missfallens ausdrückt. So zwickt er den großen Rüden gezielt in die Beine, springt ihm an die Schnauze und besteht mit großer Unbedingtheit auf einer Reaktion. Während die ziellose Empörung des Vizslas am Retriever vorbeigerauscht ist, kann er sich den direkten Handlungen des Spaniels nicht auf Dauer verschließen. Als dieser ihm wieder in die Haxen kneifft, knurrt er plötzlich laut und nimmt den jungen Hund mit einem Blick maß, der alle Zuschauer überrascht, so voller Präsenz ist er.

Der junge Hund schießt daraufhin sofort an seine Lefzen und leckt dem Retriever beschwichtigend den Fang. Die plötzliche Wertschätzung des jungen Hundes scheint den Leithund mehr zu verwirren als dessen Herausforderungen, denn er bleibt stehen und wirkt für einen Moment wieder vollkommen ratlos. Dann schüttelt er sich wie jemand, der sich neu sammeln muss, und sieht den Spaniel zum ersten Mal interessiert an. Er beugt seinen Kopf zum Hinterteil des Spaniels, und die Auskunft, die er dort über dessen Stimmung und Verfassung einzieht, ist für ihn offenbar zufriedenstellend, denn ihm fließt plötzlich Speichel aus dem Maul. Der junge Hund verbeugt sich jetzt mehrfach vor dem Retriever und leckt seinen Fang.

Auf einmal geht ein Ruck durch den Leithund, und man kann zusehen, wie seine Ausstrahlung sich stark verändert. Er wirkt wie ein leeres Gefäß, das sich plötzlich mit Sprudelwasser füllt, und machte ein paar übersprungartige, ungelenk wirkende Spielaufforderungen. Der Spaniel reglementiert das sofort mit einer lautstarken Beschwerde. Den Ausdruck seines Bellens könnte man wohl so übersetzen: »So hopst kein Leithund herum, sammle dich!«

Bei vielen Hundebegegnungen können wir feststellen, dass alle ausreichend authentischen Mitarbeiter ein nicht authentisches Verhalten von einem Entscheidungsträger genauso beanstanden wie umgekehrt ein Entscheidungsträger ein aufgesetztes Verhalten eines Mitarbeiters nicht toleriert. Kritik unter Hunden ist offenbar nicht nur den Führungskräften vorbehalten und bietet deshalb auch allen eine Chance, sich zu entwickeln. Diese Handhabung könnte sicher auch unter uns Menschen sehr wertvoll sein.

Tatsächlich beruhigt sich der Retriever auf das Bellen des jungen Hundes hin. Obwohl sein Aufbauen ungeübt wirkt und seine Vorderpfoten dabei unruhig auf dem Boden trippeln, versucht er jetzt zum ersten Mal, sich zu präsentieren. Der Spaniel quittiert diese Bemühung erneut mit einer Geste der Zustimmung und streicht mit seinem Kopf von unten an den Hals des Leithundes. Dann rennt er vom Leithund weg, und der Schelm, der diesen Hundetypen eigen ist, glimmt deutlich in seinen Augen, als er beim Laufen immer wieder zurückblickt. Für einen Moment wirkt der Leithund unschlüssig, dann geht ein weiterer Ruck durch ihn hindurch, und es scheint, als ob er mit einem Satz aus seiner

Erstarrung herausspringt. Mit großen Sätzen flitzt er dem jungen Hund hinterher und stoppt ihn kraftvoll mit einem einzigen Querstellen seiner Breitseite. Von diesem Moment an können wir einen Leithund bewundern, der nur wenig braucht, um sich Gehör zu verschaffen, und einen jungen Hund, der sich ihm mit Freude anschließt.

Inzwischen sind zwei Jahre vergangen und die Halter des Retrievers haben gelernt, sich mit diesem Hund einen Kontakt zu erobern, der auf gegenseitiger Wertschätzung und Kenntnis vom anderen beruht. Im Gegenzug leben sie nun mit einem zugewandten, ausdrucksstarken Hund, mit dem sie jede Lebenssituation gelassen meistern können.

Die Beobachtung, welche Konstellationen unter den Hunden hilfreich sind und welche nicht, führen mich auch zu Inspirationen beim Zusammenstellen von Menschenteams. Während ich noch am Anfang meiner Arbeit vollkommen diffuse Vorstellungen hatte, wie ein Team aussehen könnte, und ich hauptsächlich überlegte, wen ich unterstützen sollte, stelle ich nun mit Erstaunen fest, dass auch uns die drei Grundtemperamente der Hunde zur Verfügung stehen. So wähle ich nun gezielt eine Gruppe aus expressiven und bedächtigen Menschen und übernehme die Aufgabe, ihre unterschiedlichen Kräfte miteinander zu verbinden, auszugleichen und einzusetzen. So verteile ich zum Beispiel keine Aufgaben mehr an bedächtige Mitarbeiter, bei denen sich ständig etwas ändert, und keine gleichbleibenden oder sich lange hinziehenden Arbeiten an expressive Typen. Ich versuche nicht mehr, einen in seinem Wesen nicht autonomen

Menschen zu einem Entscheidungsträger zu machen oder einen Entscheidungsträger zu einem reinen Zuarbeiter.

Auch der Ablauf meiner Seminare verändert sich. Zuerst sehen wir uns gemeinsam alle Hunde und Menschen an, die gekommen sind. Dann beraten wir, wer für welche Teams die besten Ressourcen und Erfahrungen anzubieten hat. Ich gebe halbautonomen Mitarbeitern (ähnlich den Kundschaftertypen) Richtlinien, die sie dann in einer eigenen Herangehensweise umsetzen können. Damit haben sie ein Ziel, werden aber nicht in ihren Ideen und Fähigkeiten eingeschränkt.

Alle Trainer(innen), die selbst Entscheidungsträger sind, berate ich nur auf Wunsch zielführend, weil ich sonst den Weg für ihre eigenen Lösungen verbauen würde. Im Anschluss an diese Einzeltrainings mit den Kunden tauschen wir uns aus und erfahren so jedes Mal viele wertvolle Herangehensweisen, die uns allen dienen. Die gemeinschaftliche Arbeit in einem Feld, in dem vor allem Konkurrenz herrscht, bereichert uns alle.

Als ich die Wichtigkeit der unterschiedlichen Temperamente im Team zum Thema machte, geschahen erstaunliche Entwicklungen. Die Flinken hörten auf, die Langsamen für umständlich zu halten, und die Bedächtigen warfen den Vorwärtsstürmenden keine Oberflächlichkeit mehr vor.

Gemeinsam erlebten wir, was passiert, wenn alle Mitglieder einer Gruppe sich in ihren Kernkompetenzen richtig und wahrgenommen fühlen können. Wir wurden zu einer Gemeinschaft, in der kein Wert darauf gelegt wird, die Unterschiede zwischen den Einzelnen wegzuwischen, sondern sie zu erkennen, zu respektieren und davon zu profitieren.

Damit die unterschiedlichen Tempi und Ressourcen sich nicht ratlos gegenüberstehen oder sich zu einem unvereinbaren Gegensatz auswachsen, braucht es auch hier einen Netzwerker und Schlussentscheider. Dieser neue Führungsstil erweist sich in meiner Arbeitspraxis als unverzichtbare Bedingung dafür, dass alle authentisch sein können.

So kommt mir mein kindlicher Versuch von Demokratie in einem früheren Team inzwischen wie ein Murmelspiel vor, bei dem jeder an Aufmerksamkeit gewann, der seine Murmel gerade am weitesten brachte, aber niemand wirklich das tat, was er am besten konnte.

Steht grundsätzlich kein solcher Schlussentscheider zur Verfügung, ist es günstiger, nur Teams aus ähnlichen Temperamenten zu versammeln, weil sich Extreme langfristig gesehen zu sehr aneinander aufreiben, wenn sie nicht untereinander ausgeglichen, verbunden und gezielt verwendet werden.

Eine Saison lang kam eine junge Frau aus Teneriffa als Auszubildende in mein Team. Sie schrieb mir im Vorfeld einen berührenden Brief und endete mit der Frage: »Wie kann ich herausfinden, was ich bin?«

Dieser Frage haben sich sicher schon unzählige Philosophen gewidmet, und ich kann noch immer nicht ganz glauben, wie einfach die Beantwortung scheint.

Alle Menschen in meinem näheren Umfeld und alle Kunden konnten diese Frage nämlich immer dann beantworten, wenn sie durch die Inspiration der Hundetypen herausgefunden hatten, wie sie was am liebsten tun:

- eine selbständige Tätigkeit ohne Vorgabe
  = Entscheidungsträger

- eine selbständige Tätigkeit mit Zielvorgabe
  = Kundschafter
- keine selbständige Tätigkeit und viel Rückversicherung
  = Wächter

Sie überprüften weiterhin, ob sie bei vollkommen neuen Eindrücken und Herausforderungen eher eine schnelle, langsame oder pulsierende Herangehensweise zeigten. (Alle Handlungsweisen, die bereits aus einer Anpassung stammen, sind nicht aussagekräftig, weil sie nicht dem eigenen Lebenskern entstammen müssen, sondern den Fähigkeiten der Anpassung entspringen können.)

Es ging also nie nur um die erlernten und/oder ausgeführten Berufe oder Tätigkeiten – wer ist schon von Natur aus ein Softwareentwickler oder Immobilienmakler? –, sondern darum, ob man seine Aufgabe an der richtigen Position ausführt.

So stellte sich bei einem Teilnehmer in einem Seminar etwas sehr Unerwartetes heraus. Obwohl er viel Humor besaß, mit dem er über fast alle Situationen hinwegzugehen suchte, ging er einigen Teilnehmern mit seiner hastigen und rastlosen Art mit der Zeit auf die Nerven. Es war nicht ganz einfach, diesen Mann anzuhalten, doch mein Stoppschild wurde sein Hund, der ihm dauerfiepend einen Spiegel dafür vorhielt, wie anstrengend es war, diesem künstlich hergestellten Tempo zu folgen.

Als ich es schaffte, dem Hund zur Ruhe zu verhelfen, zündete der Mann immer wieder Möglichkeiten, ihn wieder hochzufahren. Er sprang hektisch umher, ließ lautstark Energie steigen, machte Witze. Daraufhin fuhr der Hund auch jedes Mal wieder hoch. Ich fragte ihn daraufhin freundlich, was ihn davon abhalte, selbst einmal zur Ruhe zu kommen.

Der Mann hielt sich überrascht die Hand vor den Mund und wirkte zum ersten Mal echt in seiner Betroffenheit. Dann nahm er die Brücke in ein langsameres Tempo, verstummte jedoch für den Rest des Tages, was vielen Teilnehmern auch unheimlich schien. So kam eine Frau zu mir und fragte, ob sie dem Mann nicht helfen solle, damit er sich wieder in die Gruppe einfügen kann. Ich fragte sie, warum sie dieses Bedürfnis habe, und erhielt eine überraschende Antwort: »Weil es mir dann besser geht.« Sie fügte hinzu: »Ich halte es nur schwer aus, wenn ich einen anderen leiden sehe.«

»Es wäre schade, dem Mann die Möglichkeit zur Verarbeitung zu nehmen, die er als Übergang ja braucht, nur damit du dich etwas wohler fühlst. Meinst du nicht, wir sollten lieber bei dir schauen, warum das so ist?«, fragte ich die Frau, und tatsächlich gelang es ihr, dieses Angebot anzunehmen.

Am nächsten Tag erzählte der Mann beim morgendlichen Blitzlicht in der Gruppe, mit dem man sein Befinden kennzeichnet: »Ich weiß nicht, wann ich mich an die Forderungen zu mehr Tempo angepasst habe, aber schnell zu sein ist nicht mein Lebenstakt. Als Kind war ich sehr langsam und wurde deshalb auch gehänselt. So habe ich mir angewöhnt, mit den anderen mithalten zu wollen, und das hat mich innerlich immer ausgelaugt. Auch wenn sich das Anhalten gestern sehr schmerzvoll anfühlte, hab ich doch mich selbst dabei gespürt, vielleicht zum ersten Mal seit langer Zeit. Dafür möchte ich danke sagen.«

Ein halbes Jahr später meldete sich der Mann und schrieb mir, er habe bisher als Journalist in einer Abteilung gearbeitet, in der es ständig schnelle Entscheidungen zu treffen gelte, was ihn vollkommen überforderte. Er jedoch hatte gemeint, er sei vielleicht kein guter Journalist. Es war ihm gelungen, sich in die Redaktion versetzen zu lassen, die die Wochenendbeilage kreierte. So hatte er jetzt fünf Tage Zeit für einen Artikel, den er vorher, je nach aktuellem Tagesgeschehen, aus dem Boden stampfen musste. Bis heute ist er ein angesehener, beliebter Autor, und es freut mich von Herzen, dass er sich der Inspiration durch die Hunde so geöffnet hat.

Er erinnert mich an meinen kleinen Neffen Mattheo, der letztes Jahr den Weihnachtsmann zum ersten Mal kennenlernte und weder Furcht noch Freude in seinem Blick hatte, als dieser riesige maskierte fremde Mann eintrat, sondern einfach zwei Schritte zurücktrat und ihn sehr lange ganz sachlich zu beurteilen schien. Seine Augen waren zusammengekniffen, und sein Gesichtsausdruck veränderte sich so lange nicht, bis sich ihm der Sinn des Besuches erschloss, weil der Weihnachtsmann nun die Geschenke überreichte. Dann hellte sich Mattheos Gesicht auf, und er ging vollkommen angstfrei auf den fremden Gast zu.

Raida würde sich in einer ähnlichen Situation vermutlich identisch verhalten.

Mein anderer Neffe Manuel dagegen blieb bei seiner ersten Begegnung mit dem Weihnachtsmann zurückgenommen und warf unserer Familie viele rückversichernde Blicke zu. Er brauchte zu seiner eigenen Wahrnehmung die Bewertung anderer, um Vertrauen zu fassen, was wiederum vom Prinzip her Mitjas Art entspräche.

Wir haben häufig eine Form des Schulbetriebes hinter uns, in dem wir alle dieselben Ziele im selben Tempo erreichen mussten. Bereits dort also war und ist eine Anpassungsleistung nötig, um von einem »mit Knospen bewachsenen Zweiglein« zu einem »glattgeschmirgelten Mikadostab« zu werden, der allen an ihn gestellten Anforderungen genügen soll.

Die Hunde hingegen zeigen uns bei unseren Beobachtungen, dass sie nichts voneinander verlangen, was sie nicht sind.

Kein Wächter verlangt von einem Kundschafter, ein Zentralhund zu sein, obwohl viele langsame Kundschafter selbst diese Position anstreben, wenn im Alltag kein Entscheidungsträger vorhanden ist.

Hunde können sich also, wenn es nötig ist, auch anpassen, streben jedoch nicht an, alle dasselbe Tempo und dieselben Fertigkeiten zu erwerben. Ihnen ist daran gelegen, ihre Unterschiedlichkeiten zu bewahren und gezielt einzusetzen.

Warum wir Menschen die Vielfalt und den Reichtum unserer Fähigkeiten glattbügeln, können nur wir selbst beantworten.

Auch einige Eltern aus dem diesjährigen Kinder- und Jugendseminar ließen sich jedoch im Umgang mit ihren Kindern von der Herangehensweise der Hunde inspirieren.

Eine Mutter schrieb mir, dass mein Tipp mit der Gebetsmühle bei ihrer Tochter Wunder wirke. Sie habe herausgefunden, dass auch ihre Tochter nur Zeit zum Nachgeben brauche. Davor hatte die Mutter geglaubt, die Tochter verweigere sich schlichtweg, wenn sie einer Aufforderung nicht sofort nachkam. Jetzt versuche die Mutter, ihre Entscheidung so lange vollkommen friedfertig zu wiederholen, bis ihre Tochter nachgeben könne.

Die Mutter eines Jungen hingegen, der im Seminar mit Übereifer nach Beachtung strebte, schrieb mir, sie habe herausgefunden, dass er wie die Wächterhunde ganz klar definierte Aufgaben brauche und danach auch eine Beurteilung und Wertschätzung nötig sei. Sie habe bei den Aufgaben bisher jedoch weder den Start noch das Ziel deutlich genug formuliert und auch oft nicht daran gedacht, dem Jungen eine genaue Rückmeldung zu geben, wie er etwas bewältigt habe. Seit diesem neuen Umgang zeige er viel mehr Selbstwertgefühl.

Ein Vater berichtete, er habe einmal gefühlt, was sein Sohn für ein Temperament habe, und überrascht festgestellt, dass dieser, im Gegensatz zu ihm selbst, ein eher bedächtiges introvertiertes Wesen besitze, obwohl er sich oft aufrege und viel zu hastig zeige.

Nachdem dem Vater klar geworden war, dass dies ein Symptom für die Anpassungsstörung an ein zu schnelles Umfeld mit zu vielen Herausforderungen und Reizen war, fuhr er in den Ferien mit dem zehnjährigen Jungen allein in eine Hütte. Obwohl sein Sohn diese Idee erst abartig langweilig fand, legte er vor Ort seine Nervosität vollständig ab, und beide verbrachten eine so intensive Zeit miteinander wie noch nie zuvor.

Zudem fand der Vater heraus, warum sein Sohn immer wieder Wutanfälle bekam, wenn er Erklärungen vor ihm wiederholte, die dieser offenbar noch nicht verstanden hatte. Der Vater sagte dazu: »Ich weiß jetzt, dass ich einfach drei Gänge runterschalten muss und mein Sohn nur etwas mehr Zeit zum Verarbeiten braucht, weil er sich selbst eine Meinung bilden möchte. Jetzt warte ich einfach, bis er fertig ist oder selbst noch einmal nachfragt. Seitdem haben wir nie wieder diese Art der Auseinandersetzung, die wir schon ewig führen.«

Um herauszufinden, wen sie vor sich haben, verwenden authentische Hunde ein ganz schlichtes Mittel: Sie lassen einfach nichts zu, was unecht ist. So beanstanden sie zum Beispiel Verletzungen des Begrüßungsrituales oder Kompetenzüberschreitungen bei der Ressourcenverwaltung. Sie stoppen Grenzüberschreitungen und künstliche Hektik.

Damit sind Hunde, die ein falsches Verhalten zeigen, gezwungen, wieder auf das natürliche Grundpotential zurückzugreifen, das noch in ihnen steckt.

Genau auf diese Art könnten auch wir Menschen uns unterstützen, wenn wir in unserem Umfeld auf das Unterlassen von Manipulationen, Unklarheiten, Angeberei, Hetze und Neid dringen.

Obendrein ist nach diesem Prinzip des Weglassens auch Selbstheilung möglich. Als ich zum Beispiel nach zweiundzwanzig Jahren das exzessive Rauchen aufgab, welches meine Probleme immer wieder scheinbar erträglich vernebelt hatte, musste ich plötzlich mit einer einschneidenden Klarheit zurechtzukommen, die all meine Ressourcen mobilisierte. Mein Selbstbild zersprang, als Ängste und eine überwältigende Traurigkeit mich fluteten, von deren Existenz ich als Raucherin keine Ahnung gehabt hatte, weil ich mich an den Zigaretten und ihren anregenden wie auch beruhigenden Wirkstoffen festgehalten hatte. Mein erster spürbarer Zugriff auf mich selbst fand statt, als ich auf dieses Hilfsmittel verzichtete und nur noch aus den Möglichkeiten, die ich in mir trug, schöpfen konnte. Dadurch fand ich nicht nur wieder zu dem zurück, was mich ausmacht, inzwischen fühle ich mich auch für fast alles gerüstet. Schließlich muss ich ja kein Repertoire mehr entwickeln für Dinge, die nicht zu mir gehören. Das ist eine befriedende, stärkende und befreiende Erfahrung.

Die Musiker stimmen

Das Einstimmen aller Instrumente auf einen gemeinsamen Grundton ist die Voraussetzung zum Zusammenspiel eines Orchesters. Stimmt man die Instrumente nicht aufeinander ab, können sie weder für sich selbst gut klingen noch sich harmonisch ergänzen.

Auch meine Hundegruppe fungiert wie ein kleines Orchester. Gehe ich mit den Hunden los, beginnt das Einstimmen bereits beim Anmachen der Halsbänder und setzt sich fort beim Öffnen der Haustür, des Gartentores und dem Betreten des Außengeländes.

Zuerst lege ich das Halsband Raida um, der sich stets vorher noch einmal mit nach vorn gestreckten Beinen dehnen muss, um diesen kleinen Eingriff in seine Autonomie wegzustecken. Ich verbinde das Umbinden des Halsbandes mit einem wertschätzenden Kraulen seines Fanges, das er ganz besonders mag.

Mitja wartet währenddessen mit dem Schwanz wedelnd auf den Moment, in dem Raida zurücktritt, um mir blitzschnell seinen Kopf hinzuschieben. Bei ihm verzichte ich auf Berührungen nach dem Umlegen des Halsbandes, weil nur vollkommene Ruhe ihm hilft, trotz Freude selbst ruhig zu bleiben.

Dann folgt Frieda, die mir oft mit einem Nasenstüber an mein Bein ihre Vorfreude kundtut. Hat sie ihr Halsband um, liebt sie es, wenn ich mich herunterhocke, ihren Kopf kurz in meine Achselhöhle nehme und sie an der Seite sanft ausstreiche.

Nachdem Tinka zum zehnten Mal unaufgefordert ihren kleinen Hintern auf den Boden gesetzt hat, damit ich sehe, wie vorbildlich bereit sie ist, mache ich auch ihr ein Halsband ohne weitere Berührungen um, sonst würde sie noch den Erdmännchenakt oder andere Kunststücke folgen lassen, und sehe sie einfach nur mit einem weichen, freundlichen Blick an, wie ich das auch bei Mitja tue.

Damit wir also ungefähr im selben »Grundton« der Ruhe und des Vertrauens losgehen können, muss ich auf jeden Hund etwas anders eingehen.

Danach öffne ich die Haustür und vergebe ein erstes Solo an unsere Kundschafterin, indem ich sage: »Frieda, bitte!«

Diese schießt dann wie ein abgeschossener Pfeil durch den Garten und eruiert die Lage an der Straße. Wie bereits erwähnt, wohnen wir im letzten Haus einer Sackgasse am Wald, und Spaziergänger und wendende Autos sind eher seltene Ereignisse. Ich gebe Frieda diesen Auftrag also nicht, weil ein Massenandrang vor unserem Gartentor zu befürchten wäre, sondern weil ich solche Alltagssituationen verwende, um die sozialen Rollen meiner Hunde zu nutzen und sie auf natürlichem Wege auszulasten.

Ist die Luft nicht rein, höre ich an Friedas Kommentar, um was es sich handelt. Ein energisches, abgehacktes »Wu-wu! Wu-wu! Wu-wu!« zeigt einen fremden Spaziergängerhund an und heißt so viel wie: »Weg da! Weg da! Weg da!«

Ein empörtes Schnauben durch die Nase bedeutet zum Beispiel, dass ein Anwohner gerade eine Schubkarre mit Gartenabfall vorbeischiebt.

Fremde Spaziergänger informiert Frieda mit einem flüssigen »Wuwuwu! Wuwuwu!« davon, dass unser Revier bereits belegt ist.

Ist niemand (mehr) da und alles erledigt, kommt sie zum Haus und meldet mit hoch erhobenem Kopf und Schwanz, dass alles seine Ordnung hat.

Nach einem »Dankeschön« an Frieda gehen wir alle zum Gartentor.

Als »Dirigentin« gehe ich zuerst auf die Straße und hebe den »Taktstock«, also meinen Arm, und winke dann die Hunde heraus.

Auf den ungefähr ersten vierhundert Metern sorge ich dafür, dass auch Raida und Mitja erst einmal neben mir bleiben, obwohl sie später vor mir laufen dürfen. Solange wir noch nicht aufeinander eingeschwungen sind und ich mich noch nicht darauf verlassen kann, dass jeder Hund auf seinen Einsatz hört, halte ich die Gruppe um mich versammelt. Unser gemeinsames »Stimmen« fällt fast jedes Mal gleich aus.

Mitja versucht ein Solo und drängt nach vorn. Damit provoziert er eine Antwort meinerseits und erfährt etwas über meine Verfassung.

Reagiere ich mit einem schiefen oder müden Ton, ist vorhersehbar, dass er auch beim Rest des Spazierganges meine Kompetenz immer wieder abfragen wird, bis er eine zufriedenstellende Auskunft erhält, die ausreichend innere Ruhe und Kraft widerspiegelt, so dass er sich dem Dirigat anvertrauen kann. Diese Qualitätsprüfung von Mitjas Seite ist also auch zugleich eine Qualitätsförderung. Durch sie werde ich gezwungen, mich jedes Mal wirklich zu sammeln und meine Aufgaben mit Kompetenz zu übernehmen.

Raida wiederum bleibt am Anfang des Spazierganges oft lange an einer Stelle stehen und tut so, als ob er Gras fräße. Dabei registriert er genau, ob ich die Gruppe anhalte und auf ihn warte oder ob ich einfach weitergehe. Warte ich auf ihn, ist seine Kooperation bei dem folgenden Spaziergang viel besser. Unser Zusammenspiel ist wie das einer Dirigentin und eines Konzertmeisters. Als »Dirigentin« treffe ich die Schlussentscheidungen, aber auch Raida kann die Gruppe innerhalb seiner Kompetenzen wie ein »Konzertmeister« anführen. Deshalb ist es wichtig, dass auch ich gut kooperiere und nicht nur dirigiere.

Frieda hält sich die ganze Zeit dicht hinter mir und verfolgt genau, wer welchen Ton von sich gibt. »Klingen« Raida, Mitja und ich aufeinander abgestimmt und harmonisch, wirkt auch sie bestens gestimmt. Gibt es einen schiefen Ton zwischen uns, lässt sie den Kopf hängen. So erinnert sie mich also stets mit ihrem hochempfindlichen Stimmungsbarometer daran, dass wir alle miteinander im Reinen sein müssen.

Tinka, die am liebsten als Schlusslicht trödelt, braucht am längsten Zeit, um sich auch innerlich anzuschließen. Sie läuft zwar stets der Gruppe hinterher, kann aber in den Kosmos eines einzigen Grashalmes so lange abtauchen, dass ich sie irgendwann einmal ansprechen muss, damit sie auch wieder auftaucht. Wenn sie dann zu uns zurückkehrt, erinnert sie mich häufig an Arthur, den Engel, meine Lieblingsfigur aus einer ungarischen Zeichentrickserie meiner Kindheit, wenn er sang: »Von den Wolken schweb ich herab, mit dem Schirm, und ich mach niemals schlapp …«

Hurtig tippelt Tinka dann auf ihren krummen Beinchen

In einer Spur vor mir

weiter bis zur nächsten Trauminsel. In unserer Gruppe bildet ihre Langsamkeit eine natürliche Bremse zum Dauer-Gaspedal Mitja. So nutze ich den Beginn unseres Spazierganges, um auch unser Tempo auf ein gemeinsames Mittelmaß abzustimmen.

Haben wir alle zu einer Frequenz gefunden und können wir diese auch aufrechterhalten, gebe ich die Hunde auf einen erweiterten Radius von vielleicht zehn bis zwanzig Metern frei.

Raida läuft dann voran, ihm folgt Mitja. Ich nehme als »Dirigentin« die Mittelposition ein. Hinter mir geht Frieda, und Tinka bildet das Schlusslicht. Ich kann den flinken, drängenden Mitja gut vor mir laufen lassen, weil Raida eine ruhige Begrenzung nach vorn bietet. Will Mitja ihn dennoch überholen und Raida hat keine Lust, ihn zu korrigieren, oder schnüffelt gerade irgendwo, übernehme ich diese Aufgabe und bremse ihn aus.

In einer Spur hinter mir

Vorzugsweise, aber nicht ständig, laufen die Hunde in einem Abstand von drei bis fünf Metern hintereinander. Sie scheinen sich so einen eigenen kleinen Raum zu schaffen, in dem sie ganz individuell ihren Dingen nachgehen können und trotzdem alle wie mit einem unsichtbaren Band miteinander verbunden sind.

Wenn ich so mit den Hunden laufe, ergreift mich mitunter ein tiefes Staunen darüber, auf welch seltsamen Wegen sich meine Sehnsucht nach Gemeinschaft erfüllt hat.

Im letzten Sommer verstand ich zum ersten Mal, dass es gar nicht unbedingt an den Einzelgängern liegen muss, die nicht in eine Gemeinschaft zu passen scheinen, sondern mitunter die Gemeinschaftsform einfach auch nicht zu einzelnen Menschen passt, die echt bleiben wollen.

Häufig scheitern die eigenen Bemühungen, sich selbst zu ändern, daran, dass die Bedingungen, in denen man lebt, gleich bleiben und genau sie es wären, die man ändern müsste.

Es ist naheliegend, dass man zu seinem Start in das Erwachsenenleben zunächst einmal Bedingungen wählt, die man mit dem eigenen Defizit füllen und leisten kann. Schwierig wird es erst, wenn wir unser ganzes Leben darin verharren und uns so jeden Weg zu einer Entwicklung verbauen.

Auch ich suchte mir als junge Frau instinktiv einen Beruf, in dem ich in genau der Einsamkeit bleiben konnte, die ich kannte. Weder beim Komponieren noch auf einer Bühne muss man sich einer gelebten Gemeinschaft stellen. Lieder schreibt man allein, und allein bleibt man letztlich auch auf der Bühne, weil man einen Monolog führt, an dem sich das Publikum nur durch Zustimmung oder Ablehnung beteiligen kann.

Um jedoch herauszufinden, was ich bin und kann, musste ich die Bedingungen um mich herum ändern und mich selbst in meinem Defizit herausfordern. Als ich genügend inneren Boden in meinem Leben gewonnen hatte, konnte ich diesen Sprung wagen und mich in einen Beruf begeben, in dem ich nun in sehr direktem Kontakt persönliche Prozesse mit Menschen begleite und große Gruppen führe. Erst durch diese Umgestaltung meines Berufes erfuhr ich überhaupt, wo meine eigentlichen Stärken liegen.

Mich interessieren viele Themen im Leben, und das Thema meines jetzigen Berufes ist ein Geschenk, welches ich mit Freude angenommen habe. Mir ist jedoch klar, dass ich es auch gegen ein anderes interessantes Gebiet eintauschen könnte. Was ich nicht mehr aufgeben würde, ist die

Freude, Altes mit Neuem zu verbinden, Schnelles mit Langsamem; bei anderen Kräfte zu wecken, Fähigkeiten zu mobilisieren und, wenn Lenkung nötig ist, Entscheidungen zu treffen.

Als ich durch die Tür trat, die Raida mir mit seinen Verweigerungen aufstieß, kam noch die befreiende Entscheidung für das Lernen und gegen einen Expertenstatus dazu. So erspare ich mir, Jahr für Jahr bereits gewonnene Erkenntnisse in Zement gießen zu müssen, damit an meinen Erfahrungen keine Zweifel aufkommen. Lernen heißt Veränderung, und Veränderung ist Leben.

Es ist ein befriedigendes und erfüllendes Gefühl, Raida auf unseren Spaziergängen kraftvoll voranschreiten zu sehen, auch wenn ich bisher annahm, allen Hunden ginge es hinter einem Menschen besser. Es ist wunderbar, sich für eine bessere Einsicht korrigieren zu dürfen.

Raida hat mich allem entrissen, was lähmend war. Die Anstrengung, die ich verspürte, wenn ich die ganze Zeit im Kontakt mit ihm bleiben musste, ist verschwunden, seitdem ich dauerhaft mit anderen im Kontakt bleiben kann, weil ich nicht mehr als Einzelgängerin lebe. Mache ich meinen Job als »Dirigentin« gut, spielt auch Raida im Orchester genau die Soloparts, die in unsere Musik passen.

Will ich nebenbei ein langes Schwätzchen mit einer Freundin führen, quittiert er mir diesen Ausstieg mit einem Misston. Seine nach wie vor punktgenaue Reaktion ermöglicht mir, nicht mehr zurückzufallen in irgendeinen Trott, sondern mich innerlich bewegen zu müssen. Durch diese ständige Bewegung spüre ich genau, welch ein großer Raum in mir entstanden ist, der wiederum auch in eine intensivere Resonanz mit seiner Umgebung gehen kann.

Wer also mit uns spazieren gehen möchte, muss als Teil der Gruppe mitgehen, damit ich meine Arbeit leisten kann.

Die Meinung, Hunde würden schon irgendwie mitlaufen, ist häufig noch verbreitet. Obwohl es niemandem einfallen würde, mit vier Kindern durch die Gegend zu gehen, ohne stets ein Auge auf sie zu haben, ernte ich immer wieder einmal verwunderte Blicke, wenn ich unterwegs Spontangespräche mit Hundehaltern beende, weil ich meine Arbeit machen muss, oder wenn ich mit meinem Besuch im Gänsemarsch laufe.

Interessanterweise haben alle, die bisher an einem solchen Spaziergang teilgenommen haben, im Anschluss fast identische Rückmeldungen gegeben: »Das war sehr intensiv. Ich hatte das Gefühl, ein Teil von euch zu sein.«

Tatsächlich ist es genau diese tägliche Erfahrung von Gemeinschaft, die für mich kostbar geworden ist.

Auch mit meinen Eltern verbindet mich inzwischen auf geheimnisvolle Weise ein identisches Feld, auf das wir uns begeben haben.

Während meine Mutter mit dem Eintritt ins Rentenalter wunderschöne und seelenvolle Bilder zu malen begann, schreibt sie inzwischen mit Begeisterung berührende Geschichten, die ihr Talent widerspiegeln, welches sie offenbar immer hatte und das nun nach fünfundsiebzig Lebensjahren und nach einem mutigen Wandel plötzlich aus ihr herausströmt.

Durch einen Zufall geriet uns auch ein Buch meines Vaters in die Hand, das er 2014 im Selbstverlag herausbrachte. Er berichtet darin von seinem Leben, seinem Sport, seinen Geliebten, seinen Heldentaten. Den Abgrund, der sich offenbar auftut, wenn er an die fünfzehnjährige Ehe mit meiner Mutter oder an die dreizehn Jahre mit mir denkt, umschifft er, indem er uns ausradiert. Weil es uns in seinem Leben nicht mehr gibt und nie gegeben hat, werde ich ihn doppelt erinnern, denn ich habe gelernt, dass wir verloren gehen, wenn wir vergessen wollen, wer wir sind.

In diesem Sommer werde ich zum ersten Mal nach 18 Jahren wieder in das russische Dörfchen Lipowka reisen. Bisher war es mir nicht möglich, diesen Ort, der mir in seiner Lebensart so natürlich schien, nochmals aufzusuchen und danach in diese künstliche Welt hier in Deutschland zurückzukehren. Es wäre mir jedoch auch nicht richtig erschienen, dort zu bleiben. Was nützt es mir, für persönliche Zufriedenheit zu sorgen, wenn ringsherum immer mehr Kriege entstehen?

Jetzt jedoch werde ich nach meiner Reise mit Freude wieder heimkehren, denn ich bin Teil einer Gemeinschaft, die gerade an vielen Orten und in den unterschiedlichsten Bereichen zusammenwächst.

Noch vor drei Jahren hätte ich mit dem Kopf geschüttelt, wenn mir jemand prophezeit hätte, dass sich einmal Ausbildungsinstitute für Führungskräfte für die Teambildung der Hunde interessieren würden oder dass ein gemeinsamer Vortrag von meinem Weggefährten Andre Jacomet und mir zu dem Thema »Die heilsame Welt der Hunde« von über hundert Ärzten und Therapeuten besucht wird, die sich für die heilenden Ansätze der Hunde begeistern können. Dennoch sind genau das die Brückenschläge in eine lebendige

Gemeinschaft, die engagierte Vorreiter wie die *ZfU International Business School* in Zürich und die *Traumaklinik Luise Reddemann* in Bielefeld gewagt haben.

Die eigenen Ressourcen zu nutzen verleiht uns hilfreiche Paddel, und das Vertrauen in uns selbst ist das sicherste Boot. Ein jeder von uns hat alles, was er braucht. Wir können aufhören, Vollkommenes perfektionieren zu wollen, und uns einfach von dem befreien, was unsere Vollkommenheit nicht mehr wirken lässt.

Wenn ich auf meine Hunde sehe, scheint das ganz einfach.

Was soll mir passieren mit einem starken Außenminister, dessen Friedenspfeife weithin raucht, einem Bodyguard und Schlichter, der stets zur Stelle ist, einer bedächtigen Skeptikerin, die mich alles dreimal prüfen lässt, und einer kleinen weißen Fee, die hinter uns Sternenstaub verteilt?

* * * * *

Statt eines Schlusswortes:

Steht am Weg ein Apfelbaum,
doch da hängen Kirschen dran.
Leute bleiben staunend stehn,
ja, ein irrer Streit fängt an.

»Vielleicht sind dies hier doch Äpfel,
aber eben winzig klein,
eine ganz besond're Sorte,
mit 'nem völlig neuen Kern?«

Doch der wagte, dies zu sagen,
wird entgeistert angestiert.
Jeder Mensch weiß, dies sind Kirschen,
die hier gar nicht hingehör'n.

»Äpfel sind nun mal viel größer«,
schreien sie den andern an.
»Und ihr grobes Kerngehäuse
ist nie nur aus einem Kern.«

Keiner kann zwar ganz erklären,
woher diese Kenntnis kommt,
doch weil sie schon tausendjährig,
ist ganz sicher, dass sie stimmt.

Tip, tap geht der Mann da weiter,
neben sich ein kleines Kind.
Und er greift nach dessen Händen,
die noch Kirschenäpfel sind.

Liedtext von Maike Maja Nowak, 1982